天下文化 35週年

Believe in Reading 相信閱讀

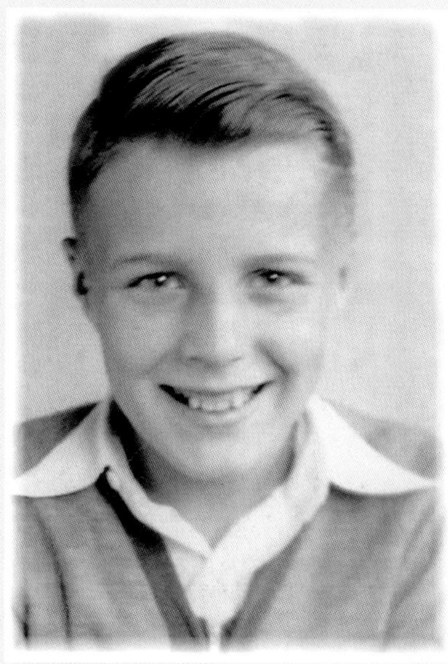

〔左上〕培里十二歲，一九三九年。〔右上〕培里加入陸軍航空隊，一九四四年十月。
〔左下〕培里接受陸軍基本訓練。〔右下〕培里在陸軍後備役，一九五〇年七月。

培里與太太李及五個子女全家福，一九五八年。

主管研究與工兵事務的國防部次長培里講解國防部一項高科技計畫，一九七八年。

F-117隱形戰鬥機。Photo by Staff Sgt. Aaron Allmon, U.S.A.F., from Creative Commons（in public domain）.

「海影號」隱形載具原型在舊金山灣測試。Photo by Naval Sea Systems Command, from Creative Commons（in public domain）.

〔上〕柯林頓總統提名培里出任國防部長，一九九四年一月。白宮攝影室。

〔下〕人事任命案經參議院通過後次日，培里以部長身分前往慕尼黑，途中首次接受記者訪問，一九九四年二月。（培里以國防部長身分出現的一切照片，皆由國防部攝影室拍攝。）

〔上〕五角大廈記者會，一九九四年十二月八日。

〔下〕培里夫婦及參謀首長聯席會議主席約翰・夏利卡什維利將軍校閱三軍儀隊，一九九四年二月。

〔上〕培里第一次訪問烏克蘭佩莫麥斯克（Pervomaysk），觀察一座地下飛彈發射井，一九九四年三月。一名俄羅斯將領向培里（戴黑色皮帽者）說明SS-24洲際彈道飛彈及其保護發射井的詳情。

〔下〕培里第二次訪問烏克蘭佩莫麥斯克，俄羅斯士兵將飛彈退出發射井進行拆卸，一九九五年四月。

培里第三次訪問烏克蘭佩莫麥斯克，和俄羅斯、烏克蘭國防部長一起檢視炸毀的飛彈發射井，一九九六年一月。

〔上〕培里第四次也是最後一次訪問烏克蘭佩莫麥斯克，和俄羅斯、烏克蘭國防部長一起在已經炸毀的飛彈發射井原址，種下向日葵，一九九六年六月。

〔下〕席托福斯基（Sitovskiy）一家人在他們新家的菜園前合影。努恩—魯嘉計畫撥出經費興建一批國宅，分配給原本在蘇聯洲際彈道飛彈基地服役的退役軍官。

〔上〕培里和俄羅斯國防部副部長安德烈・柯可辛（中）訪問烏克蘭，一九九五年四月。

〔下〕美國、俄羅斯、烏克蘭三國國防部長，在烏克蘭首都基輔歷史性的一次會面，在會談開始前握手，一九九六年一月四日。

〔上〕培里和俄羅斯國防部長格拉契夫在惠特曼空軍基地，一起按鈕炸毀美軍一座飛彈發射井，一九九五年十月。

〔下〕皮克林大使（左）和努恩、李伯曼、魯嘉等三位參議員（培里身邊由左至右），在培里及艾希頓・卡特（培里後方）陪同下，參訪俄羅斯北德文斯克市的北德文斯克造船廠，視察依據努恩—魯嘉計畫拆卸的核子飛彈潛水艇，一九九六年十月。

〔上〕「和平夥伴關係」國家在美國路易斯安那州波克堡舉行聯合軍事演習，一九九五年。

〔下〕「俄羅斯＋北約組織＝成功」。培里和俄羅斯國防部長格拉契夫，在布魯塞爾北約總部簽署波士尼亞協定，一九九五年十一月。

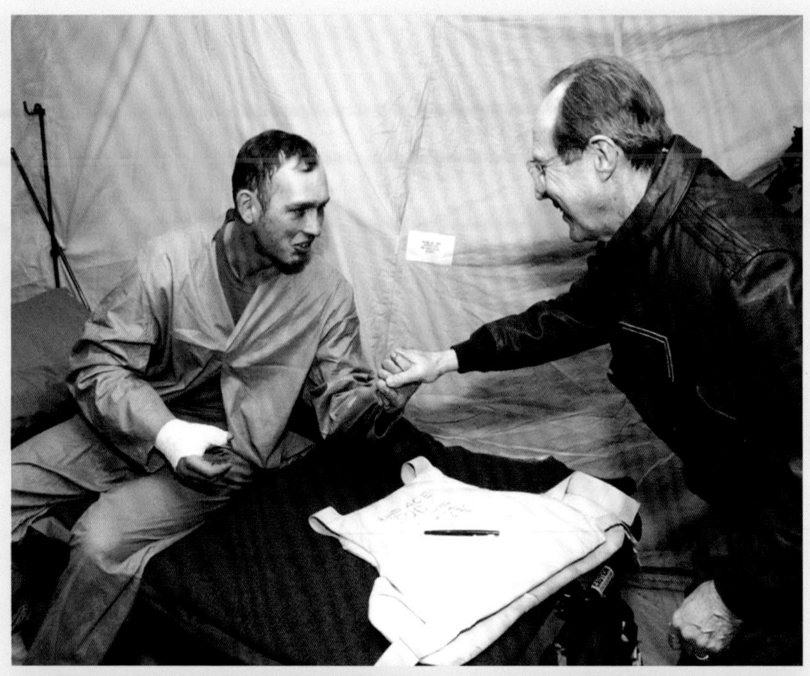

〔上〕培里一九九六年到匈牙利塔扎爾空軍基地，探訪因參加波士尼亞作戰負傷的美軍官兵。

〔下〕培里與美國海軍潛艇官兵談話，一九九五年七月。

〔上〕培里與美國海軍航空母艦艾森豪號官兵談話，一九九五年八月。

〔下〕培里參觀美國海軍航空母艦艾森豪號飛機起降，一九九五年八月。

培里視察美國陸戰隊士官，一九九五年十二月。

培里視察駐沙烏地阿拉伯美國空軍，一九九六年。

〔上〕沙烏地阿拉伯美軍宿舍霍巴塔遭到恐怖份子攻擊後，培里前往現場視察，一九九六年六月。

〔下〕山姆・努恩參議員（左）榮獲國防傑出文職服務獎章，培里和約翰・夏利卡什維利將軍出席頒獎典禮，與努恩合影，一九九六年七月十二日。

〔上〕美國海軍軍艦科爾號一九九六年六月七日舉行下水典禮，由培里夫人擲瓶。科爾號後來在二〇〇〇年十月十二日遭到恐怖份子攻擊，造成十七名官兵喪生。

〔下〕培里交卸國防部長職務，在卸任典禮後全家與柯林頓總統夫婦合影，一九九七年一月。

〔上〕三邊朝鮮政策小組：培里、日本大使加藤良三（右）、南韓大使林東源（左），在二〇〇〇年完成北韓政策檢討後握手合影。

〔下〕北韓代表團二〇〇〇年十月訪問舊金山，與培里（左二）合影。

〔左上〕金鐘勛於二〇〇四年，參觀北韓和南韓在北韓開城工業區合資的工廠。

〔右上〕齊格菲・黑克爾二〇〇八年檢查北韓的核設施。齊格菲・黑克爾攝影。

〔下〕二〇〇八年二月，培里在北韓士兵陪伴下通過非軍事區，前往平壤出席歷史性的紐約愛樂樂團表演會。

〔上〕核子安全計畫四巨頭：左起山姆・努恩、亨利・季辛吉、威廉・培里、喬治・舒茲。

〔下〕二〇一三年八月，培里與參加威廉・培里計畫夏季研習會的學生合影。由左至右：Isabella Gabrovsky、Pia Ulrich、Jared Greenspan、Daniel Khalessi、Hayden Padgett、Perry、Sahil Shah、Raquel Saxe、Cami Pease、Taylor Grossman。Photo by Light at 11B: Joseph Garappolo and Christian Pease, with permission.

〔上〕保羅・卡敏斯基上校在一九七〇年代培里擔任國防部次長時，是他的軍事助理；卡敏斯基在執行匿蹤技術方面扮演極重要角色。

〔下〕艾希頓・卡特長期追隨培里，深受提拔；他在執行努恩—魯嘉計畫上扮演關鍵角色。卡特在二〇一五年二月十二日經參議院通過，成為美國第二十五任國防部長。

〔上〕齊格菲・黑克爾和培里多年來在學術研究及二軌對話上密切合作；目前是史丹福大學佛里曼・史波格利國際研究所資深研究員。

〔下〕阿爾伯特・威倫曾任中央情報局技術發展室主任，在冷戰初期與培里合作，參與政府研究小組，分析蘇聯飛彈的影像。Photos by Light at 11B: Joseph Garappolo and Christian Pease, with permission.

| 社會人文 452 |

核爆邊緣

MY JOURNEY AT THE NUCLEAR BRINK

美國前國防部長培里的核彈危機之旅

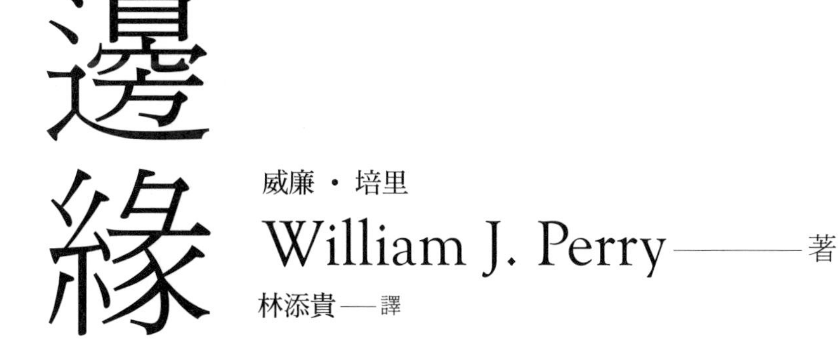

威廉・培里
William J. Perry —— 著
林添貴 —— 譯

獻給結縭68年，

我摯愛的妻子李奧妮拉・格林・培里，

以及我們的小孩、孫兒與曾孫，

他們是我繼續工作，

確保核武永不再被使用的最佳理由。

目次

推薦序

威廉・培里是個絕頂聰明、十分正直、高瞻遠矚、成就非凡、幽默風趣的人。這本回憶錄記述培里追求降低核子威脅，多采多姿的一生，他把這些特質呈現得淋漓盡致。

培里接觸核子安全議題始於一九四〇年代中期，他在駐日本美國占領軍服役期間，目睹第二次世界大戰造成的戰禍慘象。從日本解甲回國後，他成為美國政府重要的國家安全事務顧問，參與開發可以偵測冷戰核子威脅的偵察科技。卡特總統任內，培里出任國防部次長，主管研究與工兵事務。他藉由開發匿蹤及其他強化實力的高科技系統，設法抵銷蘇聯在傳統兵力上所占的數量優勢，強化美國對蘇聯的嚇阻力量；今天，美軍仍在運用他這套「抵銷戰略」（offset strategy）。

身為柯林頓總統的國防部長，以及日後從事二軌外交工作，培里發展出成功的談判

喬治・舒茲
George P. Shultz. Light at 11B: Joseph Garappolo and Christian Pease, with permission.

風格，結合鞭辟入裡的分析、平衡不同的安全顧慮以及有效的說服。培里運用這些外交技巧，在後冷戰時期與昔日敵國建立軍事同盟，其中一個實例就是建立「歐洲和平夥伴關係」（Partnership for Peace in Europe）。他成功地促成努恩—魯嘉計畫，清除蘇聯瓦解後遺留在新興共和國中的核子武器。培里也促成國際武器管制協議及核子材料的安全防護安排，這是朝向達成核子安全之路非常重要的一步。

我很榮幸與培里合作，在我們共同努力為達成妥善管制核武和可裂變材料的工作中，也深受他的啟發。過去十年，我們兩人偕同西德尼・德雷爾、亨利・季辛吉和山姆・努恩，召集一系列重要會議，也聯名寫了一篇文章，頗受世界重視。菲爾・陶布曼（Phil Taubman）二〇一二年特別寫了一本書《夥伴：五位冷戰戰士及禁用核彈的追尋》（*The Partnership: Five Cold Warriors and Their Quest to Ban the Bomb*），介紹我們的工作。我們強調走向我們設定的核子安全終極目標，所必須採取的一些做法之重要性。山姆・努恩對登山攀頂的描述，深為我們擊掌稱妙。山巔就是沒有核武的世界。山腳下的世界，是許多國家擁有核武，製作核彈的可裂變材料通常防護鬆懈。在這樣的世界，核武在某個時刻引爆，造成難以想像的後果之可能性相當高。我們試圖踏上登峰攀頂之路，而直到最近，不無進展。

冷戰結束所產生的氣氛導致大規模削減武器，因此今天全世界核武的數量，還不到一九八六年雷根總統和蘇共總書記戈巴契夫（Mikhail Gorbachev）在雷克雅維克會議（Reykjavik meeting）時的三分之一。但今天不安定又回來了，世界又受到核武擴散的威脅。我們持續關注這個問題，培里也堅持對抗此一威脅，因此他特別重視教育年輕人，認識核武的危險，以及防止動用核武的方法。培里除了在史丹福大學為學生開了十分有創意的核子安全課程之外，他也設計出網路教學，希望把訊息傳布給世界各地廣大的青年朋友。

培里的旅程，本書有詳盡的記載，他努力不懈地遏抑核武的浪潮，引導世界重新走上建設性的道路。他太太李也一路伴隨他。古諺說「每個成功的男人背後都有位偉大的女性」，最好的例證就是培里這對恩愛夫婦的相互扶持。李一路堅定陪伴培里，同時也完成自己的重要目標。軍方頒給她獎章，表揚她改善美軍眷屬的生活品質，而且阿爾巴尼亞總統為感謝她提升阿爾巴尼亞軍人醫院水準所做的貢獻，頒給她德蕾莎修女獎章。

培里在一生事業的每一階段，都表現他關注美軍部隊的福祉。他的軍事服務是從入伍從軍開始，從基層出身，因此他發自內心關切每個士兵以及其眷屬之福祉。他注意到軍隊戰力和生活素質息息相關這個「鐵的邏輯」，全心全意認同資深士官長理查・基德的建議：「照顧好你的部隊，他們就會回報你。」任何在軍中服過役的人（譬如我就在陸戰隊服過役），都曉得部隊至上這個道理。

培里深刻關切改善軍眷生活素質，從他觀察到軍人宿舍，尤其是眷舍環境低劣亟需改善後，立刻劍及履及採取行動，可見一斑。培里評估軍人眷舍問題時，很幸運有另一雙耳目替他注意；他視察部隊時，夫人則和軍人眷屬懇談。他們構思出來新穎、有創意的公民營合作計畫，在一九九六年獲得國會核准，大幅提升且持續維持住軍人眷舍的品質。

柯林頓總統肯定記得這個了不起的政績，一九九七年一月他在培里的卸任典禮上，頒給他「總統自由勳章」（Presidential Medal of Freedom）。他說：「威廉・培里將被歷史記載為美國最有生產力、最有效率的國防部長。」

參謀首長聯合會議主席約翰，夏利卡什維利將軍（General John Shalikashvili），對這位不平凡的公僕有如下評語：

> 是的，他是個才智極高的人。是的，他是具有充沛精力及會感召別人熱情的人。是的，他是非常關心美軍士卒及其眷屬的人。但最重要的是，他具有堅毅不拔的個性。他是個不惜代價，勇於任事的人。

美國人應該感念威廉・培里，他把一生奉獻給國家安全。他一再以專業知識、活潑精力和無比的熱情，堅持他的人生旅程。

自序

我們這個世代最嚴重的安全威脅，就是核武在美國某個城市引爆的危險。這是我的核子夢魘，產生自我長久又深刻的經驗。它有可能以下述情況發生：

一小群祕密團體躲在某個商用動力離心機設施，把三十公斤的鈾濃縮到足以製作一枚核彈的地步。

這群人把濃縮鈾送到附近另一個祕密設施。接下來的兩個月，技術小組利用濃縮鈾組裝出一枚粗糙的核彈，把它裝進大型木箱，外頭標明「農業機械」，再把木箱運送到鄰近機場。

一架民航公司的運輸機，把木箱送到國際機場的貨運中心站，然後木箱送上飛往華府哥倫比亞特區的貨機。

不久，貨機在華府杜勒斯國際機場（Dulles International Airport）降落，木箱轉送到位在華府東南區的一座倉庫。核彈從木箱卸下，裝上一輛貨運卡車。

一名自殺炸彈客把卡車開到賓夕凡尼亞大道（Pennsylvania Avenue）某地，恰好是正在開會的國會山莊（Capitol）和白宮之間的中途點；上午十一點，他引爆這枚核彈。

炸彈爆發的威力為一萬五千噸。白宮、國會山莊及兩者中間的建築物統統被摧毀。包括總統、副總統、眾議院議長和三百二十名國會議員在內，共有八萬人當場殞命。另有十萬多人嚴重受傷，根本沒有足夠的醫療設施可以進行救護。華府的電信設施，包括絕大多數手機中繼站全都癱瘓。有線電視新聞網（CNN）立刻播報華府遇難的影片，接著又報導它收到的訊息，歹徒聲稱在美國另外五個城市各藏匿了一枚炸彈；除非駐紮全球各地的美軍統統立刻撤退回美國，否則未來五週他們每週要引爆一枚炸彈。十分鐘內，股市陡然大跌，所有交易中止。全國陷入一片恐慌，老百姓開始從大城市疏散。全國生產製造業完全停擺。

全國也陷入憲政危機。總統職位應該由參議院臨時議長（president pro tem）代理；當爆炸發生時，他正在梅約醫院（Mayo Clinic）接受胰腺癌治療，無法趕回此時已宣布進入戒嚴狀態的華府中樞。國防部長和參謀首長聯席會議主席為了爭取預算，都在眾議院軍事委員會（House Armed Force Commitee）出席聽證，在爆炸中也未能倖存……

很難想像這一幕假設劇本的災難後果，可是我們必須未雨綢繆。這只是舉例說明，如果恐怖團體從北韓或巴基斯坦買下或偷走一枚核彈，或者從仍擁有高度濃縮鈾或鈽，但防衛鬆懈的其中一個國家的反應爐偷走可裂變材料，也會發生相同後果。

核彈在某個城市引爆的危險非常真切。可是，這份災難造成的人命傷亡雖然將百倍於九一一事件，民眾對它卻只有些微感覺，而且還不甚明白。因此之故，我們目前的行動，和即使是小型核攻擊就能造成的悲劇後果仍不相稱。

本書試圖提醒民眾我們所面臨的嚴重危險，並鼓勵採取能大幅降低這類危險的行動。我向大家陳述自己人生轉變的故事，立下一個引人注目、壓倒一切的目標：確保人類絕不再使用核武。

我的特殊經歷使我清楚了解核武的危險，以及思索核戰幾乎無法想像的後果。我這一生有第一手經驗，也接觸到絕頂機密的戰略核武選擇的知識，讓我可以從獨特但又寒慄的角度得出結論：核武不再提供安全，現在它們反而危害到我們的安全。我覺得自己義無反顧，必須和盤托出作為圈內人，對這些危險的所知所覺，說清楚、講明白我認為該怎麼做，才能確保未來世代脫離年復一年擴大中的核子危險。

冷戰時期與大量擴增核武的這些年頭，世界面臨在誤判或意外之下爆發核子災難的隱憂。這些危險於我絕對不是理論。我在古巴飛彈危機時擔任分析師，後來又三度在美國國防部膺任重寄，使我每天密切接觸這些可怕的可能性。

雖然冷戰結束，核子危險也稍退，但今日它們又以更加危險的新面貌捲土重來。跨進新世紀後，美、俄關係變得愈來愈緊張。俄羅斯的傳統武力，比起美國和北約國家的傳統武力遜色甚多，必須仰仗核武確保國土安全。由於北約東擴、叩抵國門，美國又在東歐部署飛彈防禦系統，俄羅斯感受到威脅，它的言行日益展現敵意。言詞強硬之外，俄羅斯大力提升其核武力——積極增加新一代的飛彈、轟炸機和潛水艇，以及供這些投射系統使用的新一代核彈。最不祥的是，它放棄「不先使用」核武的政策，宣稱準備動用核武對付它判定的任何威脅，不論此一威脅是否核子性質。愈來愈令人擔心的是，俄羅斯因為嚴重誤判而面臨不測時，會以為其安全需仰賴採用核武才能保衛。

除上述危險升高外，我們又面臨冷戰時期未曾有的兩種新型核子危險：第一種是區域性的核子戰爭，譬如印度和巴基斯坦兵戎相見；第二種是類似前文所述的夢魘，即恐怖份子發動核子攻擊。

一九九六年，我擔任國防部長的最後一年，有一件事讓我意識到核子恐怖威脅的現實。美國駐沙烏地阿拉伯空軍的宿舍霍巴塔（Khobar Towers）附近有一枚卡車炸彈爆炸，當場炸死十九名美軍；攻擊者若能把卡車開到更接近宿舍的地方，死傷人數恐怕就是數以百人計（一九九三年黎巴嫩美軍陸戰隊遭到攻擊，就有兩百二十名官兵遇害身亡）。美國不清楚是誰籌畫此一攻擊，但其目的是要迫使美軍把部隊撤離，有如早先美軍在黎巴嫩遭到攻擊後的反應一模一樣。

我認為美軍在沙烏地阿拉伯的任務非常重要，而且在那種壓力下撤軍將是十分嚴重的錯誤。因此，在沙烏地阿拉伯國王法赫德（Fahd）的合作與支持下，我們把美國空軍基地移到另一個偏遠地點，讓美軍既能達成任務，又能確保部隊安全。我發表公開聲明，宣布移動駐地，並宣示新基地將受到重兵保衛，沒有任何恐怖團體能阻擋美軍在沙烏地阿拉伯達成使命的決心。

有位神出鬼沒的人物奧薩瑪．賓拉登（Osama Bin Laden），在網路上貼文對我的新聞稿做出回應，他號召對駐紮在沙烏地阿拉伯的美軍部隊發動「聖戰」（jihad），並且以一首怪詩威脅我：

威廉啊，明天你就會知道，
哪位年輕人將會面對你那大搖大擺的弟兄，
有位年輕人將含笑投入戰鬥，
他將帶著沾血的長矛撤退回鄉[1]。

五年後的二〇〇一年九月十一日，賓拉登一躍成為全球家喻戶曉的人物，我這才了解他給我的信之全盤意義。分析師加強對賓拉登領導的恐怖團體蓋達組織（Al Qaeda）的研究，發現蓋達組織公布的使命不是要殺害數千名美國人（他們在九一一已經遂其心願），而是志在取數百萬人性命，而且他們很認真想要取得核武。我一點都不懷疑，蓋達組織若是拿到核武，肯定會用來對付美國人。

如果我們今天不採取必要的預防行動，我所擬想的核子夢魘就會成為悲劇事實。這些行動大家都很清楚，但除非民眾參與這些議題，它們不會被採行。《核爆邊緣》一書說明這些危險，也描述可以大大緩和危險的行動。

我仍然充滿信心，我們可以改變目前正在走的、愈來愈危險的路線，我提出建言，敘明該怎麼做。民眾唯有透過更深刻了解此一危險的真實和急迫性，才會決心接受建議、採取行動。

注釋：

1 Coll, Steve. Ghost Wars: The Secret History of the CIA, Afghanistan and Bin Laden from the Soviet Invasion to September 10, 2001. New York: Penguin, 2005. Pg. 10. Bergen, Peter L. Holy War, Inc.: Inside the Secret World of Osama Bin Laden. New York: Free Press, Simon and Schuster, 2001. Pg. 97.

台灣版自序

在我的職業生涯中，曾多次訪問台灣，和當地友善的人們交往。有些人或許已經讀過由北京中信出版社出版，本書的簡體中文版，我還是很高興這本書的繁體中文版能夠出版。我衷心希望繁體版可以讓台灣與香港讀者，更能接觸到它的內容。

第二次世界大戰甫告結束，我還是個年輕小伙子時，有關台灣的新聞幾乎每週都會躍上美國報刊，成為頭版新聞。中國共產黨狂轟猛炸台灣的外島金門和馬祖，不分青紅皂白的砲彈殺害成千上百無辜軍民，美國方面對屈居下風的台灣深感同情。

自一九五〇年代危險歲月以來的變化，是何其之大、何其進步！前幾年我拜訪這些外島，與駐軍指揮官會談，也參觀當時作為堅決固守、強化防禦的坑道工事。今天這些坑道大致上已成為紀念館，當地民眾跨越狹窄的海峽，每天和中國人進行商務往來。台灣企業也和大陸企業有堅強的往來——兩岸企業人士不時飛越海峽經商往來，兩岸人民亦不時互訪對岸的親屬家人。台灣的主權問題尚未與中華人民共和國達成「最終解決」，但兩岸似乎已有默契，這個議題可以和平解決，如鄧小平當年所說：假以時日，終究會和平解決。

一度令台灣和大陸兩岸局勢緊繃、緊張的冷戰已經結束。對此我們心懷感激。但我鮮明地記得，冷戰時期的局勢是多麼不同、多麼危險。五十五年前，在冷戰最陰沉黑暗的時期，我在一家公司擔任工程師時首次訪問台灣。當時這家公司承包美國軍方一項任務，要在台灣建置一套專門的雷達系統。我見到駐台美軍司令官，他把我介紹給一位中華民國上校軍官。這位上校軍官負責協助我，確認安裝雷達的適當地點，及調派操作雷達必須的軍事人員。雷達經過特殊設計，可以偵測到地平線以外的物件。它指向中國部署在華西的飛彈試射場，以評估當地測試活動的水平。這是能運用人造衛星做評估以前的時代。我在台灣時，住在蔣宋美齡夫人居住過的圓山大飯店。最近我再度訪問台灣，有幸舊地重遊，距當年初次作客時已有極大幅度的增建。

數十年後我出任國防部長，台灣突然又戲劇性地受到我注意。一九九六年三月十一日，我和參謀首長聯席會議主席約翰・夏利卡什維利（John Shalikashvili）將軍，進行每日例行情報簡報。我們赫然驚覺，正在台灣海峽進行軍事演習的中國軍隊，對相當靠近台灣的海域射擊數枚飛彈，顯然意在警告台灣人民。事件的背景是台灣即將舉行總統大選，而中華人民共和國對候選人之一的李登輝十分忌憚，視他為分離份子。中國發射飛彈，意在警告台灣人民支持獨立的危險。

美國雖然不支持台灣獨立，但我們認為發射飛彈構成動用軍事力量恫嚇威懾，違反《上海公報》。我們覺得有必要讓中國知道，美國強烈抗議此一舉動。經過討論，夏利卡什維利將軍和我得出結論：美國應該派遣兩支航空母艦戰鬥群前往台灣海峽。我們向柯林頓總統及其國家安全顧問團隊提出建議，他們全都贊同。當天下午我宣布此一調遣令，夏利卡什維利將軍指示兩支航空母艦戰鬥群，前往台灣海峽。事件在別無其他風波之下落幕——美方航母駛向台灣海峽，中國軍方不再發射飛彈、完成其演習。美方航母旋即回到原本駐地。

第二次世界大戰以來，台灣一直是多次軍事行動的熱點，萬幸的是這一切已化為歷史煙雲。今天，美、中、台全都具有和平關係，也全都因為共同的經濟活動而繁榮。台灣與中華人民共和國有許多合資活動，兩岸經濟往來頻密，家人親屬互訪走動融洽，大陸觀光客亦樂於到台灣旅遊。一般相信，長此以往，兩岸將會發展出某種政治統合。與此同時，各方面目前皆因和平交往而受惠良多。我在本書中提到許多嚴正的安全危險，但是我很高興兩岸戰爭不在其中。

二〇一七年六月

核武威脅下的東亞與世界局勢——專訪本書作者威廉・培里

編按：

為使讀者更加了解東亞國際局勢及核武的利害關係，編輯部特別商請本書譯者林添貴先生，於二〇一七年九月十七日越洋專訪本書作者威廉・培里博士，深入剖析現今東亞國際政治態勢及核武發展情況。

天下文化：台灣將出版您的新著繁體中文版。請問您寫這本書的本意，以及你希望傳達給全球讀者，尤其是遠在東南亞地區的台灣讀者的訊息是什麼？

培里：我相信當今之世最大的危險是核子災難。禍害最大的將是美國、俄羅斯之間，或是印度、巴基斯坦之間發生核子戰爭，或是北韓和美國之間發生核子戰爭，又牽扯到中國。這些國家都不希望發生核子戰爭，但全都可能稍有差池就爆發核子戰爭。萬一真的爆發，禍害之大將無法想像，最慘的話，人類文明都將終結。絕大多數人不了解此一危險；尤其是有些核子國家領導人也不了解。因此他們沒有採取可以降低核子戰爭機率的政治行動。我撰寫《核爆邊緣》的宗旨是提供資訊，希望能夠增進世人對核子危險的認識，也能夠知道什麼樣的行動可以大幅降低這些危險。

天下文化：您在擔任美國國防部部長時期，於一九九六年台海危機時，派遣兩個航母戰鬥群巡弋台灣海峽。請問當時兩岸的軍事對立，依您的研判，戰事有一觸即發之勢嗎？

培里：一九九六年，中華人民共和國在台灣海峽進行軍事演習，演習期間朝非常接近台灣的水域發射飛彈。中方這些行動發生在台灣舉行總統大選期間，當時的大選有反中華人民共和國的候選人參與競選。美方相信中方的軍事行動目的，是要恫嚇台灣人民不要投票支持此一候選人；而且美國認為中方的行動違反《上海公報》。因此美國準備了外交訊息，向中華人民共和國表達美國的關切。但是美方也想要強調中方這種行動的危險，而我們認為美軍若在台灣海峽部署重兵，可以顯示我們的嚴正關切。因此我向柯林頓總統建議，派遣兩個航空母艦戰鬥群前往台海地區。柯林頓總統同意了，我當天立刻指示兩個航空母艦戰鬥群出動。我不認為這項部署會引起戰爭，但是展現強大武力可以降低戰爭機率。

天下文化：二〇一七八月上旬，北韓領導人金正恩揚言將使用核子導彈攻擊美國關島，請問依您的經驗與判斷，北韓此舉的意圖是什麼？美國目前是否有信心與能力阻止金正恩的挑釁及攻擊？

培里：我認為北韓核子計畫的目的，是要維繫金氏王朝的存續。北韓領導人認為，對其王朝的首要威脅來自美國。特別是，他們相信美國有意攻擊他們，也有能力擊敗他們。他們也相信有強大的核武力，可以遏阻美國進攻。我認為北韓不會在未經挑釁下，朝南韓、日本或美國發射核武。北韓領導人沒有自殺的意念，他們曉得一旦發動核子攻擊，會導致國家滅亡，本身也殞命。除非北韓看到有別的方法確保其政權生存，否則他們將繼續發展其核武。外交斡旋還是有可能，但需要結合兩大因素：如果北韓放棄核武，美國要提供有可信度的安全保證；如果北韓不肯放棄核武，中國要以切斷糧食及燃料供應威脅它。但是要整合出這樣的外交協議，非常困難。

天下文化：美國在南韓境內布署戰區高空防禦系統（以下簡稱薩德）[1]，以反制北韓的軍事威脅，卻造成中國的反彈。您認為這會影響中美關係嗎？

培里：薩德的部署產生安全及政治的爭議。從安全的角度看，部署薩德不足以制止大規模的攻擊，因為薩德的數量不足。然而，它的確給予南韓人民某些保證，也在北韓軍方製造某些不確定感，不知道他們發動攻擊的效果會是如何。薩德的部署已經引起重大政治問題。中國顯然認為，部署薩德可讓美國有能力對付他們的洲際彈道飛彈，因而降低其嚇阻能力。中國已經針對南韓採取政治報復，而且他們可能決定增加洲際彈道飛彈的部署數量，以抵銷薩德對其嚇阻能力可能的影響。

注釋：

1 Terminal High Altitude Area Defense（THAAD），中文譯為薩德反飛彈系統。

致謝

本書所敘述的事件構成「選擇性回憶錄」，交代了核子時代如何出現，我如何打造及圍堵它，以及我為什麼改變思想，認為這些武器在今天構成危險。在這段數十年的旅程中，我非常幸運得到內人李的終身愛戀和支持，和許多志同道合、要讓世界更安全的傑出男女合作。我感謝他們每一位，更感謝協助我將本書付梓的每位朋友。

為了支持這本回憶錄和從它衍生的教材之出版，我在「核子威脅倡議」（Nuclear Threat Initiative, NTI）資助下，成立「威廉・培里計畫」（William J. Perry Project）。「核子威脅倡議」的領導團隊——Sam Nunn、Joan Rohlfing、Deborah Rosenblum ——打從一開始就支持我對項目的觀點，提供鼓勵、財務援助，以及知識豐富、非常幹練的幕僚人員協助。若非下列共同贊助人的鼎力支持，不可能踏出第一步。他們是：Douglas C. Grissom、Elizabeth Holmes、徐大麟夫婦、Fred Iseman、Pitch and Cathie Johnson、Joseph Kampf、Jeong and

Cindi Kim、Marshall Medoff以及Mark L. Perry and Melanie Peña。我非常感謝他們慷慨捐助。

該計畫的另一位重要夥伴，是史丹福大學國際安全暨合作中心（Center for International Security and Cooperation, CISAC），以及佛里曼．史波格利國際研究所（Freeman Spogli Institute, FSI）。它們提供辦公室，我在此每天可接觸到傑出的安全事務專家，以及友善的合作氣氛。我特別感謝Tino Cuellar、Michael McFaul、Amy Zegart、David Relman以及Lynn Eden。

史丹福大學還協助計畫的教育部分，支持以本書的教訓為基礎試辦一個新課程，俾能開發網路教材。參與其事的史丹福教授和學人，包括Martha Crenshaw、James Goodby、Sig Hecker、David Holloway、Ravi Patel、Scott Sagan、George Shultz和Phil Taubman。校外客席講座包括Ash Carter、Joe Cirincione、Andre Kokoshin和Joe Martz。

我憑著記憶寫下這本書。即使過了四十、五十、六十年，某些故事仍然歷歷在目，彷彿剛發生不久。但我也清楚不能只靠我的記憶，因此非常感謝投下時間、專業知識、回憶文字協助查驗事實和編輯工作的許多人。

下列人士在我一生事業中都扮演重要角色，我視他們為良師益友。他們全都同意接受訪問，對本書敘述的重要事件提供觀點、幫忙核實。他們包括：Ash Carter、Sid Drell、Lew

Franklin、Joshua Gotbaum、Paul Kaminski、Paul Kern、Michael Lippitz、Sam Nunn、George Shultz、Larry K. Smith、Jeffrey Starr和已故的 Albert “Bud” Wheelon. 我很幸運能與這些聰明、專業的人士合作。

我很感謝五角大廈安全評核室（Office of Security Review）主任Mark Langerman，協助我讓我的初稿快速獲得安全審查過關。

下列四位年輕軍官在史丹福大學進修、攻讀學位，都協助本書查核事實及出處考證：陸軍少尉Robert Kaye、海軍少尉Taylor Newman、海軍少尉Joshua David Wagner和海軍少尉Thomas Dowd。以這些高材生在史丹福大學的表現為判斷依據，美軍很幸運人才濟濟。

計畫剛開始時，我們召開一個大學部學生的諮詢委員會，研究有關核武相當危險的資訊，並建議如何讓他們這個世代也來關心這些議題。他們啟發了我們開發網路教學課程。我感謝他們每一位的熱情參與：Claire Colberg、Isabella Gabrosky、Jared Greenspan、Taylor Grossman、Daniel Khalessi、Hayden Padgett、Camille Pease、Raquel Saxe、Sahil Shah以及Pia Ulrich。

我特別感謝以下工作人員貢獻的技能、勤奮工作、創意和專注於教育民眾認識核武的危險：Deborah C. Gordon、Christian G. Pease、David C. Perry以及羅蘋・培里（Robin L. Perry）。我特別感謝羅蘋，她擔任計畫的主任和本書編輯。沒有她的耐心、智慧和編輯技能，我不會完成這本書。

Cindi King與Mark L. Perry提供重要的法律意見。Amy Rennert、Phil Taubman、Lynn Eden以及David Holloway提供寶貴的發行及編輯意見。我感謝史丹福大學出版社的Geoffrey Burn相信這本書的價值，感謝John Feneron很專業地盯到它付印，以及Martin Hanft的細心潤稿。

最後，我深刻感謝昔日電磁系統實驗室的同事、長年老朋友Al Clarksona，他也是一位作家，文學造詣很高。他從我寫作初稿時就一直陪伴著我，悄悄向羅蘋和我提供意見，透過他的批評、敘事本領和具體改稿，引領本書更加完美。他和羅蘋是本書不斷潤飾、力求完美的最佳功臣。

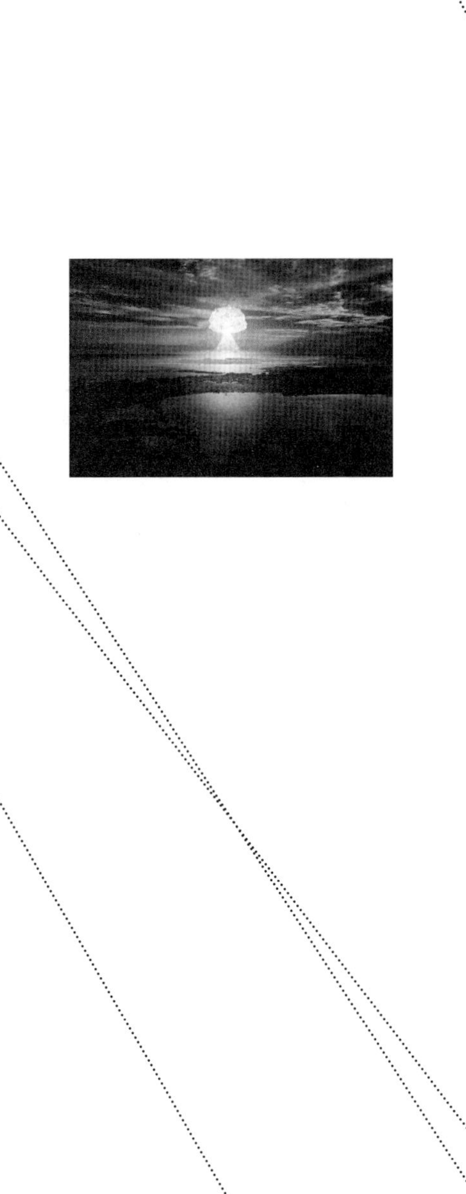

第一章

古巴飛彈危機：一場核惡夢

這個國家的政策，是將從古巴發射、針對西半球任何一個國家的核子飛彈，都視為是蘇聯對美國的襲擊，美國將對蘇聯採取全面的報復反應。

——約翰·甘迺迪總統，一九六二年十月二十二日向全國講話[1]。

一九六二年秋季，風和日麗的某一天，我剛過三十五歲生日的次週，我的電話響了。當時我任職於西爾韋尼亞電子防衛實驗室（Sylvania's Electronic Defense Laboratories），它是針對蘇聯核武系統的精密電子偵察系統的先鋒。我和內人李以及五個子女，安住在風景如畫的加州舊金山灣附近的帕洛奧圖（Palo Alto），生活相當安逸，但是即將天翻地覆。

電話來自阿爾伯特·威倫（Albert "Bud" Wheelon），我們都是評估蘇聯核武能力的政府高階小組成員。威倫當時只有三十多歲，是中央情報局歷來最年輕的科學情報室（Office of

Scientific Intelligence）主任，也是導彈暨太空情報委員會（Guided Missile and Astronautics Intelligence Committee, GMAIC）主席，這是評估有關蘇聯飛彈及一切太空計畫情報的專家團體。他要我飛到華府會商，我告訴他好呀，我可以重新安排時程，下星期報到。他說：「不行！我需要你立刻趕過來。」聽出來他很急迫，我不由得緊張起來。美國當時深陷與蘇聯的核武激烈競爭漩渦，蘇聯前些年才打破核試爆禁令，試爆一枚相當於五千萬噸黃色炸藥的「巨無霸」核彈。當天夜裡我就搭機直飛華府，翌晨立即和他會面。

他不浪費唇舌解釋，拿出一落照片給我看，我很快就辨認出來，那是進入古巴的蘇聯飛彈。我當下的反應非常恐懼。情勢再明顯不過，這批飛彈部署很有可能成為導火線，引爆美、蘇相互用核彈攻擊。我對核武影響力的研究告訴我，一旦雙方交鋒，人類文明即將終結。

接下來八天我與一小群人密集工作，分析每天蒐集到的資訊，做成報告，由中央情報局局長面呈約翰．甘迺迪（John F. Kennedy）總統。每天上午，美國的戰術偵察機飛到古巴上空，對已知和可疑的飛彈及武器地點拍下高解析度照片。飛機回到佛羅里達州之後，底片立刻由軍用運輸機送到位在紐約上州區的伊士曼柯達公司（Eastman Kodak）快速沖洗。下午，沖洗出來的底片再送到國家照片判讀中心（National Photographic Interpretation Center, NPIC），由我們一群分析人員研判。

我隸屬於兩個分析小組之一，每個小組有兩名技術分析員和三名照片判讀員。兩個小組個別獨立作業約六小時，然後向另一組做心得報告，並接受批評。我們試圖確認蘇聯部署這些飛彈的重要訊息：數量有多少？是哪種型別？多快可以運作？核彈頭什麼時候可以裝到飛彈上？

午夜時分，我們開始起草呈送給威倫的共同書面報告，他通常在最後幾小時也參加我們的批評過程。次日一早，威倫依據我們對照片的分析及其他資訊，如通信情報，向甘迺迪總統及其古巴專案小組提出報告。威倫做完報告就退席，但是中央情報局局長約翰·麥康（John McCone）會留下來討論，如何就最新發展做回應。

透過比對我們在古巴的新發現，和從蘇聯飛彈試射場所見到的情形，我們很快就判定飛彈的類型、射程和負載物。我們知道這些飛彈具備搭載核武能力，射程可及於美國絕大部分地區。不到幾天，我們這個小組就判定某些飛彈只需幾個星期就能運作。

我沒有關在房間分析情報資料時，就盯著電視上播出的政治大戲，甘迺迪總統下令我方海軍制止蘇聯船艦跨越某道界線，而蘇聯船艦仍舊朝界線前進[2]。甘迺迪總統在向美國民眾發表講話時，清晰明白地交代出當前局勢的嚴峻，明白警告從古巴向西半球任何國家發射的核子飛彈，將造成「對蘇聯的全面報復反應」。

我完全明白「全面報復反應」是什麼意思。古巴飛彈危機之前的十年當中，我就是研究各種核戰劇本及其後果。坦白講，每天到分析中心研究，我都以為這一天可能就是我在地球生活的最後一天。

我是這場核戰邊緣大戲中的參與者，雖然對總統的每日團隊會議討論內容沒有第一手了解，但也勉強扮演一角。國防部長羅伯·麥納瑪拉（Robert McNamara）和其他人日後對事件經過有許多文章談論，我們特別警醒地獲悉總統的軍事顧問建議他對古巴發動攻擊。我們只能猜想，假使他們知道我們清楚查證在古巴已有一百六十二枚飛彈，而這些飛彈要裝置的核彈頭大多已經送到古巴，而非當時的評估說是還未送達，他們會如何建議。

雖然古巴飛彈危機並未爆發戰爭就落幕，我當時相信——至今依然認

一九六二年十月，美國民眾注意聆聽甘迺迪總統在電視上發表有關古巴飛彈危機的講話。（Photo by Ralph Crane, copyright Getty Images, with permission）

為——全世界躲過核子浩劫不僅是因為管理得當，也是因為幸運。

此後我所得悉的詳情，更強化這個信念。以今天掌握到對實際情況的了解去回顧，我可以更清楚看到事件會失去控制，把全世界捲入核戰災難的重大危險。譬如現在我們知道，朝美方封鎖線前進的蘇聯船艦有潛艇護航，而這些蘇聯潛艇配備了核彈頭魚雷。由於和潛艇通訊困難，指揮官已獲得授權，必要時可不必請示莫斯科，逕自發射核彈頭魚雷。危機過後多年我們才知道，當時一艘蘇聯潛艇被美軍驅逐艦逼迫浮出水面時，潛艇指揮官曾認真考慮過發射核彈頭魚雷。由於船上其他軍官勸阻，他才沒有下令開火。

同樣令人毛骨悚然的是，與古巴攤牌沒有直接關聯的意外事件，差點導致情勢立即升高至戰爭狀態。危機正在高峰時，一架美軍偵察機執行早先已安排的任務，它卻偏離航線，飛進蘇聯領空。蘇聯防空本部誤判它是美軍轟炸機，立刻下令攻擊機升空攔截。阿拉斯加的美國空軍基地，也立即命令配備核彈頭飛彈的戰鬥機升空，保護這架美軍偵察機。

幸運的是，誤闖蘇聯領空的美軍偵察機機長發現犯了錯，在蘇軍還未攔截前已飛出蘇聯領空。大約同時，一枚洲際彈道飛彈從范登堡空軍基地（Vandenberg Air Base）發射。這是例行試射，沒有人想到要將試射改期，它很容易被蘇聯誤判。

古巴飛彈危機發生前十年，我負責來自蘇聯核武威脅的評估工作，意識到最近兩年緊張情勢不斷上升。美蘇之間若是爆發直接、即時的軍事衝突，會引起什麼狀況？在核子時代，軍事衝突將是無與倫比的夢魘，當下沒有先例，避免核子災難的解決方案可供參考。人類文明危在旦夕。

十月份那八天，我就像是活在惡夢之中。

危機緩和後，許多美國新聞報導大肆喧嚷美國的勝利，譏笑尼基塔．赫魯雪夫（Nikita Khrushchev）是個「膽小鬼」[3]。這個偏狹的通俗想法其實浮而不實，不僅是因為赫魯雪夫做出退讓決定，才使得世界免於陷入前所未有的大災難，也因為危機出現意想不到的結果：雖然隔了一段時候才變得明顯，但古巴飛彈危機確實加速美、蘇之間已在進行的核武競爭。

一九六四年，可能是因為被迫在古巴退讓，赫魯雪夫下台，換上布里茲涅夫（Leonid Brezhnev）和初期的柯錫金（Alexei Kosygin）當家掌權。布里茲涅夫誓言，蘇聯在核武方面絕對不再處於弱勢，蘇聯祕密加速研發洲際彈道飛彈（intercontinental ballistic missiles, ICBM）及核武計畫。

美國國防官員起先相當自滿於所謂的「勝利」，但很快就必須升高已經相當受重視的科技情報蒐集任務，因為蘇聯的飛彈和太空計畫迅速擴增範圍和精密度。我所服務的這類防衛實驗室業務興隆，是因為美國和世界日益危險，簡直就像在發國難財。

回顧起來我們可以清楚發現，古巴飛彈危機是核子時代史上，一個劃時代的大事件。它最令人難忘和震撼的一面，是我們所面臨的艱險大到令人難以想像：古巴飛彈危機可說把我們帶到核子大浩劫的邊緣。在此一無可比擬的危機中，美國決策者的知識經常是不完美，有時候甚至是錯誤的。

古巴飛彈危機期間及之後，有些思維帶有超現實的特質，舊式思維明顯與核武時代的新現實格格不入：雙方陣營都有許多顧問主戰；媒體把危機當作「勝」「負」大戲報導；雙方領導人的政治支持度，似乎都是以不惜啟動戰爭的意願作為基礎；危機落幕後，不是決定合作減少核武和緊張態勢──在如此間不容髮的危機之後，這應該是理性的決定──雙方反而更積極投入武器競賽。

當時，世界避免了核子浩劫。但是長期而言（至少在那一次躲過浩劫之後的喘息空間裡是很明顯的），古巴飛彈危機象徵危機升高。我經歷一九六二年秋天那無法想像的八天之後，沒有別的路讓我更深刻認同，也讓我以降低核武危險為終身職志。

就我個人而言，古巴飛彈危機是個徵召令，使我從產業界及針對蘇聯核武創新現代化的高科技監視工作，走向擔當五角大廈領導工作，負責革新美國的傳統及戰略武力，以追上及維持核武嚇阻力量；日後又追求國際合作，透過立法、全球外交和奔走，鼓吹設法削減核武。

注釋：

1 Kennedy, John F. "Radio and Television Reports to the American People on the Soviet Arms Buildup in Cuba, October 22, 1962." JFKWHA- 142- 001, 22 October 1962. Accessed 25 August 2014.

2 Ibid. 甘迺迪總統一九六二年十月二十二日向美國人民報告蘇聯在古巴部署核武時，他宣布：「已經啟動嚴格禁運一切攻擊性軍事器械運進古巴。所有任何種類船隻、不論從任何國家或港口出發，若經發現載有攻擊性武器貨物，一律要掉頭。」

3 Kessler, Glen. "An 'Eyeball to Eyeball' Moment That Never Happened." New York Times, 23 June 2014. Accessed 25 August 2014. 古巴飛彈危機之後，有些報紙刊載甘迺迪及美國大獲勝利的報導，引述國務卿狄恩．魯斯克（Dean Rusk）說：「我們怒目瞪視，我認為對方眨了眼睛了。」

第二章
晴天怒火

除了我們的思維模式之外，原子釋放的力量已經改變了一切，因此我們漂流向無比的災難[1]。

——阿爾伯特・愛因斯坦，一九四六年五月二十三日。

我怎麼會在古巴飛彈危機期間，奉召到華府分析情報資料呢？我的核戰邊緣旅程，其實早在此一危機之前就已開始，那是一九四一年某個星期日，比起第一顆原子彈投擲在日本還早了四年。這些早年的悸動引領我走上服兵役、開發冷戰偵察系統、擔任政府公職、在大學任教和從事外交工作的一生——大半工作的重點目標是如何降低核子威脅。當然，在那個久遠的星期日，我不會預見這一條路。我不可能知道我會成長於一個關鍵時刻，人類創造一種武器，其威力劇烈地改變了自身的境遇。我不可能知道，迎接對人類文明此一史無前例的挑戰，會成為我終身職志。

在那個創造歷史的星期日前不久，我才剛滿十四歲。我在賓夕凡尼亞州巴特勒市一位朋友家作客，他哥哥衝進門，大喊：「我們跟日本開戰了！他們剛剛轟炸珍珠港！」與日本開戰已經醞釀了一年多，許多電台評論員預測美日交戰迫在眉睫。年僅十四歲的我反應非常直接：我希望投效陸軍航空隊，當個飛行員，上戰場殺敵報國。但是我很擔心時不我予，我還來不及長大，戰爭就已經結束——後來果真如此。

一九四四年十月，十七歲生日當天，我搭車到匹茲堡，通過陸軍航空隊學員兵考試，宣誓加入。我被告知回家等候空缺，軍方認為大概需要等候六個月。我充滿期待，提前結束高中課程，希望在正式入伍前到大學先修幾門課。一九四五年五月，我正要完成卡內基理工學院（Carnegie Tech，即今天的卡內基美隆大學）第一學期課程時，陸軍停辦航空隊學員兵方案，准我榮譽退伍——其實我連一天的常備役都沒服過。我又修完兩個學期的課，年紀已滿十八歲，我加入陸軍工兵部隊。陸軍訓練我繪製地圖，接著我被派到位於日本的美軍占領區，到東京郊外一座基地受訓。

我讀過的有關戰爭之種種報導，都沒讓我心理準備好，會在東京看到滿目瘡痍景象。原本相當偉大的城市已經面目全非，實際上，每一棟木造樓房全被美軍投擲的燒夷彈燒為廢墟。倖存者住在一大片燒毀的瓦礫堆上，靠占領軍發放的配給勉強餬口。

經過兩個月訓練，我們這一連坐上一艘坦克登陸船前往沖繩，為這個島繪製高精準度的地形圖。沖繩是第二次世界大戰最後的大型戰役戰場，此地戰況是難以想像的慘烈。日本喪生的士兵及平民近二十萬人。美軍傷亡人數相形非常少，但仍然死傷枕藉，許多人是死在神風特攻隊（kamikaze）的攻擊之下。

我絕對忘不了抵達沖繩首府那霸（Naha）港口時，所看到的景象。原本繁盛的城市，看不到一棟挺立的建築物。倖存者住在帳篷或斷垣殘壁之中，「蒼鬱碧綠的熱帶地貌變成一大片泥濘、鉛、腐爛和蛆蟲漫爬的廢墟」[2]。最後決戰現場摩文仁村（Mabuni）豎立著一塊亡者紀念碑「和平礎石」，列出二十四萬多個在這場激烈戰役中已知的死者姓名。

在東京和那霸，我透過年輕的眼睛看見現代戰爭空前的破壞。目擊空前的戰時暴力，這是令我徹底改變的經驗。數百次的空襲、數千架次飛機的轟炸，造成偌大的破壞；而廣島和長崎分別只因**一顆炸彈**就照成相同規模的傷害。我徹底了解到，全新的、無法想像的能力所製造出的恐怖傷害，改變了一切。

目睹這股破壞力道之強勁，無可扭轉地影響了我的一生。我感受到世界面臨的前所未見、空前巨大的核子時代危險：不僅是城市夷為廢墟（二戰期間已經發生不計其數），而且將是文明末日。我終於理解阿爾伯特・愛因斯坦（Albert Einstein）這句話的深義：「原子釋放的力量已經改變了一切。」而且他的警語永遠縈繞心頭：「除了我們的思維模式之外。」

但是我的思想已經開始改變。

我在陸軍的役期於一九四七年六月屆滿。雖然殘破的印象仍存在腦海，我準備放下戰爭歲月。我憧憬戰後和平繁榮的新世界，渴望恢復建立成年生活。我回到學校念書，也與高中情人李・葛林（Lee Green）重續舊緣，一九四七年十二月二十九日在李的家中舉行婚禮。雖然彼此深愛，但當時我不曉得這個一輩子的婚姻，對我一生會有如此深厚影響。我們相知相愛，一起度過人生許多挑戰。

李和我分別修完課程，但是我們不打算在東岸久待。我希望到史丹福大學進修。我從日本退伍回

沖繩戰役造成那霸的殘破景象。Photo by Arthur Hager, US Marine Corp（in public domain）。

威廉和李鶼鰈情深，一九四九年於史丹福。

國，就是在舊金山下船登岸，當時我就迷上灣區（Bay Area）的景色，這個地方朝氣蓬勃，似乎前途無量。我申請轉學到史丹福大學，拿著《大兵法案》（G.I. Bill）賦予退伍軍人的獎助金，夫妻倆開車橫越美洲，來到加州開啟新生活。我在史丹福大學拿到數學學士和碩士學位。

我迷上數學的純潔和美麗，也深受史丹福學者的啟發。我的退伍軍人獎助金在念完碩士學位時已經用罄，加上有個小家庭待供養，又沒有其他收入來源，我無法在史丹福繼續深造。於是我應聘到愛達荷大學（University of Idaho）擔任一年的數學講師，一邊設法回到史丹福繼續攻讀博士學位。後來我拿到一份薪酬不差的聘書，到賓州州立大學（Penn State）教數學，還可繼續念博士班。

除了在賓州州立大學念博士班及每學期開三門課外，我也開始在本地一家國防工業公司哈勒、雷蒙暨布朗公司（Haller, Raymond & Brown, HRB）兼差。雖然我是由於經濟壓力才到國防公司兼差，但我很快就發現我喜歡把數學本事，應用到國防方面的棘手工作，而且還勝任愉快。

我開始攻讀研究所學位時，有志擔任數學教授。但是世界大勢持續惡化，大環境充滿不確定因素。我才剛完成碩士學程，兩個星期後韓戰爆發，美蘇兩大陣營各自擁有強大核武，冷戰激升。

目睹沖繩的戰火遺跡後，再看朝鮮半島的戰爭，我對韓戰有特別深刻的感受。甚且，我充分預期會被徵召參戰，因為我在史丹福念書時，又加入為退伍軍人開辦的預備軍官高級班受訓，被授以陸軍後備役少尉官階。不過軍方沒有徵召我，我得以持續完成深造。

我在賓州州立大學時，愈來愈關心美國面對蘇聯的敵意和侵略野心之危險處境。蘇聯在一九四九年第一次試爆原子彈；一九五三年，又宣布他們已成功試爆氫彈。我看到箇中的危險。我們在廣島見識到的原子彈，其破壞威力是最大的傳統炸彈的一千倍。美國正在試驗的氫彈，其破壞威力又是廣島原子彈的一千倍。短短十年內，人類已經把破壞威力增加為一千乘一千倍——足足一百萬倍——這種破壞威力幾乎無法想像。

現在，蘇聯在背後替北韓撐腰作戰，美軍子弟傷亡已經成千上萬，而蘇聯它又具備這股破壞能力。每當我感覺到蘇聯有新進展，未來就愈危險，不免要重新思考我的專業選擇。一九五三年中期，加州山景市（Mountain View）新成立一所國防實驗室，離史丹福大學只有幾英里路，我決定了人生方向。軍方成立這所實驗室，意在研發對付蘇聯正在開發的核子飛彈之防衛方法。我安排好可以不在校完成博士論文的手續後，向實驗室求職，被聘為資深科學家。一九五四年二月，李和我又把子女塞進我家那輛廂型車，再度駕車橫跨大陸、回到史丹福地區，向西爾韋尼亞電子防衛實驗室報到。我投入高度機密的偵察技術研究計畫，自此走上國防專業，也因此參與了古巴飛彈危機，並且開始對核武的強大致命威力，有了種種思想演進。

今天，我們已經很難理解冷戰初期祕密年代的精神。對於蘇聯核子威脅的關鍵細節了解不足，讓我們有嚴重的不安全感。我們擔心蘇聯在追求獲致「第一擊」（"first strike" capability）的先發制人能力，因此迫切需要深入了解蘇聯的核武力，包括數量、部署狀況及性能。為避免軍事誤判產生悲劇，也為了更妥善管理軍備經費，我們迫切需要強大的新偵察能力（當時還未完全掌握的新科技），作為其基礎。

我將在往後的歲月對付這個棘手挑戰。

注釋：

1 Albert Einstein, telegram, 23, May 1946, quoted in "Atomic Education Urged by Einstein; Scientists in Plea for $200,000 to Promote New Type of Essential Thinking." *New York Times*, 24, May 1946.

2 Senauth, Frank. *The Marking of the Philippines*. Bloomington, IN: Author- House, 2012. Pg. 85.

第三章

蘇聯飛彈威脅出現，亟需資料深入了解

不是因為對核武有莫名、浮動的恐懼，使得戰爭太可怕、不敢去想像；而是雙方極難取得的詳盡知識，知道核武的威力，數量又多，也知道它們瞄準什麼，以及它們確實能穿透任何防禦，才令人不寒而慄。

——湯瑪斯．鮑爾斯（Thomas Powers），《情報戰》（*Intelligence Wars*[1]）。

我降低核武的危險旅程早期篇章，專注在取得「極難取得的詳盡知識……知道核武的威力」。國際局勢因為第二次世界大戰的兵連禍結，加上美、蘇兩個二戰最大盟國戰後敵意上升，變得比以前更加凶險。兩個超級大國競相建造及囤積破壞威力愈來愈強大的核武之軍備競賽，來勢洶洶，不知伊於胡底。這股祕而不宣的敵意，限制了開明的共同合作機會出現，無法逆轉拚命發展核武而出現「殺傷力過度強大」的趨勢。要防止核子末日，只有憑「相互保證毀滅」（mutual assured destruction, MAD）這個冷峻的實用主義理論，它假設面臨共同的恐怖時，雙方領袖會永遠理性、永遠掌控情報資訊——加上依賴無限期的好運。

蘇聯的飛彈和太空計畫，分散在它跨越十一個時區的遼闊國土之上，美國對它們所知非常有限，因而一九六〇年代全國出現大辯論，討論相較於蘇聯，美國是否出現「飛彈落差」（missile gap）。我們更需要了解的，不只是蘇聯核武的兵力規模和部署，也要了解它的性能，像是射程、準確度、他們能投送的威力，以及其他重要特性。這需要偵察技術方面出現大革新才能克臻使命。

要有嶄新、精細的偵察，其理由多端，但最根本的戰略考量是，究竟蘇聯洲際彈道飛彈瞄準目標的準確度，以及其核彈頭的威力，是否能在第一擊就摧毀美國報復用的陸基核武——這些武器通常都已「強化」，比起城市等「軟」目標較難摧毀。理論上，如果蘇聯能在第一擊威脅美國的陸基核武，那麼已經出現危險的，以相互保證毀滅作為可靠嚇阻力量的均勢，就會消退，因為美方報復反擊能產生的傷害效力將會大為降低，會鼓勵蘇聯輕舉妄動，也使美國陷於災禍危險。同理，如果蘇聯發展並部署有效的防衛，對抗核子進攻，五角大廈有些人擔心美方的嚇阻力量就會減弱，因為蘇聯的有效防禦可以降低美方報復的威脅。

美國在冷戰時期的偵察工作告捷，取得重要知識，雖然不能保證安全無虞，但在當時卻是緩和核戰災禍威脅十分重要的手段——可以增強相互保證毀滅——使戰爭變得「太可怕、不敢去想像」。

這也是進步。對核子威脅愈是了解，就會限制住「做最壞打算」的評估，以及它們對增進軍備競賽範圍和步伐的可能效應。了解愈深，也可能導致未來更加合作，因為軍備競賽非常花錢，特別是「盲目」競爭的話，會對兩個核子大國都造成傷害。以美國冷戰時期發展的偵察技術而言，需要的確是發明之母，它導致卓越的創造力和智慧成就。

*

我這個階段的旅程始於一九五四年。二十六歲的我，應聘到加州山景城西爾韋尼亞電子防衛實驗室，擔任資深科學家。我的第一個任務，是評估阻撓來犯的蘇聯洲際彈道飛彈導引訊號的一種電子反制系統。我們知道蘇聯已經在研發，一種採用電波導引來精準對付位於美國的目標的核子洲際彈道飛彈。在製造干擾設施（jammer）之前，我們必須先解決兩個問題：辨識導引訊號的特徵，以及評估誤導蘇聯飛彈後損害降低的程度。

由於核武破壞威力極大，我們並不清楚誤導洲際彈道飛彈的方向後，能否大幅降低損害。如果干擾設施把飛彈從波士頓轉導引到紐約，或是從匹茲堡轉導引到克里夫蘭，會是什麼情況？縱使如此，我還是採用很多種干擾攻擊劇本，來分析降低傷害的統計可能性。諷刺的是，我採用了斯塔・烏拉姆（Stan Ulam）和約翰・馮・諾伊曼（John von Neumann）在進行設計氫彈的估算時，所需用到的「蒙地卡羅」（Monte Carlo）統計方法[2]。

從某方面講，我的分析結果是正面的。它們顯示出超越合理的懷疑，有效的干擾可以把中型核攻擊所肇致的死亡人數降低約三分之二。換句話說，如果電子干擾有效，美國「只會」有兩千五百萬人立刻喪生，而不是七千五百萬人。但這個結果其實很嚴峻，明顯低估了攻擊的全面後果：它沒有包括長期因輻射落塵和「核子冬天」引起的死亡，也沒有考量到無法救治的數千萬負傷者，更沒有設想到核攻擊對經濟、政治和社會體系的全面傷害。悲觀地說，我們無法恰當量化大規模核攻擊對人類文明造成的破壞。

我的研究原本是要確認對付核攻擊的防衛系統的可行性，不料這件事卻告訴我，沒有可靠的防衛能夠對付大規模核攻擊的破壞威力。唯一有意義的防禦，是防止發生核攻擊。

我的結論是，美國的優先目標不是把資源投入白費功夫的防衛核攻擊，而是要防止核攻擊發生。這個根本認識是我一生奉獻在國防事業上的指導原則。

史諾（C. P. Snow）在《科學與政府》（*Science and Government*）中，就科學家估算採用彈道飛彈防禦系統（Ballistic Missile Defense systems, BMD systems）防衛核子攻擊，可以「拯救」數百萬人性命，做了下列評論：

未來的人會怎麼想我們？他們會說……我們是有人類頭腦的豺狼嗎？他們會認為我們泯滅人性嗎？他們有權利這樣想[3]。

我在評估干擾蘇聯洲際彈道飛彈可能的效率之同時，也在考量如何確認其導引系統的特徵。實驗室發展出可以在蘇聯試射洲際彈道飛彈時，攔截其導引訊號的系統，軍方把好幾組這種監視系統部署在蘇聯周圍的各地面偵測站。由於洲際彈道飛彈在飛行時高度到達數百英里，訊號會出現在基地的偵測站水平上方，範圍多半在距攔截地點一千英里以外。

自從蘇聯及美國的洲際彈道飛彈根據高度精準的加速計，改用慣性導引之後，再也沒有電波導引訊號可以攔截，不過美國偵測站卻攔截到更重要的訊號：飛彈試飛時用來測量飛彈飛行時性能表現的遙測訊號（telemetry signals），以及蘇聯試射場用來追蹤試測飛彈的信標訊號（beacon signal）。攔截和分析這些訊號是需要全神貫注的挑戰。蘇聯利用這些訊號，確認飛彈是否達到他們設計的參數（parameter）；我們則反向推回去，利用它們來確認蘇聯設計的參數是什麼。

我們在攔截和分析這些訊號上相當成功。我們的地面偵測站在蘇聯每次試飛洲際彈道飛彈和太空載具時，都成功攔截到遙測訊號和信標訊號。攔截這些訊號以確認飛彈特徵的挑戰，在冷戰期間持續了許多年，這段時期美國不斷精進對蘇聯飛彈系統表現性能的了解。攔截工作的細節以及資料蒐集和分析，不是本書要敘述的範圍，目前脈絡的重要考量是，我們強力繼續有創意的解讀工作，以支援和改進美國對蘇聯飛彈在射程、準確度、部署和數量的了解。

由於這個問題的重要性和困難度，美國政府需要糾集官員和約聘專家一起合作。中央情報局和國家安全局（National Security Agency, NSA）遂成立「遙測與信標分析委員會」（Telemetry and Beacon Analysis Committee, TEBAC），讓各情報蒐集單位和分析人員能分享資訊，加速對蘇聯洲際彈道飛彈的評估。這個高度機密的專家活動，對防止美國在冷戰期間做出錯誤判斷有很重大的貢獻。遙測與信標分析委員會讓美國的高階決策官員，對蘇聯核武能力有正確資訊；當然蘇聯方面也努力監視美國的能耐。否則，雙方都可能對對方做出最惡劣的評估，導致雙方都投下巨資，沒完沒了擴增核子武器，這將對已經很危險的武器均勢增添更大危機。遙測與信標分析委員會負責對蘇聯最危險的飛彈，提出明確和大致上正確的報告。

遙測與信標分析委員會雖然很重要，但它卻查不出蘇聯核武的數量，在「鐵幕」籠罩的陰影下，這部分特別難取得。初期最為成功的嘗試，是派U-2偵察機飛越廣大的蘇聯領空拍攝照片。U-2偵察機蒐集蘇聯飛彈和太空計畫的重要地區與設施的影像情資。從一九五六年起一連多年[4]，美國派出U-2偵察機拍下重要地區的高解析度照片，像是洲際彈道飛彈、反彈道飛彈（anti-ballistic missiles, ABMs）及核彈試爆場。每隔幾個月就出動的U-2偵察機，提供了美國珍貴的情報。

U-2偵察機拍攝的照片抵達華府後，會立刻送到「國家照片判讀中心」進行分析。若是拍到飛彈和核武基地，技術小組會立刻動員起來與照片判讀員合作。這個技術小組的成員每次都不同，但幾乎全程參與的專家包括：太空科技實驗室（Space Technology Lab）的阿爾伯特・威倫、噴射推動力實驗室（Jet Propulsion Lab）的艾伯哈特・雷奇廷（Eberhardt "Eb" Rechtin）、陸軍飛彈指揮部（Army Missile Command）的卡爾・達克特

一九六二年二月，阿瓦・皮契（Alva Pitch）將軍頒給培里陸軍傑出文職服務獎章（Army Outstanding Civilian Service medal），表彰他在攔截蘇聯訊號、研判其頻率及收訊人方面的貢獻。培里得獎，也讓他後來一再被政府延攬參加科學及國防專案小組工作。（出自通用動力C4系統公司檔案）

（Carl Duckett）和藍迪・柯林頓（Randy Clinton）、我在西爾韋尼亞實驗室的同僚鮑伯・傅遜（Bob Fossum）和我。整個技術小組以每天十二個小時、連續三天的時間，密集分析新資料——號稱「緊迫會議」（jam session）——寫下對照片中蘇聯武器的分析及評估報告。這份報告通常被情報機關視為對所分析的武器之定論報告。

一九六〇五月一日，蘇聯擊落美軍一架U-2高空偵察機，俘虜其飛行員法蘭西斯・蓋瑞・鮑爾斯（Francis Gary Powers）。「緊迫會議」從此畫下句點。

中央情報局早就發現U-2高空偵察機的罩門，已在研發衛星攝影偵察系統。幸運的是，代號「科羅娜」（Corona）的這套系統，在U-2被擊落的同一年也開始服役。科羅娜擁有U-2沒有的能力：廣域覆蓋。只要科羅娜的攝影機沒有被濃雲遮蔽看不到地面的話，約數星期的時間內，它可以涵蓋整個蘇聯領土的十一個時區。但科羅娜也缺乏U-2偵察機的一種重要能力：能夠拍下高解析度照片的攝影機，這個缺陷日後才以更新的攝影衛星予以補正。有關開發科羅娜的精彩故事，可詳見菲力浦・陶布曼（Philip Taubman）的專書《祕密帝國》（Secret Empire[5]）。

正當我們在努力了解蘇聯飛彈威脅的全貌時，美國出現一派強烈的主張，認為蘇聯遙遙領先我們——意即美蘇之間存在「飛彈落差」。在這樣濃厚的政治氣氛下，中情局局長艾倫・杜勒斯（Allen Dulles）於一九五九年八月，成立一個專案小組評估這個說法。小組主席派特・海蘭（Pat Hyland）是休斯飛機公司（Hughes Aircraft）總裁，成員包括陸軍飛彈指揮部、海軍潛艇飛彈部隊、空軍飛彈指揮部首長，以及噴射推動力實驗室專家。除了這些可敬的國防工業前輩，海蘭也邀請威倫和我這兩個三十出頭的少年郎參加。這使「緊迫會議」的專業知識可提供給海蘭小組參考，威倫和我也很不尋常地替「長者」出謀劃策。

我們花了整整一個星期檢視所有資料；聽取中央情報局、國家安全局及所有三個軍種的情報分析員簡報；小組成員彼此也廣泛討論。我們得到一致的結論：蘇聯洲際彈道飛彈不是一個全力推進的計畫，它只有少數幾枚飛彈已經部署。這份報告隔了幾十年才對外公布，當時的結論是，蘇聯有一個有效的洲際彈道飛彈計畫，但還未部署大量飛彈。「小組相信至少迫在眉睫的是，蘇聯具有初期作戰能力，但可供作戰的飛彈很少（十枚左右）[6]。」

海蘭小組的發現，雖然化解了軍、政高階官員對蘇聯飛彈優勢的憂慮，這些近年才解密的發現，在當時卻不能用來緩和國內民眾的關切。兩個核子超級大國之間的緊張持續上升，到一九六一年十月達到高峰，蘇聯打破核子試爆的禁制令，試爆一枚「沙皇炸彈」（Tsar bomba）。美國駐聯合國大使阿德萊・史蒂文生（Adlai Stevenson）稱其為「他們的巨無霸炸彈（monster bomb）」。它有五千萬噸的威力，是歷來試爆過最強大的炸彈[7]。我們現在才知道，「沙皇炸彈」原本爆炸威力一億噸，為了避免傷害投擲它的飛機及降低落塵，蘇聯才將它減為五千萬噸。

這就是我們經歷過最危險的核子危機，就是本書開頭第一章就提到的古巴飛彈危機的背景。我敘述我參與此一危機的經過，也提到美、蘇兩國如何利用危機，不是用來緩和核子武器競賽，而是加快競賽腳步。

因此之故，古巴飛彈危機造成美國國防工業龐大的新商機，西爾韋尼亞電子防衛實驗室受惠尤多。科技情報蒐集成為政府更高層級的優先項目，各個國防實驗室生意興隆。

武器競賽加速有一個明顯跡象，就是蘇聯不只測試一種、而是兩種新型洲際彈道飛彈，在美國情報圈內引爆激烈辯論，究竟這些飛彈具有什麼特徵。空軍情報單位認為，其中一種洲際彈道飛彈（SS-8）專門設計來載運一億噸的「巨無霸炸彈」，因此研判其特徵變成高度優先的工作。

蘇聯洲際彈道飛彈測試時，通常都在低於我們地面攔截站的電波水平之下，完成它強大的飛行，大大限制分析員判定飛彈引擎的特徵，以及飛彈大小的能力。因此軍方決定把他們的遙測攔截系統空運出國，核准我們興建兩套系統，一套部署在土耳其，另一套部署在巴基斯坦。

一九六三年秋天，我飛到巴基斯坦考察這套系統的作業狀況。我抵達白夏瓦（Peshawar）空軍基地不到幾小時，當地警報系統就預測蘇聯很快就要試射洲際彈道飛彈。我說服飛行員讓我一起出動，觀察對方的飛彈。我好興奮！飛在四萬英尺高空，興都庫什山脈（Hindu

Kush Mountains）就在腳下，而我可以俯瞰蘇聯。能夠讓我不要興奮過頭的是，我知道這趟飛行任務是要確認蘇聯洲際彈道飛彈的特徵，它若是啟動，數百萬美國人的性命就斷送掉。

我們的空中平台的確取得一些SS-8強大飛行的攔截照片，但是直到一九六四年蘇聯為慶祝十月革命舉行閱兵典禮，這些飛彈亮相，我們才拿到它的高解析度照片。蘇聯舉行閱兵典禮，一則是提振國民民心士氣，一則是要恫嚇美國的歐洲盟

培里和西爾韋尼亞電子防衛實驗室同仁與戴維斯（J. J. Davis）將軍，到莫菲特基地（Moffett Field）考察要部署到土耳其和巴基斯坦的空中遙測攔截系統，一九六二年。（取自通用動力C4系統公司檔案）

國。我們則利用這個機會增強情報資料庫。這些照片，加上遙測與信標分析委員會的遙測分析，決定性地透露 SS-8 是設計來載運比較輕的炸彈。對巨無霸炸彈的驚悸自此平息，各方也就不再頻頻主張美國本身應該建造巨無霸炸彈。

對我個人而言，古巴飛彈危機之後的時期變得非常忙碌。到了一九六三年，我檢討自己在西爾韋尼亞已經任職將近十年的經驗。過去三年，我是西爾韋尼亞電子防衛實驗室主任，工作很有挑戰性、也很刺激。我對我們的許多成就感到驕傲。我們的工作很有意義，我們的名氣很堅實，我們的團隊積取進取，我們的業務不斷擴張。我擔任主任期間，實驗室擴大一倍，成長前景也相當看好。最重要的是，我們是協助美國情報機關，執行其了解蘇聯飛彈和太空系統任務的主要機構。當時的走勢很清楚，我們的任務至為重要。

但是我也愈來愈關心，實驗室某些關鍵科技正在落後。我們的母公司西爾韋尼亞電氣產品公司（Sylvania Electric Products），是全世界製造真空管的龍頭老大，卻發現愈來愈難掌握新的固態科技（solid-state technology）；固態科技將使公司最賺錢的產品線落伍過時。我把這個症狀稱為「當老大的負擔」，每次一出現大破大立、劃時代的新技術，這個症狀就會冒出來。

我們的實驗室在類比科技（analog technology）上出類拔萃，但劃時代的數位科技是以嶄新的固態裝置為基礎，加上惠普科技（Hewlett-Packard）等公司設計出又新、又小，可高速運算的電腦，新的數位科技來勢洶洶。積體電路的出現，使得市場出現與從前相比優秀百倍的新產品。我希望成為採用新數位科技和全新小型電腦的先鋒，我知道它們將是迎接愈來愈艱鉅的偵察挑戰的重要利器。但是我也看到，我們的實驗室已經和類比科技緊密相連，無法維持在業界的領導地位。我對母公司的官僚作風也感到挫折，開始思考別跟大公司的負面力量搏鬥，應該自己成立一個更有彈性的新公司，追求實現任務、建立團隊、技術領先。

我利用一九六三年聖誕節假期前思後想，終於下定決心，假期結束後我提出辭呈，與四位高階經理人一同創辦電磁系統實驗室（Electromagnetic Systems Laboratory Inc., ESL[8]）。

注釋：

1 Powers, Thomas. *Intelligence Wars: American Secret History from Hitler to Al-Queda*. New York: New York Review of Books, 2002, Pg. 320.

2 Eckhardt, Roger. "Stan Ulam, John von Neumann, and the Monte Carlo Method," *Los Alamos Science*, Special Issue (1987). Accessed 7 November 2013. 蒙蒂卡羅方法（Monee Carlo Method）是一種統計學選樣方法，由史丹・尤蘭和約翰・馮・紐曼創造。史丹・尤蘭最早在一九四六年利用這一技術預測單人紙牌遊戲的或然率，後來他和約翰・馮・紐曼在洛斯阿拉莫斯國家實驗室（Los Alamos National Laboratory）開發它，藉由估計中子倍增率，用來預測裂變武器（fission weapon）的爆炸行為。一九四八年，史丹・尤蘭向原子能委員會（Atomic Energy Commission）報告，這個方法可以運用到裂變武器以外的範圍。

3 Snow, C. P. *Science and Government*. Cambridge: Harvard University Press, 1960. Pg. 47.

4 Pedlow, Gregory, and Donald Welzenbach. *The CIA and the U-2 Program, 1954—1974*. US Central Intelligence Agency, History Staff Center for the Study of Intelligence, 1998. Pgs. 100—104. Accessed 25 August 2014. U-2首次作業是一九五六年六月二十日，星期三。一九五六年七月四日，星期三，U-2首次飛越蘇聯領空。

5 Taubman, Philip. *Secret Empire: Eisenhower, the CIA, and the Hidden History of America's Space Espionage*. New York: Simon and Schuster, 2003.

6 US Central Intelligence Agency. "Report of DCI Ad Hoc Panel on Status of the Soviet ICBM Program." DCI Ad Hoc Panel to Director of Central Intelligence, 25 August 1959. Accessed 25 August 2014.

7 Preparatory Commission for the Comprehensive Nuclear- Test Ban Treaty Organi-zation. "30 October 1961—The Tsar Bomba." Accessed 25 August 2014. 這顆歷來建造的最大核武，一九六一年十月三十日在俄羅斯北冰洋的新地島（Novaya Zemlya Island）試爆。它的爆炸威力是五千萬噸。蘇聯工程師把它實際的爆炸威力調降一半，以限制落塵。蘇聯官方為這顆炸彈取名RDS-220氫彈；西方國家為它取的綽號是「沙皇炸彈」。炸彈裝置一個阻滯降落的降落傘，再空投出去，以增加飛機逃生的機會。飛行員及其組員的生存機率經估計只有百分之五十。炸彈爆炸的震波造成飛機高度驟降一千公尺，但是它總算安全降落。

8 電磁系統實驗室（Electromagnetic Systems Laboratory Inc., ESL），一九六四年一月在加州註冊登記創立。發起人為威廉・培里（執行長）、詹姆斯・哈雷（James M. Harley）、克萊倫斯・瓊斯（Clarence S. Jones）、詹姆斯・歐布萊恩（James F. O'Brien）和阿爾弗雷德・霍特曼（Alfred Haltman）。

第四章

最早的矽谷創業家和間諜科技的精進

如果你不能描述你的產品是什麼，或告訴我們誰是你的客戶，投資電磁系統實驗室的風險就太高。

——德瑞普暨詹森創業投資公司創辦人佛蘭克林・詹森（Franklin P. Johnson[1]）對培里說，一九六四年四月。

幾乎所有的親朋好友都覺得我太莽撞了，怎麼會想要拋棄西爾韋尼亞實驗室的高職，在今天家喻戶曉的矽谷新創事業？我可是電子防衛實驗室的主任耶！這一年是一九六四年，矽谷還沒有成為懷抱大膽理想的高科技青年創業家的創新育成中心。的確，當時連矽谷這個名字都還未出現。但是數位時代已經覺醒，我深信自己的主意正確，相信自己可以擺脫母公司的官僚作風，以及老舊技術僵固的牽制，改進在西爾韋尼亞的成功模式。

電磁系統實驗室的基礎是專注於冷戰的情報任務。身為總裁和執行長，我全神貫注在公司業務和能力的成長，電磁系統實驗室對此一追求有不可取代的貢獻。配合在電磁系統實驗室的工作，我打算繼續以無給職顧問身分幫忙情報機關，就和我在古巴飛彈危機及之前的做法一樣。

我腦中浮現兩個重大挑戰：要如何取得蘇聯測試其洲際彈道飛彈更完整的遙測數據？要如何攔截關鍵的訊號，以便在蘇聯研發其彈道飛彈防禦系統初期時，就可以知道它的真正能力？這是艱鉅的挑戰，要克服它們，我需要借重當時在矽谷出現的一切科技。

我相信數位科技將徹底改變世界，因此我們投入所有資源，研發奠基於數位領域的科技，幫忙建立電磁系統實驗室在先進新科技的領導地位。我也專注於人造衛星偵察系統，要克服地面及空中情報蒐集系統的不足，非靠它們不可。

我在創辦及經營電磁系統實驗室所獲得的經驗，對我日後降低來自核子武器威脅的工作，助益極大。它是典範。我在電磁系統實驗室時，學習有關核子危機的方方面面，所學到的教訓對當時及日後工作都發揮重大作用。與核子危機的挑戰搏鬥時，需要組織的創新和獨立。我們是在做生意；但深刻地說我們也有使命，而且使命是最最重要的因素。核子危機是史無前例的大問題，是人類歷史進程的大轉折點，涉及的利害無與倫比；就像傳統上成功的企業發展，必須時時加強某些不得不發明的功能。

我們需要打造適合的環境，能夠讓有創意的頭腦自由探索通常很困難、很棘手的工作，俾能專注於蘇聯的威脅；根本法則就是打破政治窠臼，換上合作精神，承認共同公益，推動合作分析，並且鼓勵大膽的分析方式。失敗不必介意，沒有失敗，說不定是功夫不夠深入。必須不斷革新官僚程序來便捷實驗，這才是找出解決方案的關鍵，尤其是工作要求的時間急迫性是那麼高。另外也不容忽視，最新的高科技在冷戰時期情報蒐集及分析任務的每個階段，譬如感應器、蒐集、處理、分析和呈交結果，都非常重要。

我在電磁系統實驗室學到的教訓，是最根本的基礎。同樣重要的是，我學到別人稱為「走動式管理」的做法。我經常非正式訪問研究小組。我認為認識這些在第一線解決問題的專家非常重要，分享他們的成敗心得，了解他們是用什麼思維對付頑固的疑難雜症。我和各個研究小組發展出共同對話、有共同的認知。我了解他們的核心思想。

打從一開始，電磁系統實驗室就專注在核子危機這個重大議題，因此需要有一套特殊的營運模式。譬如，公司創辦時完全不求外界投資。原因？矽谷中極具開拓雄心的德瑞普暨詹森創業投資公司（Draper and Johnson），強烈考慮投資我們這間公司，但由於不能透露我們的產品是什麼，也不能透露誰是顧客，他們只能打退堂鼓。

因此，電磁系統實驗室是百分之百由員工出資擁有的公司。每位創辦人和公司最初的幾百位技術人員，都認購了公司的股票，外面的人想買也買不到。我們每個人都不富有，但大多數已在電子國防工業任職近十年，存了一些退休基金，辭職時就提領出來。因此，我們是把家當投資進新公司。鑒於我們要對付的挑戰攸關人類文明存續，如此徹底的承諾似乎相當合理。

電磁系統實驗室的五位創辦人每人投資約兩萬五千美元，後來的員工每人也投資五千至一萬美元不等。在一九六四年，對青年工程師而言，這是相當大的數字。每位員工保護和擴張其投資的動機非常強大。電磁系統實驗室的創辦資金只略超過十萬美元；到第一年年底總資金超過五十萬美元，全由創辦人及員工出資。

由於業務成長，我們成為遷入加州桑尼維爾市（Sunnyvale）莫菲特園區（Moffett Park）的第一家公司，如今有一百多家矽谷公司設在這一帶，包括阿塔利（Atari）、雅虎（Yahoo），和傳奇性的餐廳「獅子與羅盤」（Lion and Compass）。剛開始時，我們的第一棟廠房，一棟漂亮的黃褐色兩層樓建物，孤零零地位於莫菲特園區一隅，俯瞰廣達數十英畝的番茄田，背後則是加州的太平洋海岸。短短幾年，電磁系統實驗室已經發展成好幾棟建築物的複合體，承攬相當多與偵察技術相關的業務，專注於偵察世界廣大地區。

電磁系統實驗室初期最迫切的一項新計畫，是要確認蘇聯能否部署有效的彈道飛彈防禦系統，對付美國的洲際彈道飛彈。美國國防規劃官員對於我們的攝影衛星，拍攝到蘇聯正在開發的彈道飛彈防禦系統，頗有戒心。對於它們的能力，以及部署後會如何降低美國的嚇阻力量，讓有關部門產生激烈辯論。諷刺的是，五十多年之後，俄羅斯人對美國部署在歐洲的彈道飛彈防禦系統，也同樣相當憂慮。一九六〇年代中期至末期，美國的某些戰略思想家認為，美國需要興建及部署相似的彈道飛彈防禦系統，且應大幅增加洲際彈道飛彈的數量，以彌補在核子交戰之下，蘇聯彈道飛彈防禦系統可能摧毀掉的美方飛彈。我們準備好迎接另一波核武競賽。有鑒於此，情報機關承受極大壓力，必須了解蘇聯彈道飛彈防禦系統的能力，而電磁系統實驗室不斷提出新構想，其中有些產生相當豐碩的結果。

我們在這段時期不斷提案，也贏得幾個小型的衛星系統標案，使用的是英特爾（Intel）剛發布的數位零件，這幾個系統經證明相當成功。大約同時，美國政府就一個大型的衛星情報蒐集和處理系統招標。雖然電磁系統實驗室還是一家年輕的小公司，我們仍大膽地組織出一個一流設計團隊，提案興建收訊的子系統，倘若得標，它將是公司成立以來最大的一筆訂單。

由於有最棒的設計（我們是這樣想的），我們變得過度自信，認為公司會得標。基於這樣的自信，我們沒有準備「B計畫」。等到答案揭曉，公司沒有得標，電磁系統實驗室因而陷入人員過多、生意量不足的困境。通常遇到這種困境，一般公司會裁員，但我們沒有，我們的團隊素質極高、不易延攬，因此我們選擇走一條不尋常、風險較大的路。我們曉得裁員會送出錯誤訊息，把公司辛苦建立的形象毀於一旦。我們想到一招：拜訪本地的重要公司，提議把過剩人力「借給」他們六至十二個月。這些公司只需支付員工直接薪資，他們還是電磁系統實驗室的員工，由我們負責所有間接費用，包括福利等等。一年之內，借出去的員工全部歸建，再次回到公司。他們與全體同仁都了解，忠誠是雙向的。次年，電磁系統實驗室的業務恢復高成長率，我們很高興這些員工都歸隊。

我們也繼續興建陸基系統。有一個例子尤其凸顯那個時期新偵察技術的複雜性，以及它們經常啟發的精彩回應。路．法蘭克林（Lew Franklin）是電磁系統實驗室最有創意的工程師之一，他注意到海軍研究實驗室（Naval Research Laboratories）研究員吉姆．崔斯勒（Jim Trexler）鑽研的「月球反彈通訊計畫」（moon bounce communication program）。崔斯勒觀察到，當蘇聯打開雷達時，只要月球位於恰當位置，雷達訊號就會被月球反射回到地球。路的估算是，月球那麼大，既然它可以把蘇聯彈道飛彈防禦系統的雷達訊號反射回地球，想必訊號一定強到可由美國境內一個巨大的天線接收到，我們也很可能可藉此判斷訊號的特徵。史丹福大學離我們公司僅有數英里，在校園上方有個山頭，就有一個極大的天線——直徑一百五十英尺的「碟子」，從遠處就可以看到這個地標。史丹福大學利用這個大碟子來測繪月球地圖。該計畫主持人只有部分時間使用這個大碟子，因此答應借給我們使用。我們裝上非常敏感的接收器，在月球轉到恰當位置時可以記錄它反射回來的訊號。電磁系統實驗室團隊在三更半夜出動，果如路的估算，天線收到了蘇聯的雷達訊號，也能夠高素質地記錄下來。

路和他的團隊第二天透徹地分析訊號，當天夜裡我飛往華府向中情局的威倫和國防部官員報告我們的發現。有了高品質的訊號紀錄，我們得以做出明確的評估。蘇聯雷達雖然可以仔細地監視美國的飛彈和軌道上的衛星，但它沒有足夠的精確度可指引飛彈，朝我們的洲際彈道飛彈嚇阻力量開火。

興建美國彈道飛彈防禦系統的壓力並非消失，只是減慢而已。幾年後，理查・尼克森總統（Richard M. Nixon）宣布，安裝名為「保衛」（Safeguard）的一套彈道飛彈防禦系統，對外公布的任務是保護一些已部署的洲際彈道飛彈。「保衛」系統運作不到一年，就悄悄拆了，也沒聽說美國的安全損傷了幾分。

電磁系統實驗室利用史丹福大學的「大碟子」，作為彈道飛彈防禦系統的雷達訊號接收器時，碰上始料未及的干擾問題。就是那麼湊巧，帕洛奧圖（史丹福大碟子所在地區）的計程車無線電派車系統，它的頻道竟然與蘇聯彈道飛彈防禦系統的雷達頻道相同。我們必須另外設計數位器材，過濾掉附近約十英里內所出現的計程車訊號，才能讀取從地球到月球，又從月球回到接收站，走了約五萬英里的蘇聯雷達訊號！

另一個創新，是替空中情報蒐集系統最困難的一個問題找到解決方案。精準的確認方向子系統，可以在確認訊號位置上扮演重要角色，但是要確切的在空中判讀攔截訊號的方向，在非常高的頻率上是不可能做到的事。問題在於飛機機身可以沿多個途徑反射無線電訊號，造成錯誤判讀訊號的方向。雷．法蘭克斯（Ray Franks）是電磁系統實驗室典型的有十足創新能力的工程師，他靈光一閃找到一個方法，就是把這些多途徑的訊號建立模式，再把它們儲存在飛機上的數位電腦，用電腦修正「飛行中」多途徑的錯誤。他的聰明點子功效非常棒。它的成功要依靠飛機上有一台小巧、堅固，而且能高速運算的數位電腦。惠普剛好在市面上推出非常適合的 **HP-2000** 電腦，電磁系統實驗室立刻成為惠普這項產品的最佳顧客。

數位科技還有許多強大的運用。我們的技術人員很快就發現，數位處理系統不只適用在「訊號」上，也可用在數據上。電磁系統實驗室最聰明的兩位科學家鮑伯．傅遜和吉米．波克（Jim Burke），把新系統運用到數位影像上。航空暨太空總署（NASA）才剛發射「地球資源技術衛星」（Earth Resources Technology Satellite, ERTS，後來稱為 Landsat），可以把低解析度的數位影像傳送回地球；中情局也發射一顆新的攝影偵察衛星，傳送高解析度的數位影像回地球。攝影跨入數位時代。

因此之故，電磁系統實驗室得到設計數位處理系統的合同，處理源源不斷傳回地球的大量數位影像。起先這項工作集中在接收數位數據串流，把它轉化為影像。但我們很快就發現還可以做很多事。這些數據可以用很多方式改進影像，譬如除掉雜訊、修正空間扭曲、改進影像品質等。由於數位科技還處於初期階段，這些工作非常困難。我們為當時最大容量的 IBM 電腦租用空間（就是之後商業化的 IBM 360）。公司開發的軟體涉及許多人力。可以說，我們期盼Photoshop的出現，但是要隔了很多年之後，消費者才能買到可以處理數位影像的數位照相機或個人電腦。

除了接收和處理訊號外，我們最大的收穫是解讀他們。傳統上，情報解讀是專屬政府機關的工作，但是當電磁系統實驗室創立時，最重要的情報目標已經變得高度科技化：洲際彈道飛彈、核彈、彈道飛彈防禦系統、超音速飛機和無人機等等。蒐集蘇聯這些武器的明確數據，所需要的高科技偵察系統也同樣複雜。政府開始把工作發包給具有這種專業技術能力的公司，電磁系統實驗室正是先鋒。我們與政府簽了長期合約，分析遙測、信標和雷達資料。我們也獲得評估洲際彈道飛彈、人造衛星、彈道飛彈防禦系統和軍用雷達性能特徵的合約。電磁系統實驗室是獲取有關蘇聯核子威脅「極難取得的詳盡知識」之核心單位。

從情報分析工作衍生出的結論，讓電磁系統實驗室和武器管制暨裁軍署（Arms Control and Disarmament Agency, ACDA）產生關連。甘迺迪總統一九六一年設立武器管制暨裁軍署後不久，我就和它有所接觸，而西爾韋尼亞電子防衛實驗室和電磁系統實驗室，都從這裡拿到分析情報的合約。透過我和武器管制暨裁軍署的工作，我結識沃夫岡．潘諾夫斯基（Wolfgang Panofsky[2]）和西德尼．德雷爾（Sidney Drell[3]），成為長期工作夥伴，他們兩位都是核武管制領域的「大咖」。我和他們都相信，武器管制和減少核武必須成為緩和核武災難、遏制和翻轉失控的「恐怖平衡」的重要因素。

十三年之內，我們把電磁系統實驗室從新創公司，發展成為對評估美國遭遇的核武威脅，具有重大技術貢獻的公司。截至一九七七年，電磁系統實驗室僱用了一千名員工（我全都認識），不僅財務上相當成功，在美國國內也聲譽卓著。

我當時不知道，但很快就發現，同樣的管理原則用在環境迥然不同的國防部，也幫了我很大的忙。我即將在旅程上有個新轉彎，帶我更走上核戰邊緣，讓我扮演新角色。我用來開發偵察系統的數位科技和管理方法，在我負責創造新武器、俾能防止動用核武的新工作上——核子時代最經典的弔詭——是無價之寶。我的角色不同，資源也不同，但我的根本使命仍然相同。

注釋：

1 Stanford Graduate School of Business. “Franklin Pitch Johnson.” Accessed 6 November 2013. 佛蘭克林・詹森（Franklin P. “Pitch” Johnson）一九六二年創立德瑞普暨詹森創業投資公司。

2 Stanford University, Stanford Linear Acceleration Center. “A Brief Biography of Wolfgang K H. Panofsky.” Accessed 26 August 2014. 沃夫岡・潘諾夫斯基（Wolfgang K. H. Panofsky）綽號派夫（Pief），作為一個研究者、機器製造者和基礎研究管理者，在初級粒子物理學領域有極大貢獻。他的經歷為：史丹福大學物理學教授（一九五一年至一九六三年）、史丹福高能物理實驗室（Stanford High Energy Physics Laboratory）

主任（一九五三年至一九六一年）、史丹福直線加速器中心（Stanford Linear Accelerator Center, SLAC）主任（一九六一年至一九八九年）。一九八九年起，為史丹福直線加速器中心榮譽主任，直到二〇〇七年九月於加州帕洛奧圖家中逝世。

3 Stanford University, Center for International Security and Cooperation. “Sidney D. Drell, MA, PhD.” Accessed 26 August 2014. 西德尼・德雷爾（Sidney D. Durell）現任史丹福大學胡佛研究所資深研究員及史丹福全國加速器實驗室理論物理學（榮譽）教授。他是國際安全暨合作中心（Center for International Security and Cooperation）共同創辦人，從一九八三至一九八九年擔任中心共同主任。他也是JASON原始成員；這是為攸關國家重大議題向政府提供建議的一個學界科學家團體。他也是洛斯阿拉莫斯國家實驗室（Los Alamos National Laboratory）理事會理事。

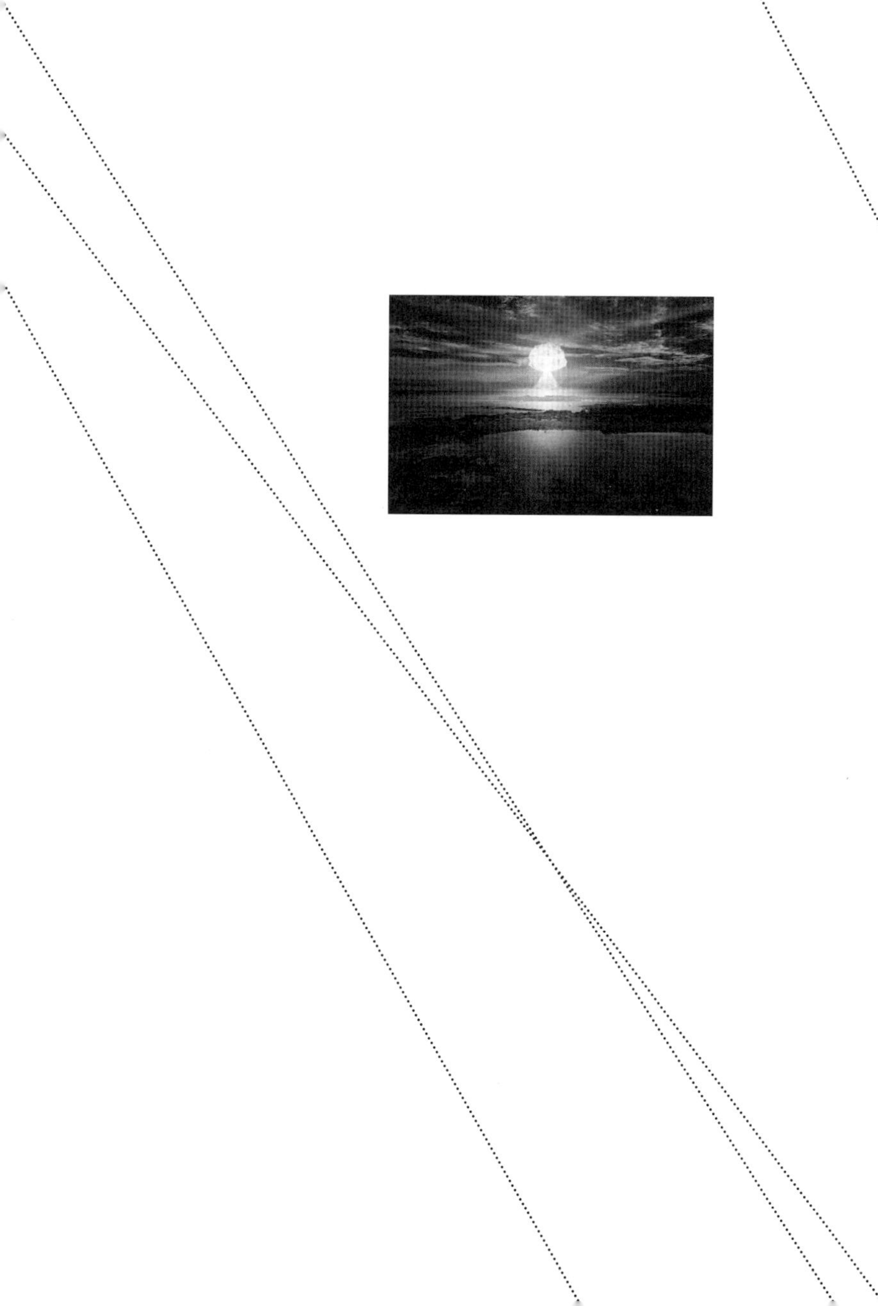

第五章

應徵召出任公職

對於技術人員來說，這是全世界最有趣的工作。它將以你現在無法想像的方式擴大你的視野[1]。

——尤金・傅比尼對培里說，一九七七年三月。

就在電磁系統實驗室的業務和股價即將大漲之際，我的生活又出現重大轉折。一九七七年一月，卡特總統新政府的國防部長哈洛德・布朗（Harold Brown[2]），邀請我擔任負責國防研究及工兵事務的國防部次長。我從來沒想過要擔任政府公職。我對自己創辦的公司和家庭有強烈的責任感——他們全在加州。我和內人討論這個機會，她強烈支持我的想法，但是電話持續而來，直到我答應到華府討論工作內容。

我立刻比原來更加了解，在核子時代的當下，核子嚇阻正出現嚴重危機，不是光靠加強偵察能力就能解決。美國和蘇聯之間的軍事力量出現危險的失衡，在一切都依賴防止使用核武的時代，這是很嚴峻的狀態。

我非常敬重布朗，當他在甘迺迪政府擔任國防部國防研究及工兵局局長（director of defense research and engineering, DDR&E）時，我曾經為他做了幾件諮詢顧問工作。他是我曾經共事過最聰明的一個人，因此我很仔細聆聽他希望我接任工作的理由。他說，國家今天面臨真實的安全危機——蘇聯在核武方面正在急起直追，就憑這一點，再加上他們長期以來在傳統武力上，對美國保持三比一的優勢，使得美國的嚇阻地位並不安全。他希望我把電磁系統實驗室中領先群倫的新數位科技，結合進美國的傳統軍事系統，因為他相信它們可以**抵銷**蘇聯在數量上的重大優勢。由於這份工作涉及極大數額的經費，他需要一個實事求是的人選。

接著我與他的同僚和顧問，尤金・傅比尼（Eugene Fubini）長談[3]。傅比尼聰明、點子多，是布朗擔任國防研究及工兵局局長時的首席副手。傅比尼很有說服力地主張，以新科技改造美國軍事系統，是非常刺激的科技挑戰，他也很有先見之明地說了一句話：「對於技術人員來說，這是全世界最有趣的工作。它將以你現在無法想像的方式擴大你的視野。」

我也和新任國防部副部長查爾斯・鄧肯（Charles Duncan）談話。他告訴我，他把他的股票交付「盲目信託」，他建議我也可以這樣安排，我作為電磁系統實驗室創辦人的股票，那是我最大的家產。

起先我有點猶疑，我的管理風格雖然適合業界，但是否也能適合政府機關呢？我從來都沒修過企業管理課程——我的管理技能是在現職工作上學來的。但是我認為應該足以在這份頗有挑戰性的新工作上學習，我不必學習全新的領導統御。大體而言，我開始有自信，能夠勝任這項挑戰性與重要性均極大的工作。

除了這些省思，我也了解數位科技在抵銷蘇聯傳統戰場部隊數量優勢的重要角色，而且我們的技術可使美國在這場耗費龐大的軍備競賽中，占到經濟優勢。

內人同意暫時辭掉工作，我在華府買了一棟房子，告別我親手創辦的公司和親友。從位在華府、我的新辦公室窗戶望出去，看不到像是聖塔克魯茲山脈或太平洋海岸山脈的景色，但是以我過去在國防工業和政府顧問小組的經驗，對於這座巨大的五角大廈長廊、大廳，我並不陌生。它是全世界最了不起的一棟建築物，是美國軍力鼎盛、無遠弗屆的象徵。

我花了幾個月時間駕馭國防部次長這份複雜工作。它和我研究偵察技術的企業生活是完全不同的世界，但是我立刻明白，這個新職位與防阻核子災禍高度相關。

我很幸運，有專家高人協助。傅比尼每星期六上午會到我位在五角大廈的辦公室，提供支援和建言。我的主要副手傑拉德·丁尼（Gerald 'Gerry' Dinneen），是位傑出的工程師，曾任麻省理工學院林肯實驗室主任，大約和我同時到任。國防先進研究計畫局（Defense Advanced Research Projects Agency, DARPA）局長喬治・海梅爾（George Heilmeier）同意留任六個月，等候鮑布・傅遜到任；傅遜原本是電磁系統實驗室的系統實驗室主管。我到任第一個月也物色到一位優秀的軍事助理襄助。傅比尼建議我，絕對不能沒有幹練的軍事助理協助。他認得一位優秀的青年軍官空軍中校保羅・卡敏斯基（Paul Kaminski[4]），剛在國防大學（National Defense University）完成一年進修。可是，當我要求調人時，空軍參謀長大衛・瓊斯（David Jones）說，卡敏斯基已經派了新職。傅比尼機智地告訴我，你再打電話給瓊斯、告訴他取消卡敏斯基派令，改派他過來替你工作。我照他的話做，卡敏斯基果真就來報到——我第一次嘗試到，這個新官職還真有點權力。

我負責各軍種及國防機構所有武器的生產和測試，並且監督所有的軍事研究及工兵事務，各軍種都明白，有我的支援他們的計畫才會成功。我最初的職銜是國防研究及工兵局局長，這是前幾年為了因應蘇聯發射史普尼克人造衛星而新設的官職。布朗是第二任處長，而今出任國防部長。他認為這個職位只負責工程事務太有限。他把我的職掌擴大到防衛系統的生產及研發，也納入通訊及情報系統的生產及研發。由於職掌擴大，布朗要求國會授權，把我的職銜改為主管研究及工兵事務的國防部次長，我又要負責國防部的武器獲得業務。國會在一九七七年稍後通過這項變動，我需要第二次宣誓就任。

我頭一次的人事任命案經由參議院聽證審查時，是我第一次接觸到參議院軍事委員會（Senate Armed Services Committee）。我在國防工業的背景，使我相當熟悉參議員關心的多數議題，因此聽證會進行相當順利。最難忘的是，我結識了來自喬治亞州的山姆．努恩（Sam Nunn）參議員[5]。努恩雖是委員會中最年輕的議員，卻明顯對國防議題有最深刻的了解，而且已因批評北約組織對戰術核武的管理方式而聲名大噪。在聽證會上，他問了最艱難、最深入的問題，考驗我對抵銷蘇聯數量優勢的見解。我對此印象深刻，雖然我當時不知道，這一結緣是我倆在核子安全議題長年、頗有成效的合作之開端，也由此結為莫逆之交。

這份新職位使我意外付出極大代價。在我第一次宣誓就職前的聽證會中，參議院軍事委員會主席約翰．史坦尼斯（John Stennis），不肯核准我為電磁系統實驗室持股所設定的盲目信託，雖然在我之前，查爾斯．鄧肯的盲目信託獲得核准；更早幾年，大衛．普克德（David Packard）*也順利獲准。史坦尼斯參議員堅持，身為國防採購主管，我的職位很敏感，不宜與業界有任何關聯，即使設定股票盲目信託都不行。我既然已經從電磁系統實驗室離職、也搬家到華府，要再回頭也已經不可行，我只有遵從要求，賣掉身為電磁系統實驗室創辦人的所有持股。幾個月後，電磁系統實驗室董事會決定，以數倍於我脫售股票時的市價之價格，把公司賣給 TRW 公司*。電磁系統實驗室被出售後一星期，有位記者為了解國防部官員在五角大廈的「部長餐廳」（Secretary's Mess，這是高階官員的特權禮遇）用餐，要花費納稅人多少公帑，前來採訪我。他問我在部長餐廳吃飯要花多少錢？我毫不遲疑，脫口而出：「大約一百萬美元。」

第二年，我的傷口又被撒鹽：國稅局查核我一九七七年的報稅紀錄。我們把從加州搬運家具到華府的費用申報為業務費用，但是國稅局不准，因為他們知道政府將會補償我們這筆費用。可是，那個時候政府並不補償政務官的搬家費用。內人本身是專精稅法的註冊會計師，向國稅局稽核員說明，他回去一查，發現她說得一點都不錯，決定簽結案子。但這時候內人可又不肯結案了。她發現有些費用項目我們並未申報，既然國稅局稽核員已經重啟本案，現在她要申報這些費用。經過一番激烈討論，稽核員不能不認輸，他核准了若干退稅。這個行動對我們財務上的補償不大，但在精神上算是大勝。雖然我覺得在兩項財務議題上都遭到不公平待遇，但我們夫婦都認為，接受國防部次長這個職位即使財務上有所損失，還是正確的決定。我們再也不回頭。

出任國防部次長，是我一生最重要的事業轉折之一，改變了以後一切發展。事實證明，

＊譯按：普克德與威廉・惠利特（William Hewlett）共同創辦惠普科技公司，普克德於一九六九年至七一年期間，被美國總統尼克森延攬出任國防部副部長。

＊譯按：一九〇一年創業，原名Thompson Ramo Wooldridge公司，後改以縮寫TRW為公司名稱，是美國著名航空及汽車零組件公司，二〇〇二年被諾斯洛普・格拉曼公司（Northrop Grumman）兼併。

傅比尼的預言完全正確。這份工作不僅擴大我的視野，也使我了解華府是如何制訂軍事政策。我接觸到制訂及執行國防工作的第一線人員，對我後來參與的一切核子安全工作是最重要的經驗；再者，我首次接觸到國際外交，對我日後的事業也具有決定性重要影響。

最發人深省的是，我開始意識到緩和核子威脅此一挑戰的責任之艱鉅。我也發現自己面對美國要維護核子嚇阻最即刻、最大的問題——在冷戰的這一階段，絲毫不容有犯錯空間。我們塑造的革命性戰場大改進，需要有最尖端的科技和極大的設計創意——而且我們必須第一次就做對。

如果我當在旅程中爭取擔當重要職責，再也沒有比當下所承接下來的工作更有壓力，更需全力以赴。

注釋：

1 From a conversation between Gene Fubini and Bill Perry at the Pentagon, March 1977; paraphrased by Perry.

2 Center for Strategic and International Studies. "Harold Brown." Accessed 26 August 2014. 哈洛德・布朗在一九七七年一月二十日經卡特總統提名出任國防部長。一月二十一日經國會參議院通過任命案，同日宣誓就職，一直到一九八一年一月二十日卸職。

3 Pace, Eric. "Eugene Fubini, 84; Helped Tam Nazi Radar." *New York Times*, 6 August 1977. Accessed 26 August 2014. 尤金・傅比尼是位物理學家和電子工程師，曾任甘迺迪總統和詹森總統的國防部助理部長。一九四三至一九四四年間，傅比尼在歐洲戰場為美國陸軍及海軍擔任技術觀察員及科學顧問，協助建立搜尋定位及干擾軸心國雷達的作業。一九六一年，他加入五角大廈國防研究暨工程處。一九六三年，甘迺迪總統派他擔任助理國防部長，主管軍事研發計畫。

4 Stanford Engineering. "Paul Kaminski（PhD '71 AA）. November 2007. Accessed 26 August 2014. 保羅・卡敏斯基一九七六年至一九七七年以空軍軍官身分在軍事工業學院（Industrial College of Armed Forces）受訓時結識培里。培里邀請卡敏斯基擔任他的特別助理。這是卡敏斯基首次接觸到匿蹤計畫。卡敏斯基後來從一九九四年十月三日至一九九七年五月十六日擔任國防部次長，主管武器獲得及科技事務。他負責整個國防部的研究發展及武器獲得計畫。

5 Nuclear Threat Initiative. "Sam Nunn." Accessed 26 August 2014. 山姆・努恩從一九七二年至一九九六年連任四屆喬治亞州選出的聯邦參議員。他曾任參議院軍事委員會、以及常設調查小組委員會主席。他也參加情報委員會和中小企業委員會。二〇〇一年，他和泰德・譚納（Ted Turner）共同創辦「核子威脅倡議」（Nuclear Threat Initiative）這個促進全球安全的非營利、無黨派組織。

第六章

執行抵銷戰略及匿蹤技術的出現

親愛的卡特總統：

我非常關切蘇聯會以飛彈突襲和摧毀美國美國，因此我設計了可以拯救我們的一種月球炸彈。我建議建一個非常大的火箭，裝載一條非常長的鋼纜，一端牢牢定著在地球。然後我們把火箭射向月球，載著鋼纜飛向月球。當火箭登陸月球時，由機器人把鋼纜的另一端定著在月球。屆時計算好時間，當地球運轉時，鋼纜會把月球拉近，使月球撞上蘇聯。

——一位關心的公民，一九七七年三月。

出任國防部次長後，我的第一優先任務是盡快創立與執行「抵銷戰略」（Offset Strategy）。這是我們所謂的全面戰略，意在抵銷蘇聯在傳統武力上的數量優勢，重建整體軍力對稱、強化嚇阻作用。

我第一次遇上的概念挑戰很快就出現，卡特總統把上述「月球炸彈」這封信函交給我答覆。底下人員把信呈給我，附上國防部物理學家代擬的回函稿。這位專家慎重其事地估算鋼纜重量及火箭大小，結論當然是這個點子行不通。我在回信上簽了名，然後靈光一閃又補寫幾個字：「即使月球炸彈可行，美國政府的政策也不能摧毀半個地球。」這就是我結合科技與政策，所必須做的第一道裁示！

雖然「月球炸彈」信函的文字已經簡化、略做修飾，但它可是確確實實來自民間的投書。投書人橫空而出的科技和政策意見，反映出在冷戰最陰鬱的年代，民眾的確有深刻的歇斯底里恐懼。「當前危險委員會」（Committee on the Present Danger, CPD），是由一群著名的國防思想家和軍事專家組成的團體，它指稱由於蘇聯武器的發展，美國面臨「脆弱之窗」（window of vulnerability）。許多嚴肅的觀察家認為，美國的安全情勢日益危殆。小學生在校被教導，遇到核子攻擊時要躲到書桌底下以求掩護。

我們怎麼會害怕到這個地步？

第二次世界大戰結束時，杜魯門（Harry S. Truman）總統下令武裝部隊大規模復員，美國的兵員從八百萬人下降到五十萬人，另外龐大的國防工業也要復員。可是，史達林把紅軍兵力員額維持在三百萬人上下，又建立現代空防，把空軍提升為獨立軍種。最重要的是，他命令建置現代化的國防工業。史達林對於美國在二戰期間擔任「民主國家軍火庫」的表現印象十分深刻，他把二戰形容為「機器大戰」，誓言蘇聯要準備好贏得下一次機器大戰。

杜魯門總統知道美國當時獨家擁有核武，沒理睬蘇聯建軍。但是韓戰的爆發立刻教懂杜魯門——儘管麥克阿瑟（Douglas MacArthur）將軍提出相反建議——核武實質上用不得。杜魯門選擇打傳統的消耗戰，美國在這方面的準備相當不足。手忙腳亂要對付北韓部隊，後來又要和抗美援朝的中國部隊交戰，杜魯門總統下令再次動員美國的國防工業。但針對軍方的人力需求，他並沒有大幅增加軍方人員，而是徵召後備役軍人（我在前文提到，我是陸軍後備役軍人，但是我的單位沒有奉令報到）。

德懷特・艾森豪（Dwight D. Eisenhower）一九五二年當選總統，花了六個月時間談判停火、結束戰爭，讓後備部隊解甲，恢復平民生活。這時情勢已經很清楚，美國將面臨與蘇聯長久而持續的鬥爭，而艾森豪總統了解紅軍在數量上的優勢，將是棘手問題。但是他推理，美國在核武力上的壓倒性優勢，足以抵銷紅軍在傳統部隊數量上的優勢。這是艾森豪的抵銷戰略：它的基礎是，他相信維持一支龐大的常備軍隊，長期下來會傷害美國經濟。採行這種政策的蘇聯政府，其經濟日後果真被拖垮。

從艾森豪到卡特的歷任美國總統，都是以戰略及戰術核武抵銷龐大的紅軍兵員優勢。美國相信蘇聯有個入侵計畫，即納粹德國巴巴羅薩作戰計畫（Operation Barbarossa[1]）的逆向作戰，他們將派紅軍從東德的西部邊境一路打到英吉利海峽。

美國制止蘇聯西向推進的戰略是，使用戰術核武對付進入西德的紅軍部隊；換句話說，在美國盟國的領土境內，動用核武攻擊進犯敵軍。美國戰略家認為，蘇聯不敢動用戰略核武反擊，因為它忌憚美國在這種武器及其投射方法上，有極大優勢。美國運用真正卓越的科技開發出許多核武，供美軍在戰場使用。令人不敢置信的是，軍方或許已經習於長期的條件反射，基本上只把戰術核武當作大型炸彈，可和其他任何炸彈一樣運用。軍方把這些武器視作從尚無核子武器時期的有機演進在部署：譬如有核子能力的砲彈、有核子能力的大型火箭筒，例如大衛·克洛科特（Davy Crockett）無後座力砲，以及炸開礦山的核彈藥。可想而知，蘇聯也發展他們的戰術核武，一旦爆發戰爭，計劃用它們摧毀西歐的交通及政治中心。

我檢討這個戰略和武器，認為美國在如此危險的新時代，有這樣一種幾近原始的行為實在非常魯莽。雖然今天美國仍有小型的戰區核彈，可以部署到戰術或戰略轟炸機上，美國不再有在戰場動用核武的戰略。可是俄羅斯仍有相當大量的戰術核武，由於他們不願在武器協定談判中討論，美國對蘇聯只有粗略的資訊。

一九七七年，美國面臨兩個在核武方面嚴重的安全挑戰。第一，嚇阻紅軍攻打西歐，要靠美國在戰略核武上保持優勢，可是蘇聯在那一年也達成戰略均勢，某些美國分析家甚至聲稱蘇聯正在後來居上。第二，在西德戰場使用核武的戰略，是危險又魯莽的主意，即使美國在戰略核武上居於優勢。

在一個空前危險的世界，美國需要新的抵銷戰略，一個吻合美國面臨的現實之政策。新戰略的核心計畫不是開發戰術核武，而是可以啟動革命性、決定性戰場實力，對付相當大量部隊的創新傳統武器。執行此一戰略是我身為國防部次長的最優先目標。這項使命涉及許多倡議，以及堅信新科技是價格合理、能在戰場獲勝的兵力強化因素之信念，它是相當巨大的觀念挑戰，在執行上也是極大的考驗，更重要的是，它也是管理上的重大挑戰。

布朗部長和我都認為，新的抵銷戰略要以新興的數位科技為基礎，而我對它們已有相當豐富的經驗。我上任不久就去參訪國防先進研究計畫局，它和我的單位一樣，都是在二十年前為因應蘇聯發射史普尼克人造衛星而成立的單位。我要求聽取有關先進感應器和精靈武器的詳細簡報，它們將是全新抵銷戰略的基礎。國防先進研究計畫局局長喬治・海梅爾發現，洛克布德飛機公司（Lockheed Aircraft）有一項還處於初期階段的大膽研究計畫。這項計畫研究以全新方法隱匿軍用飛機的蹤影，使它們不會受到當時世界各國軍方都有，且蘇聯軍方特別強大的雷達和紅外線導引防空飛彈的攻擊。我立刻發現，「匿蹤技術」（stealth technology）若是開發成功，可以讓美國空軍立刻在近距離空中戰術支援上取得優勢，甚至和數量上居於優勢的敵人接戰時，也可占到極大優勢：敵方的反飛機防衛會失去效用，反過來會大大增強我方所有陸面及海上作戰的效力。我告訴海梅爾，他可以得到需要的一切資源，盡快證明這個概念的可行性。

六個月之內，活力充沛的洛克希德匿蹤計畫小組在賓・里奇（Ben Rich）的卓越領導下，成功試飛一架原型機，證明原理上可行。這架實驗飛機在雷達測試範圍內飛行，雷達訊號辨識出來的攻擊機大小，只有約相當於一隻小鳥。鑒於這次試飛的絕妙表現，我把匿蹤技術計畫列為最高機密，請空軍派人與國防先進研究計畫局合作，界定、開發及建造後來所謂的F-117匿蹤戰鬥轟炸機，目標是在四年內讓作戰飛機完成成功測試。

新軍機可投入運作所需要的時間，一般都比四年要長許多，十至十二年也不罕見。然而，鑒於抵銷戰略的急迫性，我知道需要為F-117量身打造一個進度表，其他的匿蹤技術計畫及新型巡弋飛彈計畫，都將是新戰略的核心，也需要以專案緊鑼密鼓的推動。我成立一個評鑑小組，親自主持，並派我的軍事助理保羅・卡敏斯基為執行祕書；相關軍種負責武器獲得的文武職官員則為小組委員。我們每月開會一次，檢討每項計畫；計畫經理負責報告過去一個月的進展，詳述可能遲滯他達成進度的一切障礙。除非軍種官員說清楚、講明白他們要以什麼行動克服這些障礙，否則會議不會結束。我在散會前會做出結論，指示各軍種武獲官員找出必要的一切經費，執行這些行動；如有必要，可從其他項目抽調經費——命令立即生效，不得有誤。早期某些會議中，武獲官員若不同意我的指示，會向他們軍種的部長報告，這些部長就去找布朗申訴。每一次，布朗都支持我的決定。經過布朗幾次如此裁示後，反對聲音消退，我們的進展加快。依據加快步調的武獲進度，F-117計畫不僅按照預算目標完成，也按照緊迫盯人的時程表達成，由此證明時間拖延是成本超支的主要原因。

立法部門也對我們有利。所有的匿蹤技術計畫都列為最高機密，我們只向國會兩院軍事委員會主席等少數議員簡報，他們負責在沒有耗費時間、鉅細靡遺的報告之下，取得國會同意撥款。努恩參議員全心全力支持是最重要的關鍵。參議院同僚敬重他的公平公正和嫻熟國防事務，他完全了解達到抵銷戰略的性能目標，對美國國家安全的重要性。

我知道這種特殊管理程序只能偶一為之，因此只限於匿蹤技術和巡弋飛彈計畫，因為我認為兩者是抵銷戰略的最高優先。我希望改革整個國防武獲制度，提升整個五角大廈的效率和功效，但身為次長，我從來沒有足夠的時間和精力去進行這項最艱鉅的任務。（下文將會說明，卸任次長後我以國防部顧問的身分，以及日後又出任國防部副部長時，都繼續推動這項工作。）

我的軍事助理保羅．卡敏斯基，是空軍最優秀的青年軍官之一，他是管理匿蹤技術計畫不可或缺的重要成員。我卸任後，他成為空軍所有匿蹤技術計畫的總管。這些計畫能夠成功，依靠許多人的專注和才智，但貢獻最大的是卡敏斯基和洛克希德飛機公司的賓．里奇。日後晉升為參謀首長聯席會議副主席的喬伊．賴爾史敦（Joe Ralston）少校，也扮演重要角色。除此之外，若非努恩參議員的鼎力協助，我可能無法使這些重要計畫在國會順利過關；

其他參議員對這些計畫所知不多，全仗著努恩向他們保證，它們的確吻合國家利益。

F-117的成就可以簡單歸納如下：一九七七年十一月，開始全面開發此一戰鬥轟炸機；一九八二年十月，F-117成品第一次飛行成功；一九八三年，F-117正式加入運作。軍方原本對它有點懷疑，但F-117後來在「沙漠風暴作戰」（Operation Desert Storm）中向大家證明了它的本事。

雖然F-117匿蹤轟炸機是民眾最耳熟能詳的機種，其實我們也開發了其他許多匿蹤武器系統，譬如一架更大型的轟炸機（日後的B-2）、短程及長程的巡弋飛彈、偵察機甚至軍艦。抵銷戰略原本要強化兵力的這些系統，本身也衍生出許多新的抵銷性質軍事能力。最著名的例子，就是F-117製造商洛克希德飛機公司所研發，實驗性質的匿蹤軍艦「海影艦」（Sea Shadow）。海影艦不只成功達到雷達截面非常低的效果，它對聲納偵測的敏感性也很低。海影艦本身從來沒有正式服役，但它的設計原理，後來運用到美國目前正在興建中的最新型驅逐艦和巡弋艦上。抵銷科技的突破已證明它們的耐用、流行和高度通用。

要了解這些極其新穎、高度科技化的抵銷戰略，突然帶來的既寬又大的戰場優勢，我們必須明白全套戰略，還包括至關重要的匿蹤技術之外的其他成分。成功必須依賴三個相互關聯的成分：能夠在第一時間辨識和定位，作戰地區所有敵軍兵力的全新智慧偵測器；能夠精準命中敵軍目標的全新武器（也就是「精靈武器」）；以新方法設計、能夠避開敵軍偵測的攻擊型飛機和軍艦，也就是匿蹤系統，F-117是先鋒產品。

當我接任國防部次長時，精靈武器的發展早已進行多年。我擴大對它們的重視，並且大幅度將它們加速部署到各軍種。它們包含精靈砲彈〔銅頭飛彈（Copperhead[2]）〕、精靈短程飛彈、小牛飛彈（Maverick[3]）和地獄火飛彈（Hellfire[4]）〕、長程巡弋飛彈〔空射型巡弋飛彈（ALCMs[5]）和戰斧飛彈（Tomahawk[6]）〕等等。這些精靈武器有許多迄今仍是美國軍隊的主要火力。

如果說構思和設計抵銷戰略需要有極堅強的信念，打造它更需要天分、努力和耐心，要經得起挫敗。大約在我擔任國防部次長任期中間，我帶領五角大廈記者團到各軍事測試基地，參觀精靈武器演習。在新墨西哥白沙（White Sands）基地的演習非常成功。在測試攻擊一輛廢坦克時，一枚銅頭砲彈直接命中目標，將它徹底摧毀。空中發射的砲彈也全都直接命中目標。受到這些精彩表現的鼓舞而信心十足之下，我帶領記者團到加州穆古岬（Point Mugu）*，參觀潛射型戰斧飛彈的射擊演習。國防部長布朗也趕來參觀。我們全都站在可以俯瞰港灣的一個小山頭，目標潛艇在港灣潛入水下。戰斧飛彈按照計畫準時發射。不幸的是，當它打到水面時卻失去控制，落在離水下潛水艇幾百碼之外的海中。我的心為之一沉。不過我轉頭向布朗部長說：「不用擔心，我們還有另一枚戰斧飛彈待命發射。」隔了幾分鐘，它發射了，可是結果一樣失敗。布朗部長明顯不悅，瞪了我一眼，問說：「我現在該怎麼跟記者說？」

我支支吾吾半晌才勉強吐出：「你就編個理由吧！」他果真做到了。他告訴記者，測試目的是要找出設計上的瑕疵，顯然今天的測試達成目標，我們很快就會找出瑕疵、立即更正。後來戰斧飛彈證明是我們最可靠的武器之一，在兩次伊拉克戰爭中發射數百枚，戰績彪炳。

同樣重要的是智慧感應器，它是抵銷戰略不可或缺的成分。當我就任時，我預備把我非常熟悉、美國在偵察衛星方面的科技，套用到美國的傳統兵力上。非常成功的冷戰衛星系統，採用最先進的數位科技，這些技術除了擁有高明的衛星啟動偵察功能外，還引領走向相當成功的地面及空中監視系統，可以直接支援戰場指揮官。

有一套系統叫做「空中預警及控制系統」（Airborne Warning and Control System, AWACS），在我就任前已經開發了一段時間[7]。空中預警及控制系統是一種精密的飛行雷達，能即時告知美軍戰場指揮官作戰地區每一架飛機的位置和方向。很顯然，空中預警及控制系統有能力將空戰革命化，後來也證明的確如此。

我心想，為什麼也不革命化地面作戰，讓地面指揮官也能即時知道每一台地面車輛的位置和方向呢？當我卸任時，要對付此一挑戰的「聯合監視目標攻擊雷達系統」（Joint Surveillance Target Attack Radar System, Joint STARS[8]）正要開始開發。沙漠風暴作戰時，「聯合監視目

＊譯按：海軍飛彈試射場。

標攻擊雷達系統」進入最後測試階段。已故的諾曼．史瓦茲柯夫（Norman Schwarzkopf）將軍，當時是指揮沙漠風暴作戰的美軍司令官，等不及「聯合監視目標攻擊雷達系統」還未完成全面的運作測試，就下令在戰場上啟用。結果它在戰場上的表現相當成功，今天每位地面指揮官沒有它的話，都不想赴戰場。

另一個智慧空中感應器「護欄」（Guard Rail），是電磁系統實驗室已經開發的系統[9]。它原本用在和平時期的偵察用途，日後用在作戰地區尋找高價值目標的位置。

抵銷戰略有個革命性的成分，是「全球定位衛星」系統（Global Positioning Satellite System, GPS system[10]）。在我就任前幾年，它已經開始實驗研究，到一九七九年，美國有四顆全球定位系統衛星在軌道中。原本規劃要有二十四顆衛星，但是經費預算還未編列。一九八〇會計年度預算正在規劃時，在國防部長布朗和白宮管理暨預算局（Office of Management and Budget, OMB）協議下，認為全球定位衛星系統固然有趣，但不是非有不可的東西，基於撙節費用考量，預備停止此一計畫。

我大吃一驚，拜託布朗部長把案子先擱置一個星期，讓我趕到全球定位衛星系統的測試場霍洛曼空軍基地（Holloman Air Force Base）現場評估。我相信全球定位衛星系統是抵銷戰略中不可或缺的一環，但我必須確認它的確具有宣稱的功能才行。我安排好抵達基地的時間，正是四顆衛星都會來到基地上空軌道的時候。四顆衛星會提供全面的準確性，但它們只會在有限的時段同時經過某一特定地點。我聽說全球定位衛星系統計畫主管布萊德．帕金森（Brad Parkinson）中校，是個天分極高的工程師，現在我將親自證明他是否名不虛傳。帕金森就整個計畫向我做完簡報後，帶我坐進一架直升機，它停在跑道上一處畫了直徑十公尺的圈圈內。直升機的窗子全部遮上，飛行員起飛了。我們在看不見的狀況下飛了半小時，只用全球定位衛星系統的訊號標定位置。等我們回到基地，飛行員依然看不見，但是很準確地把直升機降落在那直徑十公尺的圈圈裡。

我完全信服了。我回到五角大廈，準備竭盡全力保住全球定位衛星系統計畫。很幸運的是，布朗部長贊成我的評估，恢復計畫經費。但是我也稍作妥協：把原定布置二十四顆衛星減為十六顆，這樣一來是把全球定位衛星系統的涵蓋範圍限定在北半球。不過我有信心，當全球定位衛星系統實際運轉時，它的明顯價值一定會使計畫恢復經費預算，屆時再把另外八顆衛星布建上去。日後證明的確如此。

全球定位衛星系統的科技對軍事運用的重要性，比我原先想像的還更大；之後在民間用途上也變得無所不在，那更是我不曾想像到的結果。我很自豪在歷史的關鍵時刻發揮作用，保住全球定位衛星技術。布朗部長扮演關鍵角色，說服卡特總統收回管理暨預算局的成命，而帕金森把全球定位衛星技術帶到一個極具價值、不能取消的階段。帕金森現在是史丹福大學教授，是利用衛星進行超精密時間測量，以驗證地心引力常數的先鋒學者。全球定位衛星科技最初的研發工作，有相當大部分應歸功於吉姆．史皮爾克（Jim Spilker），這位也系出史丹福大學、有遠見的創業家（史丹福大學工學院建築群最新一棟大樓即是吉姆暨瑪麗．史皮爾克大樓）。哈洛德．布朗、賓．里奇、保羅．卡敏斯基、喬伊．賴爾斯敦、布萊德．帕金森、吉姆．史皮爾克，以及負責冷戰時期精密偵察革命的其他科技魔法師，持續支持我的信念：人類面臨時代巨大挑戰時，會有適當反應。

全新「系統中的系統」——匿蹤技術、智慧感應器和精靈武器——在一九七〇年代末期以最高優先全力開發，一九八〇年代初期建造，一九八〇年代末期派到現場，及時趕上沙漠風暴作戰之用。這些冷戰時期開發出來的卓越軍事科技，在這場意想不到的戰爭充分發揮其威力。

沙漠風暴作戰指揮官擁有幾近完美的情報；反之，由於匿蹤設計，伊拉克雷達根本無法偵測到F-117，伊拉克指揮官只能坐以待斃，聽任美軍肢解伊拉克部隊。F-117在伊拉克出動任務約一千次，投擲約兩千顆精準導引炸彈，其中約八成命中目標，準確率和可靠度是以前所不敢想像。巴格達配置數百座現代化的蘇聯製防空系統，但是F-117在夜間飛臨巴格達執行任務，一架都沒受到傷損。

由抵銷戰略產生的武器使沙漠風暴作戰十分成功，它們對美軍持續稱霸，以及補強嚇阻力量仍然十分重要。我很感謝能實現抵銷戰略這個宏偉的遠見，為自己能夠參與其事感到驕傲，也敬佩哈洛德．布朗和保羅．卡敏斯基的卓越領導。其他人士對於這項計畫能夠成功，也功不可沒。若非努恩參議員的全力支持，抵銷戰略不會及時得到需要的經費。這些系統必須大量生產及廣泛部署，此事發生在雷根政府主管研究及工兵事務的國防部次長狄克．德勞爾（Dick DeLauer）主持下。即使系統已經部署到各軍事單位，軍方仍需發展適合這些革命性新系統的戰術及訓練。當沙漠風暴作戰開打時，我很驚訝也很高興看到查爾斯．何奈（Charles Horner）將軍如何發揮F-117獨特的能力，運用它打夜戰（它的匿蹤性能只有在夜裡才能完全「隱形」），並且把它運用在防衛最嚴密的巴格達地區，甚至還能剷除伊拉克空防單位，讓美軍其他不具匿蹤能力的飛機能盡情發揮戰力。

但是並非人人都支持抵銷戰略。在發展期間，有個團體「國防改革小組」（Defense Reform Caucus, DRC）就發動強烈反對。國防改革小組起先的關切著重在戰鬥機，尤其是F-15和F-18的高昂成本和複雜性，在這方面他們的主張不無道理，因為這些計畫的進度落後、費用一再追加（以目前F-22和F-35計畫一再展延及追加預算而言，戰鬥機似乎一直擺脫不了這個陳年痼疾）。從這個合理的立場，他們演進到我個人認為是不合理的立場——新科技無可避免會導致任何軍事系統成本增高、進度落後。基本上，他們的論點是，新科技在實驗室或許可行，但是在「戰爭迷霧」（fog of war）期間會無效，而且太複雜，不便美軍部隊運用。他們堅稱嶄新的積體電路科技將不夠堅牢和可靠。但是，任何人用過電子機械電腦和借重積體電路的惠普電腦之人士，都曉得反過來才是事實。國防改革小組以為新的積體電路科技會增加複雜度和成本，事實上不論是軍用或民用，引進積體電路反而造成成本大降、可靠度大增。國防改革小組不明白這一點，主張對付蘇聯傳統武力數量上的優勢，美方應該也要增加更多部隊、坦克和飛機。

國防改革小組這一派思維，最強而有力的代表是詹姆斯．法羅斯（James Fallows）在一九八一年出版的一本書《國防》（*National Defense*[11]）。這本書出版時我已經離開政府公職，在高科技投資銀行韓布瑞契特暨基斯特公司（Hambrecht & Quist, H&Q）任職，但我同時也在史丹福兼任安全議題研究。我寫了一篇文章〈法羅斯的謬誤〉（Fallows' Fallacies）駁斥他，刊登在一九八二年春季號《國際安全》（*International Security*，麻省理工學院出版社發行[12]）。我在文章裡提出技術論據，說明為什麼積體電路不應該被等同於複雜性；以及事實上它們將會降低成本、提升可靠度。我也指出國防改革小組相對大幅增加部隊員額策略的根本缺陷：第一，要在數量上追上蘇聯部隊員額，美國國防預算勢必大幅增加；第二，要增加兵力員額勢必恢復徵兵制。我認為兩者在政治上都是不可行的主張。

國防改革小組的反對遲滯了我們一部分計畫，但也沒有阻止住任何一項計畫。然而，我的確擔心美軍部隊可能無法採用新科技。越戰之後，美軍部隊的士氣、訓練和兵力都很低落，而這支部隊將是抵銷戰略的各式系統部署到各單位後，要去操作它們的人。軍方深切了解問題所在（不論有無抵銷戰略），由於徵兵制已經廢除，他們想出一個解決辦法。軍方領導人把所有志願役士兵役期延長，希望密集的訓練可以收到成效，他們也的確建立為一支強大的勁旅。我對他們重建軍隊，尤其堅持訓練的決心，感到放心。我變得有信心，當系統可供使用時，美軍官兵將有能力操作它們。後來也證明的確如此。

沙漠風暴作戰之後，眾議院軍事委員會主席列斯・亞斯平（Les Aspin[13]）召開聽證會，試圖了解從這場戰爭使用精靈武器學到什麼教訓。這時我已不在政府服務，被委員會傳去作證；委員會也傳喚國防改革小組領袖皮耶・史培瑞（Pierre Spray）。我作證說，抵銷戰略的武器表現符合預期；空軍發展出近乎最大效益的使用策略；它們在一面倒的大勝中扮演重要角色，而且使得美軍子弟傷亡極低。史培瑞堅持國防改革小組長期以來的意見，聲稱新的精靈武器在「戰爭迷霧」中無用。他作完證之後，主席亞斯平向史培瑞先生挖苦地說，若是根據他的證詞，那美國在沙漠風暴作戰應該打敗仗才是。

回顧執行期間那段頭痛和忙碌的日子，我認為革命性的抵銷戰略這一破天荒的科技和人類貢獻，一直都是美國在核武時代最重要的成就之一。就和任何重大國家計畫一樣，它激烈地改造了為危險時代未雨綢繆的新方式。作為幫助防止核子悲劇的一個發人深省和務實的措施，它去除蘇聯的所有信心，使他們明白自己不再具有決定性的軍事優勢，而且是以非常經濟、又超乎異常的速度達成使命。如果經濟是防堵及遲滯核子軍備競賽的重大因素，抵銷戰略占了上風的成本效益，肯定更是其核心因素。

但這裡或許還有一個更基本的教訓：科技在今天非常重要。假如革命性的科技帶來核子武器，對世界造成危險，它也將是最重要的元素，攸關創造愈來愈好的安全體制，這些體制包含：透過武器進行相互嚇阻的敵對模式；在比較緩和的年代透過驗證，遵守大規模削減武器協定；再進化到在更安全的全球合作時代，透過高度可靠的安全制度，保護核子材料。與美國在冷戰時期的偵察技術革命一樣，抵銷戰略和它在戰場表現的革命，代表人類和科技的勝利，指點我們前進的道路。當然，它在我的旅途中是一段重要的階段。

即使美國追求的抵銷戰略，是藉由美軍傳統部隊的現代化來維持嚇阻力量，美國也還是對其核子力量進行現代化。接下來我將報告我在五角大廈報到的第一天起，就面臨的另一重大使命——建立美國戰略核武力量，以求增強嚇阻力道的任務——背後激烈的辯論。

注釋：

1 *The Atlantic*. "World War II: Operation Barbarossa." July 24, 2011. Accessed 26 August 2014. 巴巴羅薩作戰計畫（Operation Barbarossa）是納粹德國及其軸心盟國一九四一年六月二十二日針對蘇聯大舉進犯的作戰計畫代號。

2 US Army, *Army Ammunition Data Sheet: Artillery Ammunition*. Washington, DC: GPO, April 1973. Pg. 2. 銅頭飛彈是一種單獨上膛，雷射導引，高爆炸力，藉由大砲發射的飛彈，專門設計來對付坦克，裝甲車輛和其他移動或固定的堅實目標。

3 Raytheon. "AGM- 65 Maverick Missile." Accessed 26 August 2014.AGM 65 小牛飛彈是從直升機、戰鬥機、攻擊機和巡邏機發射的精準攻擊飛彈。這型飛彈的導引提供攻擊能力對付固定目標和高速移動目標。由於精確度達到一公尺以內，它用於近距離空中支援。

4 Boeing. "AMG- 114 HELLFIRE Missile." Accessed 26 August 2014. 地獄火飛彈（Hellfire）原名「直升機發射、射後不理飛彈」（Helicopter Launched, Fire and Forget Missile），是一種短程，由雷射或雷達導引的空對地飛彈系統，用在攻打坦克和其他目標，同時盡量減少載具暴露於敵人的砲火下。它是在一九七〇年代設計，一九七六年開始大量發展。

5 Boeing. "AGM- 86 B/C Air- Launched Cruise Missile." Accessed 26 August 2014.AGM-86 B / C空射型巡弋飛彈是一種長程，次音速，自行導引的飛彈，可由高高度和低高度的B-52型轟炸機攜帶。使用核彈頭時，它被稱為「空射型巡弋飛彈」（ALCM），而使用傳統彈頭時，它被稱為「傳統空射型巡弋飛彈」（CALCM）。這項計畫始於一九七四年六月，為維持準確的慣性導航，它使用全球定位系統。

6 Schwartz, Stephen. Atomic Audit: The Costs and Consequences of U.S. Nuclear Weapons since1940. The

Brookings Institute, 1998. Pg. 18. 戰斧飛彈是從船隻或潛艇發射的一種巡弋飛彈，它使用的導航系統很複雜，在海上先用慣性導航系統，當飛彈進到陸地軌道後，轉為更精確的導航方法「地形輪廓匹配」（Terrain Contour Matching , TERCOM）。然後再用第三種導航系統「數位場景匹配區域相關儀」（Digital Scene Matching Area Correlator, DSMAC），將彈頭帶到要攻打的目標。

7 US Air Force. “E- 3 Sentry (AWACS).” 1 November 2003. Accessed 26 August 2014.「空中預警及控制系統」提供對友善、中立和敵對活動的情境認識，指揮和控制責任區，對戰區部隊進行作戰管理，對作戰空間進行全高度和全天候的監視，以及在聯合、聯盟作戰期間針對敵方行動的提供早期預警。工程、測試和評估從一九七五年十月的第一批E-3哨兵式預警機首開其端。

8 Northrop Grumman. “E- 8C Joint STARS.” Accessed 26 August 2014.「聯合監視目標攻擊雷達系統」（Joint Surveillance Target Attack Radar System, Joint STARS）是一種空中作戰管理和指揮控制（C2）平台，進行地面監視，使指揮官能夠了解敵方情況，支持攻擊行動和瞄準目標。「聯合監視目標攻擊雷達系統」從陸軍和空軍的計劃演進而成為針對在部隊前沿地區之外的範圍之敵軍偵察、定位和攻擊的項目。一九八二年，方案合併，空軍成為領導機構。一九八五年九月國防部委託諾斯洛普・格魯曼公司興建兩個E-8C系統。這些飛機儘管還在開發階段，在一九九一年已經部署參加了沙漠風暴作戰。

9 Federation of American Scientists. “Guardrail Common Sensors.” Accessed 28 August 2014.「護欄」基本上是一個信號情報蒐集／定位系統，預備整合為一個空中平台。最初發展始於一九七〇年代初期，持續到一九九〇年代，已進入到第五代。

10 Federal Aviation Administration. “Global Positioning Systems.” Accessed 28 August 2014.「全球定位系統」於一九七三年啟動，並開始在大約一萬一千英里的地球軌道上發展二十四顆衛星網絡，為各種使用者提供導航信息。這些衛星群由美國國防部操作和維護。

11 Fallows, James. *National Defense.* New York: Random House, 1981.

12 Perry, William J. "Fallows' Fallacies: A Review Essay." *International Security* 6: 4 (Spring 1982). Pgs. 174—82.

13 Marquette University. The Les Aspin Center for Government. "The Honorable Les Aspin." Accessed 28 August 2014. 列斯・亞斯平（Les Aspin）一九七〇年起在威斯康辛州第一選區當選國會眾議員後，蟬聯十一屆。一九九三年至一九九四年，他出任柯林頓政府國防部長。

第七章

擴建美國核武力

我們的討論已經退縮到，究竟那種模式是最好的：陸地模式或海洋模式或空中模式？我想建議第四種模式——我稱之為綜合模式。

——塞西爾·賈蘭德（Cecil Garland），猶他州牧場主人，哥倫比亞廣播公司節目，一九八〇年五月一日[1]。

到一九七〇年代中期，蘇聯的核子武器和投送能力已經與美國不相上下。美國不再具有艾森豪總統所謂的核子優勢，即可以抵銷紅軍兵員對美國長期以來享有的三比一優勢。當我接任國防部次長時，美國國內發生激烈辯論，對於是否可以嚇阻蘇聯的軍事攻擊，議論紛紛。

前任國防部副部長保羅·尼茲（Paul Nitze[2]），是跨黨派公民團體「當前危險委員會」

的代表人物。這個團體堅稱美國第一次出現「脆弱之窗」，難以抵擋蘇聯的核子突襲。卡特總統的策略是透過強化科技，增進傳統兵力的能力，這個主意引領著抵銷戰略，其基本發展是此後幾年的優先項目。但卡特總統有一部分受到「當前危險委員會」的壓力，也決定必須維持對蘇聯的相等核武實力，以確保毫不含糊的嚇阻力量。就某種意義而言，要求維持核武相等實力的政治壓力，至少和要求以我們的計畫維持核子嚇阻力道的勢力一樣強大。

但是，維持美國核武的規模不得低於蒸蒸日上的蘇聯，並不是唯一的問題。美國的嚇阻要有可信度，就必須確保自己的核武能熬過攻擊，然後要能滲透進入蘇聯境內的目標。

因此，我在為美國傳統兵力執行抵銷戰略時，也必須執行重大動作，提升美國的核武實力。很明顯的諷刺是，提升美國的傳統兵力是受到「新思維」所驅動：運用美國的優勢科技，抵銷蘇聯在數量上的優勢；提升核子兵力卻是受到「舊思維」所驅動：蘇聯正在規劃先發制人的第一擊，預備打得美國無還手力量。

討論美國的防衛力量是否適足，通常都是以嚇阻能力為根據。的確，這是最基本的要求。但我很快就發現，這不是唯一的要求，也未必是決定兵力規模的首要因素。美國的嚇阻力量也擺在政治天平上：它們能讓美國和蘇聯的部隊勢均力敵嗎？我不認為這是問題的關鍵，但是我可以肯定地說，冷戰時期沒有一位美國總統，願意接受核武力量小於蘇聯這個事實。我相信這一認定的重要性，比起嚇阻的需要，更加驅使核武競賽的出現。同理，討論需不需要三位一體戰略（Triad），通常是以嚇阻需求為基礎。但我相信，即使美國只有潛射飛彈，美國人對自己的嚇阻力量仍有信心。因此，一旦我們滿意，認為自己有足夠的嚇阻力量，其現實就是嚇阻力量的規模大小和組成，主要由政治重要性來決定：美國的力量要和蘇聯的力量勢均力敵。同樣的重要性現在似乎仍然適用。今日的美國不需要數千顆核子武器來嚇阻俄羅斯，但基於政治理由，美國不願把已部署的武器降到低於「新削減戰略武器條約」（New START arms agreement）所同意的相等數量——一千五百五十顆戰略核武——之下。

一直以來，美國的戰略核武力量及其嚇阻安全，是以「三位一體」戰略為基礎：空中——B-52轟炸機可以飛臨蘇聯目標上空，投擲自由落體炸彈（gravity bombs）；海上——可以從在蘇聯周邊巡邏的潛艇，由水面下發射北極星飛彈（Polaris missiles，一種潛射彈道飛彈）；陸基——洲際彈道飛彈，主要是義勇兵飛彈（Minuteman missiles），它們部署在美國強化過的地下發射井，每一枚飛彈可裝載多顆彈頭。三位一體戰略是在複雜的歷史背景下演進而成，已經被奉為神聖經典，不受挑戰。雖然美國的核武系統每個都很昂貴，但它們只占國防預算相當小的比例（當我擔任部長時，不到百分之十）。這是因為它們不需要大量人員，人員才是美國國防預算最大宗的開銷。

我判斷美國的潛射彈道飛彈很難遭到攻擊，美國光憑潛射彈道飛彈組成的核武部隊，就有足夠與可靠的嚇阻力道。可是，非常可靠、安全的北極星飛彈系統已經老舊，而三叉載飛彈（Trident）的更換計畫已經啟動，要進行重大改善（每顆飛彈裝置更多彈頭，提高準確度，及改善「靜音」以降低敵方聲納偵測系統的監視、追蹤和定位）。但是三叉戟飛彈計畫有相當嚴重的技術問題，因此強化嚇阻力量的首要工作，是先讓三叉戟飛彈能回到常軌。我拜訪三叉戟飛彈的主要承造商洛克希德飛彈暨太空公司（Lockheed Missiles and Space Company, LMSC），並與公司總裁鮑伯・傅爾曼（Bob Fuhrman）商量。他也認同我的關切，派了手下的最佳經理人丹・特勒普（Dan Tellep）擔任三叉戟飛彈計畫經理。我和特勒普深談後，很滿意他了解這項計畫開發上的缺陷，與立即全力更正的態度。三叉戟飛彈後來及時成為美國最成功、可靠的武器系統之一；日後特勒普成為洛克希德飛彈暨太空公司總裁，接著晉升為洛克希德執行長，最後成為洛克希德馬丁（Lockheed Martin）公司董事長。

我也重新整頓三位一體戰略的空中部分，改善老舊的B-52。在蘇聯增加它已經很廣泛的空防部署之下，許多B-52恐怕還飛不到目標地區就已被對方擊落。前任政府已經提議以B-1取代B-52，而B-1也即將生產。我的第一個動作是取消B-1的生產計畫，這是技術上非常棒但時代不宜的產品，因為它並不能大幅改進美方滲透蘇聯巨大防空網的能力。我希望取消整個計畫，但為了維持國會某些強烈支持B-1的議員對國防部的支持，我同意維持一個小型的B-1研發計畫。我的第二個動作，是授權與密切監督一項空射型巡弋飛彈（Air-Launched Cruise Missile, ALCM）的研發計畫。B-52可以載運這些巡弋飛彈，在距離蘇聯數百英里之外的地方發射，在這麼遠距離，蘇聯密集部署在其目標四周的地對空飛彈，打不到B-52轟炸機。再者，我們替空射型巡弋飛彈開發輪轉式發射器，每個發射器可裝載八顆空射型巡弋飛彈；每架B-52可裝載一個輪轉式發射器。若再加掛兩個機外炸彈架，每架B-52又可裝載六顆飛彈，這一來B-52就有投擲二十顆核彈的能力。

這些空射型巡弋飛彈的確很合乎成本效益，只要相對不太昂貴的修正，就使B-52又延長服役好幾十年。由於空射型巡弋飛彈的飛行高度很低，只有兩百英尺，雷達特徵也小，它可以輕易滲透蘇聯廣大的防空網，使B-52成為「獨立」（stand-off）的投射載具，大大增強B-52及機組人員的存活力。空射型巡弋飛彈一個重要的組成元件，是一種全新、高度準確的導引系統，運用「地形輪廓匹配」達成非常高的投射準確度，可以達到目標一百英尺之內的要求。這種所謂的TERCOM系統*，是一種科技奇蹟；它的核心技術是使用積體電路的機上電腦，這台電腦儲存並運用偵察衛星所取得的許多蘇聯影像。空射型巡弋飛彈還有另一種非常重要的組成元件，是一種體積小、重量輕，但具有高度效能的渦輪風扇噴射引擎，它由一位真正的科技天才山姆．威廉斯（Sam Williams）所開發；威廉斯是外界幾乎都不知道，一家小型、創新的公司——威廉斯國際公司（Williams International）的總裁。空射型巡弋飛彈及戰斧飛彈聯合計畫主持人，是美國國防部第一流的計畫經理人：海軍上將華特．洛克（Walter Locke）。

在F-117匿蹤戰鬥轟炸機計畫順利啟動後，我核准開發B-2這種長程且具高負載力的匿蹤轟炸機。B-2不需要以「獨立」模式運作，因為它格外小的雷達特徵，使它能直接飛越敵方的空防系統。委製B-2的合約是我在職最後一年核定，交給諾斯洛普．格拉曼公司承包興建。

我認為，且迄今依然相信，空射型巡弋飛彈和B-2這兩項計畫，就可使美國握有清清楚楚、強大的嚇阻力量。它們是美國如何利用科技達成有效、且經濟地回應蘇聯挑戰的典型例子，不必動用「月球炸彈」，或把美國傳統兵力擴增為三倍；前者是一種詭異的奇思怪想，後者則是習見的舊思維。

美國核三位一體戰略的陸基洲際彈道飛彈部分，包含義勇兵飛彈和泰坦飛彈（Titan missiles）。泰坦飛彈已經老舊，但義勇兵三型飛彈仍相當現代化，每顆飛彈裝置三個高度準確的彈頭。「當前危險委員會」設想，蘇聯發動核子突襲時（有如「晴天霹靂」），可以把義勇兵飛彈摧毀於發射井之中，我認為這種說法十分誇大。首先，美國的發射井可以保護飛彈承受任何攻擊，除非敵方飛彈直接或近乎直接命中發射井。根據情報顯示，我們不相信蘇聯的洲際彈道飛彈準確度，能夠讓蘇聯領導人對自己的攻擊有信心，可把美國的飛彈摧毀

＊全名為「地形比對」（Terrain Comparison）或「地形輪廓匹配」系統（Terrain Contour Mapping/Matching system）。

於發射井之中。再者，即使蘇聯具有如此高度精確的導引系統，也必須三思美國會在他們的洲際彈道飛彈到達之前發射飛彈（一般稱為「接獲警報後發射」）。美國的警報系統當時不錯，今天依然高明，能提前十至十五分鐘發出警報，而義勇兵飛彈可在一分鐘之內發射。（我現在非常關心冷戰已經結束了，還繼續維持「接獲警報後發射」的制度；以後提到在後冷戰時期不應該冒接到「假警報」的大風險時，會再來討論這個議題。）但是，「當前危險委員會」認為，即使總統有足夠的警告時間，他下達發射命令時依然會猶豫——他會擔心是假警報。這不是沒有理由，我自己很快就碰上這個問題。

當我出任次長時，繼承了MX洲際彈道飛彈，這種十顆彈頭的飛彈是義勇兵飛彈的後續型號，已經在開發中。理論上，把十顆彈頭集中在一枚飛彈上，特別會招惹敵方朝它先發制人、動手攻擊。根據這樣的假設，補救方法就是設法把這些洲際彈道飛彈，部署在相對不易遭蘇聯核武突襲之處，或是能夠抵擋它們攻擊的地方。可是仔細一推敲，所有的解決辦法似乎都比想定的問題更糟糕！

不足為奇，設法解決這個問題成為我在次長任內，挫折感最大、吃力不討好的工作。打從一開始，我們就被各方紛至沓來的提議淹沒：有人說應該把MX飛彈布置在飛機上；有人說應該布置在火車上；有人說應該布置在卡車上；有人說應該布置在水面下的大陸棚上。每個方案都很複雜，花費也很驚人，而且每個方案都有獨特的罩門。雖然它涉及到極為嚴重的國家安全，這個想定的洲際彈道飛彈之弱點，以及所提供的解決方案，或許會讓今人覺得可笑，分明是神經過敏。

縱使如此，經過相當激烈的辯論後，我們決定採取安置在發射井的系統。我們將打造兩百枚MX飛彈（每一枚有十顆彈頭），布置在內華達州和猶他州這片大平原地帶的四千六百個發射井中。以這種方式安置MX飛彈，蘇聯就搞不清哪些發射井確實部署了飛彈；蘇聯若有心蠢動，必須鎖定四千六百個發射井同時攻擊，這種攻擊戰略分明不管用，因此也就降低它發動先發制人攻擊的可能性。內華達和猶他州的公民肯定群情激昂，拚命反對。

總統核定MX飛彈部署辦法之前，決定派國防部參加透過全國電視實況轉播，在鹽湖城舉行的公共論壇，說明這項計畫的優點。我奉派為國防部的代表。我一到鹽湖城，立刻看到一張海報，把預備普設MX飛彈發射井的猶他州擺在原子彈蕈雲底下。我開始暗忖，莫非我應該稱病不出、臨陣抽腿？不過，我終究還是硬著頭皮上陣。我抵達會議堂時，已經人山人海，擠滿反對MX飛彈的猶他州老鄉。論壇的高潮（或許也可以說是低潮）是，有位公民團體代表、猶他州牧場主人開口教訓我：「我們的討論已經退縮到，究竟那種模式是最好的：陸上模式、海上模式或空中模式？我想建議第四種模式——我稱之為綜合模式。」

當下我就曉得，MX飛彈部署方案出師不捷，休想成功。我內心鬆了一口氣。不足為奇，新任政府痛切批評，如此不負責任的設計這一套保護MX飛彈的布置方式；

它們在當政第一年提出新的布置方案，把發射井密集靠近，蘇聯彈頭來襲就會自相殘殺。和其他方案一樣，這套辦法也有嚴重缺陷，因此提案人很快就撤案，最後認為：「管他的。就把它們部署在一般的發射井吧！」他們果真這麼做，捨棄降低這種洲際彈道飛彈遇襲罩門的規劃。或許打從一開始就該這麼做也不一定。美國整體嚇阻力量過去是，現在還是很完整、很安全，MX飛彈的部署方式根本是不必要的杞人憂天。我一直心有遺憾，竟然讓自己遭受反核人士如此無端詬罵。這裡補記一點：老布希政府和俄羅斯談判成功，限制可部署的彈頭數目之後，第一個拆除的就是MX飛彈——即使它是我們最新的洲際彈道飛彈，它早已不再部署。

經歷MX飛彈那一場非常不愉快的辯論，當天夜裡我投宿在鹽湖城一家旅館。半夜我被電話吵醒，美方派人拯救被伊朗扣押的大使館人質的任務失敗。我沒有參與拯救人質的工作（也沒有聽取相關簡報），但是我對此一特種作戰任務失敗十分傷心，也遺憾人質不能得救；我在五角大廈的同事將為此承擔責任。總而言之，這一天是我擔任國防部次長期間最窩囊的一天。

儘管對當天鹽湖城的際遇有極不愉快的記憶，我仍然相信那些年維持美國核三位一體戰略的努力非常重要，有助於對抗蘇聯精進其核子兵力。它們扮演重要角色持續嚇阻核子悲劇，即使在當時敵意深重的環境它們未必能保障安全無虞。

但是美國防止核子戰爭的重要戰略思維，逐漸在成熟。其中之一是認識到科技的價值——譬如，務實又經濟地採用高度先進的空射型巡弋飛彈，讓老舊的B-52恢復活力，這個高明的解決方案使蘇聯耗費鉅資、大規模投資的戰略部隊，頓時失去價值。這項部署凸顯出蘇聯進行核武競賽的成本愈來愈高；毫無疑問，這也是走向平衡地裁軍比較明智的一個跡象。另一個重要發展是，出現一些高人，能夠承擔起維持嚇阻力道的艱鉅使命，譬如賓．里奇是F-117計畫的先鋒，丹．特勒普拯救了重要的三叉戟飛彈計畫，使它成為核三位一體戰略不可或缺的潛射彈道飛彈這個重要單元。當時我們的確可以意識到，戰略思維已經出現變化。

注釋：

1 Garland, Cecil. "The MX Debate." CBS, 1 May 1980.

2 Academy of Achievement. "Paul H. Nitze." Accessed 28 August 2014. 保羅．尼茲是美國冷戰戰略主要設計師之一，從一九四〇年起即歷任政府公職，一九六三年升任國防部副部長。副部長卸任後，他繼續擔任政府公職至一九八九年。他是美國出席「第一輪戰略武器限制談判」（Strategic Armament Limitation Talks, SALT I，一九六九年至一九七三年）代表團成員。後來，因為擔心蘇聯會重新武裝，他反對批准「第二輪戰略武器限制條約」（SALT II，一九七九年）。保羅．尼茲在二〇〇四年十月十九日逝世。

第八章

核警示、武器管制與錯失防止核武擴散機會

我的電腦顯示兩百枚洲際彈道飛彈從蘇聯往美國飛來。

——北美空防司令部值星官向培里電話報告，一九七九年十一月九日。

我擔任國防部次長的第三年某天半夜，被北美空防司令部（North American Aerospace Defense Command, NORAD）值星官一通電話叫醒。這位將軍劈頭就說，電腦顯示有兩百枚洲際彈道飛彈，從蘇聯往美國飛來。我的心臟瞬間停止跳動，心想我最擔心的核子夢魘現在成真了！但這位將軍立刻解釋，他已經判定這是假警報——他打電話給我是要向我請教，能否幫他判斷電腦究竟哪裡出了毛病？他在一大早必須向總統報告這件事，希望儘可能了解為什麼出錯，以及未來如何防止再發生同樣錯誤。我們花了好幾天才查明，原來有個操作員誤把訓練影帶裝上電腦。這是人為錯誤。一場核子浩劫大戰可能因為意外失誤就爆發！這是我

永生難忘的驚駭教訓。

這種錯誤會導致核子戰爭，而非僅是核武史上的小故事，其中的危險究竟有多大？是什麼原因使值星官做出正確判斷？我們無從知道在那可怕的幾分鐘內，他腦子裡電光石火閃過什麼想法。我曾經試圖設想自己處在他的位置，腦子裡會有什麼想法，假設在那麼巨大的震撼後還能理智冷靜的話。

我會立刻懷疑，怎麼有任何一個蘇聯領導人會相信，如此發動攻擊可以成功解除美國的武裝，即使能夠成功摧毀許多洲際彈道飛彈和轟炸機，美國潛水艇也會回敬數千顆核彈頭、徹底殲滅蘇聯——蘇聯領導人一定了解這一點。

再者，我要說這種攻擊只是特殊事件——換句話說，世界上沒有發生任何事，吻合蘇聯領導人甘冒玉石俱焚的危險。理性思考會使我得出結論，這是假警報。

上述兩個結論，提供一個十分驚人、極其不足的基礎做出此一判斷，而且這是在可以想像得到、最極端的壓力下做出的決定。

我固然準備好對這樣一個假設性的警告抱持懷疑態度，假設值星官卻不是如此，那會是什麼情況？假設這個人為錯誤發生在古巴飛彈危機或是中東戰爭期間，又會是什麼情況？假設值星官做出不同結論，警報會一路向上傳到總統，在半夜叫醒他，在沒有太多背景資料下，總統或許有十分鐘左右的時間，要做出攸關世界命運的決定。

這也是為何我認為，核子警報的決定過程有嚴重瑕疵——它期待總統在幾分鐘內，而且是在背景資料不足的情況下，做出可怕決定。那是當時的決定過程，基本上直到今天大致上還是一樣。

有了這樣的決定過程，我們必須更注重通報做決定的脈絡——值星官、北美空防司令部司令官以及總統——乃至蘇聯相關決策人士的脈絡。達成脈絡是追求武器管制協定一個十分重要的理由，但是也大半遭到忽視。是的，一九七七年成功達成武器管制協定，可以對當時正在進行的軍備競賽踩下煞車，降低美方的武器費用，以及互加在美蘇身上的威脅。但更重要的是，它會讓美國和宿敵進行對話，讓雙方都有某種程度的透明，最最重要的是，它給我們一個脈絡——更加了解對手——讓我們必須在瞬間做出可怕決定時，不會出現太大差錯。以我的判斷，獲致脈絡遠比在數量上達成裁減核武數量來得重要。只要條約在數量上的規定「沒有傷害」，條約在基本脈絡上的作用就更加重要。

因此，即使卡特政府強化美國的戰略核武，它也同時啟動談判，希望雙邊對這些武器設限。一九七二年的「第一輪美蘇戰略武器限制條約」（Strategic Arms Limitation Treaty, SALT I）就是例證，武器管制和裁軍活動已經審慎推進一陣子。就雙方而言，意識到不能再持續下去的心理，以及核武大幅增加構成的經濟因素，反映出在現實上的限制。這些現實開始勝過超級大國彼此之間，關於冷戰的懷疑和敵意精神。因此，卡特總統就一九七二年生效的第一輪美蘇戰略武器限制條約，又更進一步推進限制核武的協定[1]。

後續預定要簽署的新條約，「第二輪美蘇戰略武器限制條約」（SALT II），是要解決前一次條約的主要缺陷——第一輪只限制飛彈，沒有限制彈頭，這使得簽署國轉向發展，在每顆飛彈上部署多彈頭的技術。固然第一輪美蘇戰略武器限制條約對反彈道飛彈有其正面價值，但洲際彈道飛彈在限制上允許此一漏洞，或許違背「不得有所傷害」的原則。蘇聯鑽漏洞，開發能夠裝載十個獨立對付目標的核彈頭之洲際彈道飛彈，我們通稱它為SS-18，或者以戰略術語稱之為多目標重返大氣層載具（multiple independently targetable re-entry vehicle, MIRVs）。美國的因應之道就是開發MX飛彈，它也能負載十顆核彈頭。因此，第一輪美蘇戰略武器限制條約適得其反，反而提供誘因，讓簽署國增加其核武的彈頭數量。這種結果造成潛在危險的不安定：如果蘇聯能夠相當精準命中一個美國MX飛彈發射井，代表著光是一顆飛彈就能摧毀十個彈頭，這個劇本可以說會讓蘇聯有誘因針對美國發動奇襲。

經過冗長且不時激烈爭論的談判，第二輪美蘇戰略武器限制條約簽字了。它需要經過參議院批准才能生效，而這很可能是一場硬戰，尤其是「當前危險委員會」立刻主張，條約的限制會使美國更經不起蘇聯的突襲。我對第二輪美蘇戰略武器限制條約所持的保留意見，卻恰恰相反：第二輪美蘇戰略武器限制條約雖然關閉第一次條約中，有關多目標重返大氣層載具的漏洞，對彈頭及飛彈也都設限，可是在我看來，第二輪美蘇戰略武器限制條約對多目標重返大氣層載具系統的限制卻太溫和，允許雙方各自擁有一千三百二十個多目標重返大氣層載具系統。即使如此，第二輪美蘇戰略武器限制條約仍代表雙方往正確方向邁進的一步。

卡特總統把爭取參議院批准之戰，交付給副總統華特．孟岱爾（Walter Mandel）領軍。孟岱爾又選擇國家安全局局長鮑比．殷曼（Bobby Inman）將軍和我，作為他的成員，向參議院遊說。殷曼和我安排與每一位參議員，從一九七九年十一月底開始一對一懇談。羅伯特．伯德（Robert Byrd）參議員協助安排拜會，也親自參加最重要的一些會談。

除拜會參議員，一九七九年十二月也另外安排，就條約應否批准舉行全國電視辯論會。前任國家安全局長、海軍上將諾耶爾．蓋勒（Noel Gayler）被選派為政府代表；愛荷華州聯邦參議員約翰．卡爾弗（John Culver）代表參議院。保羅．尼茲率領反對批准的「當前危險委員會」三位代表。卡爾弗在辯論會的開場，為批准條約提出動人心弦、條理分明的論述。保羅．尼茲接著發言，他一開口，我大吃一驚。他逕自指控卡爾弗撒謊。不足為奇，「辯論會」失焦，變成吵架，無從慎思明辨表達正反意見。

後來，第二輪美蘇戰略武器限制條約根本沒送到參議院院會表決。一九七九年十二月底，蘇聯入侵阿富汗，卡特總統採取懲罰行動。取消美國參加莫斯科奧運會或許是大家最耳熟能詳的動作，但影響最深遠的恐怕是卡特悄悄撤案，不再要求參議院批准第二輪美蘇戰略武器限制條約。第二輪美蘇戰略武器限制條約一直沒有生效，但是限制多目標重返大氣層載具的目標，後來在老布希總統任內又重新談判，下文將會談到。

儘管美、蘇雙方在冷戰時期的這一刻，出現表面上讓人振奮的武器管制和削減談判，但我回顧這些年頭時，我看到自古以來太熟悉的不理性、狂熱的思維，這種思維在人類史上一再把我們帶向戰爭，而且這種思維在核子時代遠比從前更加危險。這種思維驅動著對核子戰略狂熱的辯論，驅動人類在核子力量上增添極大的破壞力道，也把世界帶向稍有誤判即爆發核子戰爭的邊緣。看不到它會把我們帶到哪裡，是想像力的重大失敗。即使在一九七〇年代和一九八〇年代大肆擴建核武之前，美國的核子力量早就足以炸毀整個世界。美國的嚇阻力量已經夠可怕，足以嚇退任何一位理性的領導人。可是我們執迷不悟，宣稱美國的核武力不夠強大。我們幻想有個「脆弱之窗」存在。美、蘇兩國政府都向其人民散布恐懼感。人類舊習不改，彷彿核子時代雖來臨但世界並未改變，其實世界已經天翻地覆大大改變。

縱使如此，早期的武器管制和削減倡議雖未必一直成功，它們倒是顯示新思維方式的萌芽。這種新思維，許多人認為它太天真，其實擺在冷戰的脈絡下相當實際；因為在冷戰中超乎現實的軍備競賽，已經積累出太多核武。

但是，核武在世界其他地區擴散，卻又造成另一個挑戰。除了試圖藉由條約限制核武之外，美國也努力防止核武擴散到其他國家。美國努力制止韓國、台灣、伊朗、伊拉克、巴基斯坦、印度、以色列和南非等國家祕密發展核武計畫。這項努力只在韓國和台灣完全成功。

防止核武擴散不是我的職掌，但是可以想像，如果我把它當作優先項目，可以對美國政府有些影響力。我主要專注在來自蘇聯的核武威脅，對其他國家核武計畫剛萌芽的擴散只有稍為注意。今天，我們很遺憾地面對防止核武擴散失敗所留下的現實；核武擴散已經坐大，時至今日已經遠比它們仍在嬰兒時期更難制止。

在我日後的旅程，我們還會再談到核武決策過程、武器管制和擴散問題，和降低核武危險的其他面向一樣，它們仍然是優先項目。這些努力需要相當的外交斡旋，我需要學習這項藝術。我在擔任國防部次長期間負責抵銷戰略、增建美國戰略核子部隊，以及當時的其他軍事需求，但我也尋找機會累積外交經驗和技能，它們在我日後的旅程將是非常重要的一環。我藉著訪問重要國家的機會，學習與位居核武威脅中心的其他人士交涉。回顧某些不可或缺的經驗以及從中產生的外交策略，也很重要。

注釋：

1 Nuclear Threat Initiative. “Strategic Arms Limitation Talks (SALT I).” Accessed 29 August 2014. 第一輪戰略武器限制談判（Strategic Arms Limitation Talks I, SALT I）指的是美、蘇之間一九六九年十一月十七日展開的談判，對反彈道飛彈防衛系統和戰略核子攻擊系統都加以限制。從這些談判產生兩樣東西。第一是就限制戰略攻擊武器的某些措施達成「臨時協議」。第二是反彈道飛彈條約，限制戰略防衛系統。這是美、蘇之間第一次對其核子武器系統設限的協定。兩項協定在一九七二年五月二十六日簽署，一九七二年十月三日生效。

第九章

次長出任外交官

一九八〇年一月一日，卡特總統片面廢止一九五五年與中華民國簽訂的共同防禦條約——卡特決定打「中國牌」對付蘇聯[1]。

我這個國防部次長主管研究及工兵事務，並不直接涉及政治性質的決定，因此我試圖在工作上保持超乎黨派的立場。我相信國會議員了解這一點後，比較會就事論事接受我在國會的證詞。我的工作除了三個重要例外，也不需要有外交接觸。這三個例外涉及中國、北約組織和大衛營協議。

雖然歷任總統在處理上的細節有別，美國在冷戰時期的大戰略是「圍堵」：西方必須透過次於戰爭的開明和負擔得起的政策，遏抑蘇聯的擴張，同時耐心地等候蘇維埃體制因為內部矛盾而最終敗亡。蘇聯方面也因為它有不合實際的假設而受到阻滯，它以為自己可以無限期把僵固的意志強加在附庸國家身上，而且可以誘導具有高度民族主義的共產主義國家，如中國和南斯拉夫，接受蘇聯領導而「革命化」全世界。圍堵政策首要的戰略意圖，是限制蘇聯地理擴張的野心，遏止它和西方的軍事對抗，因而達成防止核子衝突的目標。因此我覺得卡特總統的美、中半正式結盟相當適合，我渴望能幫他執行此一政策，果然很快就得到機會。

卡特總統答應幫助中國現代化其傳統軍事力量，因此我奉派前往中國考察。我要參觀他們的軍事設備和製造能力，然後建議一個完成目標的方案。我組織了一個實力堅強的代表團，包括各軍種高階軍官以及高度相關科技的專家。中方也組織了一個接待團體，陪我們在八天內參訪中國的主要設施，走遍內蒙古的坦克工廠和戈壁沙漠的飛彈測試場。

幾乎每到一個地方，實驗室所長或工廠廠長都會先抱歉由於文革動亂，以至於設施太落後。我會問他們，文革期間都在幹什麼？通常回答都是：「我被下放到養豬場去勞動改造。」有些人還忍不住悲從中來、潸然落淚。訪問即將結束時，我問隨行當譯員的解放軍青年少校同樣的問題。他猶豫了一下才告訴我，文革剛開始時他是紅衛兵，後來聽到身上有病的老父遭到下放勞改，他擔心父親會死掉，因此脫離紅衛兵，陪老父下放養豬場。這是多麼感人的儒家精神勝過共產主義價值的故事呀！十四年後，我以國防部長身分訪問北京，這位少校已經晉升為准將，站在飛機扶梯下迎接我——非常高興的故友重逢。

一九八〇年十月，培里以國防部次長身分率團訪問中國，就中國傳統軍事力量現代化提供顧問意見。（照片取自通用動力C4系統公司檔案）

在我的中國行後不久，觀賞精彩的紀錄片《從毛澤東到莫札特》（From Mao to Mozart[2]），它敘述的是大約與我同一時期到訪中國，小提琴家艾薩克．斯特恩（Issac Stern）拜訪上海的情況。特別淒美的一幕，是他訪問上海音樂學院院長的故事。他講到文革期間，紅衛兵認為西方音樂具有腐化人心的影響，因此把他監禁起來。這段訪問和我在中國各地參訪時，工廠廠長講述遭到壓迫的故事一模一樣。美國人幾乎無法想像，文革期間的紅衛兵怎麼會有這種匪夷所思、自我毀滅的行為。

過去我在偵察系統工作的經驗，使參訪戈壁沙漠飛彈試射場特別有意思。多年來我替美國拍下第一流的衛星照片，密切研究這個試射場的發展。當我們到達試射場時，一切是那麼的熟悉。中方帶我們參觀一處洲際彈道飛彈發射台，台上立著一枚近日內即將試射的洲際彈道飛彈。我很有自信地走上發射台，根據我長期的研究心得，為美方代表團講解中國的洲際彈道飛彈計畫。一星期後，我回到五角大廈辦公室，發現辦公桌上有一張這個發射台的衛星照片，照片上一群人站在一枚洲際彈道飛彈前，有個人站的位置稍微與其他人分開。我們聰明的照片判讀員把這個人圈了起來，標明：「培里博士！」

我的副手吉拉德·丁尼陪我一起去中國參訪，他和我與中方的兩位領導發展出友善交情，我們兩人的內眷也和他們倆的愛人結為好友。四個女人一直糾合在一起，其他中國人開始稱她們是「四人幫」[3]。文化大革命才剛結束不到幾年，起先我很驚訝中國人竟能對那段艱苦歲月如此開玩笑；但很快我就發現，中國人具有難以壓抑的幽默感。

我們最後的評估是，中國的實驗室和工廠太落後，沒有辦法進行技術轉移。我們建議中國先建立民用技術能力，特別是在電子方面，十年之後才能有效合作。他們果然以技能和決心，向世界證明中國人的成績；但是一九八九年中國人民在天安門廣場上慘遭屠殺，美國不再願意與中國分享軍事技術。

我涉入到北約組織的外交，又是和訪問中國相當不同的經驗。身為美國國防採購的主管官員，我和北約其他會員國的武器獲得官員，在政治與外交上都有相當密切的交往。我們每年兩次在布魯塞爾開會，討論涉及北約各國如何應付，由蘇聯領導的華沙公約軍事力量的武獲議題。基本上，目標是加強及維持北約的軍事備戰能力。

北約組織的嚇阻態勢，相當依賴北約部隊展現在戰場聯合作戰的能力，這是冷戰整體嚇阻戰略極其重要的一部分。因此北約軍事作戰涉及武獲最重要的議題，是確保多國部隊能夠互通運作，最明顯的是通信系統和軍火彈藥互通運用。但即使需要彼此在戰鬥中能即時相互通信，每個北約國家還是自行設計其軍事通信系統，它們有時可能不以同一頻道運作。我們都很清楚，舊式思維必須要改變。說服每個國家為有效的相互通信做出必要妥協，成為最高優先。同樣的互通運作需求也適用在其他共同部分，例如燃料和彈藥。軍事部隊互通運作的問題，在歷史上層出不窮。譬如，由於英國的盟國無法使用彼此的彈藥，威靈頓公爵（Duke of Wellington）差點輸掉滑鐵盧之役（Battle of Waterloo）。

有效取得防衛武器也是北約組織的重要課題。假如每個國家都自行設計其戰鬥機或空對空飛彈，由於大量冗餘，研發支出一定相當高昂，沒有任何一國可以享受到大量生產的成本效益。由於美國有大量生產的底子，典型上認為北約全體會員國應該購買美國軍事系統，以便人人得享最低的單位成本。不足為奇，北約組織其他會員國並不這麼想，因此出現激烈競爭，從而造成每個國家單位成本都很高。身為美國的武獲首長，我嘗試採行另一做法，提議協商研發「相關的一組武器」（family of weapons）。譬如，美國製造長程空對空飛彈給所有北約會員國購用，換來歐洲國家組成團隊，設計短程空對空飛彈，供給包含美國在內的整個同盟使用。經過冗長討論，大家接受這個構想，到我擔任三年國防部次長之後，北約國家開始啟動這個計畫。但是我卸任一年之後，失去了強力提倡者，這個計畫逐漸淡出，舊的、不經濟的武獲方式再度成為常態。這是很重要的學習經驗，讓我見識到單獨與其他國家、或是大型集團外交斡旋的藝術。它戲劇化地增強我的想法，認為各國在處理核子時代、各國生存的需求時更需要合作。總之，北約的互通運作不只限於經濟益處，更攸關歐洲的嚇阻成功。多層次、多形式的合作成為圭臬和政策原則，以免動用到核武。

我也參加一項比較傳統的外交交涉，從中學到即使面對重大破壞和衝突，人類還是有令人振奮的能力合作與重建。這次我既是見證人，也深深參與了卡特政府一項外交成就的里程碑——大衛營協定（Camp David Accords）。我還記得卡特總統和埃及總統艾爾．沙達特（Anwar Sadat）、以色列總理梅納罕．比金（Menachem Begin）談判期間，白宮的陰沉氣氛，因為我被卡特總統找去就某項談判議題提供意見。卡特總統後來向我坦承，他從來沒有見過比比金總理更頑固的談判對手。但我更鮮明記得，有一次夜裡我到安德魯斯空軍基地，去迎接從中東回國的卡特總統時我所感受到的悸動，此時他才剛和埃及、以色列達成突破。

這是有史以來中東第一次達成的和平協議，我一直相信若非卡特總統的堅毅和創意外交，絕對無法成就此一結果。他因為中東外交成就獲得諾貝爾和平獎，的確實至名歸。

卡特總統回國後不久，在白宮為埃及和以色列領導人舉行接待會；在接待會之前，布朗部長也設宴款待埃及和以色列的國防部長。我出席布朗做東的晚會，正在和以色列國防部長埃澤爾・魏茨曼（Ezer Weizman）講話時，埃及國防部長卡瑪爾・阿里（Kamal Ali）將軍走了進來。魏茨曼走過去招呼他，把他帶過來介紹給我：「我來介紹阿里將軍！他實在是個硬漢，我們把他的飛機打下三次，每次他都回來跟我們再打！」魏茨曼和阿里從當時建立終生交情。這兩位部長遠比其他人更努力促使和平協定能夠落實。我在晚會上也發現魏茨曼如此致力維護和平的原因。魏茨曼的兒子當天也在場，他在贖罪日戰爭（Yom Kippur War）中負傷，頭部有一塊鐵片，使他喪失認知能力。因此我了解魏茨曼對阿里說的話出自真心。他說：「我們打了三次戰爭，對人民造成重大損失，尤其是我們的年輕人；我們不能再打一場戰爭了。」

和約規定美國將以軍事設備援助以色列與埃及，我奉命訪問兩國，研擬細節。我先到埃及，與國防生產部長穆罕默德・侯賽因・譚塔威（Mohammed Hussein Tantawi）將軍密切合作。（後來我在一九九五年以國防部長身分訪問埃及時，他已經晉任為國防部長；二〇一二年阿拉伯之春起事時，他在公民選舉產生出總統之前，代理國家元首。）會談就事論事，成績斐然，埃及軍方很感謝能取得美軍的優質科技。接著我前往以色列，順利磋商出雙邊合作的細節。但以色列人真正想談的是：埃及究竟是什麼模樣？他們全都渴望有機會到埃及走走，對他們來講，這是在此之前無法想像的旅行。我印象特別深刻的是，人們可以如此快速地接受世仇、抓住機會建立友誼。

這三項任務讓我擴展了重要的知識和技能。在降低核武威脅的長期旅程中，我曾以各種不同方式支持降低風險的信守條件：我曾在日本目擊激烈的全新毀滅方式；我曾經是個創業者／間諜，開發能夠監測及掌握蘇聯祕密發展的核武力之高科技偵察系統；我也曾是策略家和「武器專家」，改進美國的戰場實力以防堵蘇聯在衝突中占優勢。情勢變得很清楚，兩個超級大國務實地強化雙邊對話，來處理耗費極大又危險的核武競賽時，他們會增加溝通與合作——換言之，訴諸外交交涉——以彰顯莫斯科和華府之間逐漸變化的地緣政治關係。外交經驗將非常重要。

下文我將會說明，我在這三項任務開始發展，以及在一九八〇年代更加精進的外交技能，在我出任國防部長時成為無價之寶，讓我能面對艱鉅和複雜的新情勢在外交上構成的強大挑戰。

現在我的旅程進入新階段，其本質似乎有點諷刺。卡特總統輸掉選戰，無法連任，我也卸下公職，恢復平民生活，不再有權力決定或執行政策。諷刺存在於豐富且多面向的平民經驗，它現在似乎是不可或缺的至寶，支持我減少核武威脅的使命。我站到一邊，省思我在五角大廈的「漩渦」中學到的經驗。我參加當時涉及核武的重大問題，如戰略防衛倡議（Strategic Defense Initiative）的公開辯論；我回到學界教書，接觸學生，向他們學習，如果有一天世界不再受到核武威脅，這一點將非常重要；我在世界各地參加非官式，但很重要的核子外交，結識政府官員和有影響力的專家，日後當我回到五角大廈擔任國防部長，繼續追求緩和核武威脅時，他們都能提供寶貴協助；我結識志同道合的專家，他們和我聯手合作降低核武危險；我也具體經驗到旅程中的一段大變化，蘇聯成為過眼歷史、冷戰結束，核子危機跨進新階段，有它強大的新動態——機會無窮，但危險也空前。

注釋：

1 Katz, Richard and Judith Wyer. "Carter's Foreign Policy Debacle." *Executive Intelligence Review* 7: 2 (1980). Accessed 22 January 2014. 一九八〇年，中國國防部長訪問美國，得到國防部長布朗和卡特總統同意，美國將協助中國現代化它的傳統軍事力量——卡特決定打「中國牌」對付蘇聯。

2 *From Mao to Mozart.* Directed by Murray Lerner. United States: Harmony Film, 1981. Accessed 22 January 2014.

3 British Broadcasting Corporation. "1976: China's Gang of Four Arrested."「四人幫」指的是江青、王洪文、姚文元和張春橋等，積極推動文化大革命的四個激進派。

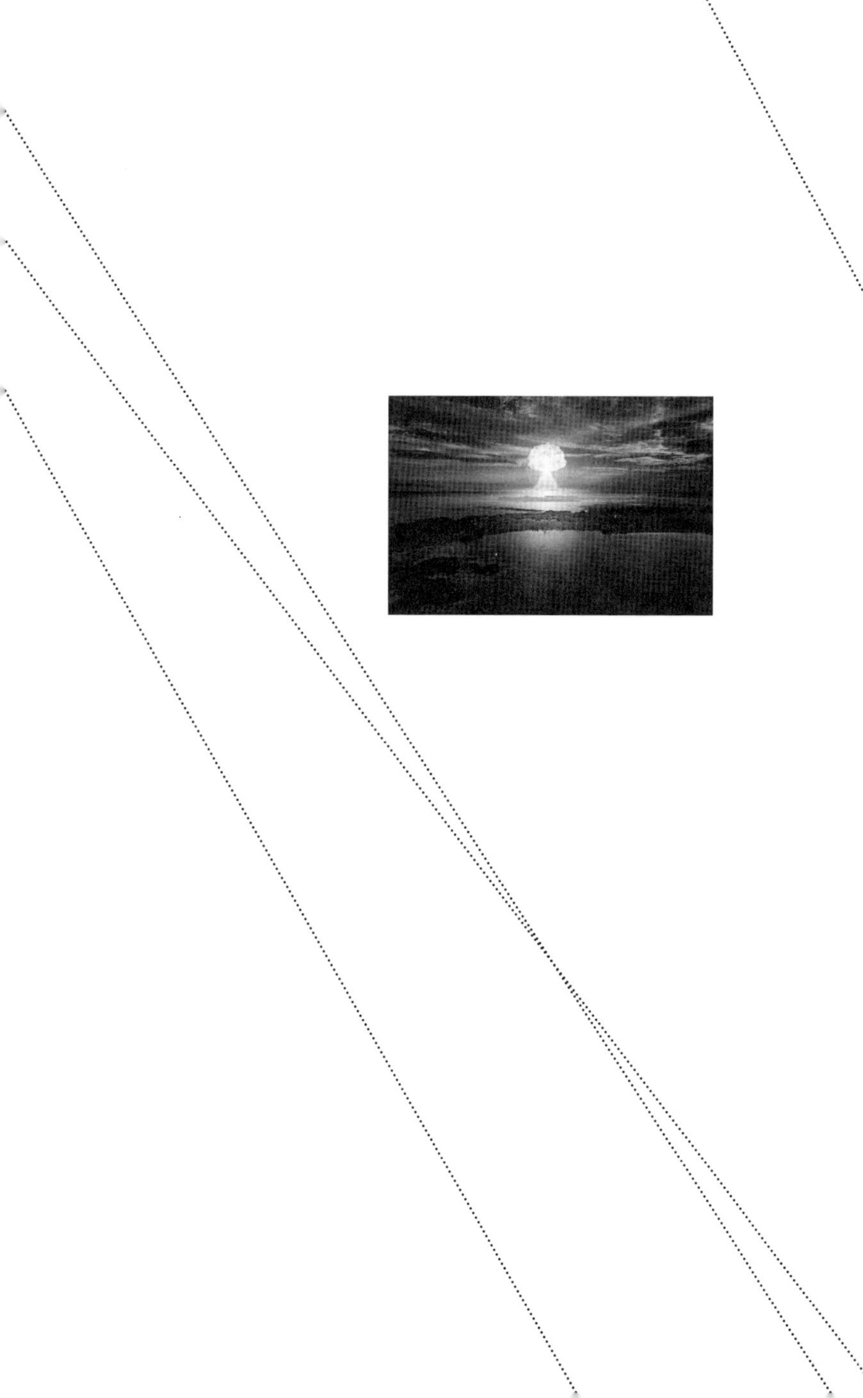

第十章

恢復平民生活：冷戰結束，繼續核子旅程

> 我呼籲我國的科學界、給予我們核武的人士……賦予我們使這些核武無能為力和老舊過時的方法[1]。
>
> ——雷根總統，一九八九年三月二十三日。

卡特總統連任失敗，李和我再度收拾行囊跨越北美大陸，回到我們已經認定的老家加州。如果我曾經懷疑自己是否會繼續核爆邊緣的旅程，這股懸念也很快就打消。

第一，「戰略防衛倡議」（Strategic Defense Initiative, SDI）的構想，是要設計對付核子攻擊的新式「防衛」，我很快就認為它不是好主意。第二，我開始與著名的蘇聯及其他國家專家，就核武威脅展開密集而範圍廣泛的非官方外交，這是一種新興的外交環境，結合新精神和思維方式設法減少核子危險。第三，現在我有時間思考和教授有關核子危機的變動態

勢。第四，我不放棄任何吸收科技新知的機會。

我們回到加州後，李重新加入她以前服務的會計師事務所，及時幫忙申報一九八〇年的所得稅。我創辦的電磁系統實驗室現在已被TRW購併，由於我剛卸下武獲職掌，我不想到業績需依賴我發動國防計畫的國防工業公司上班。因此我加入舊金山一家投資銀行「韓布瑞契特暨基斯特公司」（Hambrecht & Quist）。韓布瑞契特暨基斯特公司是專精高科技產業的小型投資銀行，多年前曾幫助電磁系統實驗室上市，喬治．基斯特（George Quist）擔任電磁系統實驗室董事，直到公司賣給TRW。我相信我在五角大廈的評估及運用高科技經驗，可以幫助韓布瑞契特暨基斯特公司手中規模雖小、但很有影響力的風險投資，專注在創新科技上（不過它的投資很少在國防領域上）。

約翰．路易士（John Lewis）教授找上我，他是史丹福大學國際安全暨武器管制中心（Center for International Security and Arms Control, CISAC）*的總監；我答應擔任中心的兼任資深研究員。我的兩個學位都得自史丹福這個偉大的大學，我很興奮能加入國際安全暨武器管制中心，可以在中心淬鍊我對國際安全及核武的想法。我在史丹福大學開了一門課：「科技在國家安全的角色」（The Role of Technology in National Security）。自古以來，科技在

---

*現在已經更名為國際安全暨合作中心（Center for International Security and Cooperation）。

國家安全中一直攸關重大，但它改變的腳步，從來沒有像我十來歲在沖繩當兵時目擊，至我五十歲出頭負責加速它的步調這段期間這麼快。受到我在史丹福念研究所時的恩師數學家喬治·波爾亞（George Polya），以及自身擔任過大學講師的影響，我曾經一度考慮以教授理論數學為職業；但現在處於一小群菁英當中，他們努力面對烏雲罩頂的核武危機，我看到把真實世界面臨的挑戰帶到課堂，尤其是讓很快就要面對它的年輕人有新見識的重要性。

我也積極參加所謂「二軌外交」（Track 2 diplomacy），這是一種重要而正在成長中的外交形式。這種非政府的國際外交，補足了政府官員所推動的「一軌外交」（Track 1 diplomacy）。一九八〇年代以及一九九〇年代頭三年，我幾乎每年都跟史丹福大學的訪問團到俄羅斯旅行，結識當地科學家和學者。二軌會議的宗旨是跳脫官職之外，希望找出政府官員日後可能會跟上的新道路，這個目標有時候透過結合非官式外交和官式外交，就能輕易達成。這種基礎工作不僅對整體外交的有效性十分重要，在冷戰相互猜疑的氣氛脈絡下也很重要，是少許有意義的對話之一。在我敘述二軌外交的要點之前，不妨先了解一下當時的運作方式，說明在核子時代突然冒出來，不只一次侵入我的新努力、一種舊而熟悉的思維。

這種表面上像是新思維的舊思維，在一九八〇年代初期從政府高層出現，上了新聞頭條。一九八三年三月二十三日，雷根總統呼籲美國科學家和工程師，開發一種能讓核武失去效用的防衛系統，此舉震驚全球。他說：

我呼籲我國的科學界、給予我們核武的人士……賦予我們使這些核武無能為力和老舊過時的方法。

他的演講是受到以強大現代科技為基礎、一種飛彈防衛的新概念所啟發：想像中的蘇聯洲際彈道飛彈來襲，在空中遭到一系列由美國衛星發出的光束武器（beam weapons）擊毀。要把這個構想化為事實所成立的計畫，命名為「戰略防衛倡議」，幾乎從一開始就被稱做「星際大戰」（Star Wars）。這個先進的科技以及把它們整併進一個系統的概念，可能看來耀眼新穎，但我曉得這件創舉的終極目標，將和早先想要干擾蘇聯洲際彈道飛彈導引系統，以及完善彈道飛彈的防衛能力一樣，都是無法達到的空想。

在雷根總統發表啟發戰略防衛倡議的演說後不久，我應邀在《華盛頓郵報》論壇版撰寫一篇文章，辯論戰略防衛倡議的優劣。我在文中批評這個計畫，指出「如果美國花二十年時間開發、測試，然後部署一個系統去擊敗蘇聯的洲際彈道飛彈和潛射彈道飛彈部隊，他們肯定也有充足時間去考量、開發和部署不同的反制措施[2]。」我後來也在科學期刊發表文章表示，戰略防衛倡議是可行的部分不可取，可取的部分又不可行[3]。我對戰略防衛倡議技術可行性的懷疑，有特別的份量，因為我這輩子花了相當長時間，成功地把先進科技應用在革命性的目標上。我也指出戰略防衛倡議有個荒謬的危險——那就是即使飛彈防衛系統沒有效用，仍會激生新一輪的軍備競賽。

我知道開發高強度光束武器，以及必需的火箭及衛星群組，毫無疑問異常困難，也非常昂貴，但我對戰略防衛倡議不可行的論據則更加根本。最重要的是，它的成功將繫於一個沒有回應能力的目標。戰略防衛倡議若碰上棋藝高手所謂「最後一步動作的謬誤」（the fallacy of the last move）就慘了。它必須花長時間去興建和部署，多多少少是在蘇聯軍方密切注意下進行。蘇聯對美國正在興建的東西會有某種程度的了解，也會據以調整他們的攻擊系統。甚且，相較於興建戰略防衛倡議的所費不貲，它的調整則會相當低廉。

蘇聯在一九六〇年代就給了一個樣板先例：不惜成本建置非常花錢的全國空防系統。美國密切注意它的部署，調整B-52轟炸機的進攻做法，重新指示B-52以僅只幾百英尺的高度飛越蘇聯領空，藉此避開蘇聯空防系統絕大多數的偵測雷達，因為它們設計時的假設前提是B-52會在高空執行攻擊任務。過了十年左右，蘇聯發現美國的轟炸機戰術改變，遂修正他們的空防系統，試圖擊敗新戰術。我在前文提到，美國又開發出由B-52裝載的空射型巡弋飛彈，能夠在離蘇聯數百英里之外、不虞蘇聯空防火力時發射。空射型巡弋飛彈不僅只以離地面兩百英尺的低空飛越蘇聯，而且只發出非常低的雷達訊號（與稍早階段興建的大型、無匿蹤功能的B-52不一樣），可以擊敗蘇聯雷達的偵測和目標搜尋能力。這些價格相對低廉、對B-52攻擊戰術和武器投射方式的修正，幾乎使得蘇聯巨大且昂貴的空防系統完全破功。因此美國可以延長高齡的B-52役期，直到可以被另一種能夠擊敗蘇聯空防系統的新型轟炸機（即日後的B-2轟炸機）取代。

我前面講過，我對核子時代攻擊與防守的概念，在多年前已經改變，當時我已經觀察到，也透過自己的估計親自斷定，想要透過防衛系統「降低損害」的成效有限。在核子時代破壞性最強大的攻擊系統有一種基本上的優勢，尤其是當攻擊系統被設計來只用一次時。第二次世界大戰期間，美軍轟炸機隊必須一再飛臨相同的德國目標執行任務，德國人有時間調整他們的空防系統，因應美方攻擊戰略的改變，因此德方可以對美方轟炸機隊造成重大損失。在當年，良好的空防系統能夠造成的耗損率，約在百分之四至百分之八之間。但由於美方轟炸機必須一再飛臨目標上空，這種耗損率對飛行員及機組人員來說都是損失慘重：很少人能在出任務二十五次後，還可以全身而退、夷然無傷的生存下來。但是在核子戰爭中，面對敵人發動一、兩梯次的洲際彈道飛彈攻擊，空防系統若只打下百分之十的攻擊者，那就太遜了。要號稱能有效對抗洲際彈道飛彈攻擊，空防系統的擊落率必須超過百分之九十以上才行——而且是第一次就得命中！但過去從來沒有紀錄可以支持任何空防系統，在實戰中能夠造成敵方這樣的耗損率。

我在《華盛頓郵報》論壇版的文章解釋說，如果美國開始布建戰略防衛倡議，蘇聯必定也會發動新計畫要反制。而他們最能被預料到的策略，將是試圖以「數量」大幅勝過戰略防衛倡議。蘇聯可以部署數以千計配上彈頭的誘餌，把戰略防衛倡議必須對付的目標增加許多倍，造成美方在判讀目標上出現極大困難。另外，蘇聯也可以用比戰略防衛倡議低廉許多的成本，建造更多飛彈和彈頭。即使美國不部署戰略防衛倡議系統，光是一啟動它，就會立刻引爆更加危險的新一階段核子軍備競賽。

後來，美國的確沒有建造戰略防衛倡議系統。可是在後冷戰時期卻出現不同形式的攻防辯證，美國部署的陸基彈道飛彈防禦系統，刺激俄羅斯及中國興建誘餌，和更多的洲際彈道飛彈。

當我想到防衛核攻擊的陰鬱思想之長久歷史，不免就會想到愛因斯坦陰暗、痛苦且又認清現實的觀察，他說：「除了我們的思想模式之外，原子釋出的力量已經改變了一切事物。」歷史上，要想出可行的防衛方法對付日新月異的軍事威脅，肯定是正常的。但是在大規模攻擊中釋放出來的核武力量，其破壞力之大，可謂不會有任何成功的防衛可言。「衝突中作防衛」是一種傳統的思維，在此時完全派不上用場。在核子戰爭中，長期以來所謂依賴防衛的「常態」，已經變成自欺欺人——這是十分人性、可以理解的，它的根源是避不正視新現實。

*

各種事件刺激我繼續思考及開課教授核子時代的重大問題，我卸下公職後的新生活讓我有很好的環境省思，我發現啟發對未來戰略有更多了解的重要經驗，就是我參與二軌互動的外交活動。我在一九八〇年代及一九九〇年代頭幾年每年和俄羅斯人開會，其中有不少沉悶無聊的討論，俄方代表在會上嘮叨共產黨路線的陳腔爛調，挫折二軌會談希冀達成的宗旨，即跳脫官方立場，希望找出日後政府官員可能會走的新道路。但是我認識了某些令人折服的俄羅斯人，最重要的是與其中少數人建立學術上的交情，這在當時惠我良多，也在日後我擔任國防部長時有相當大的助益。

我已經直接和間接了解到，這種關係的可能性和重要性。我從與中國軍、政官員和技術專家的交流中學到這一點；也從與北約組織國家元首及重要部會首長、官員的互動中印證了它；更因與以色列、埃及兩國戰場宿敵的交往，見識到捐棄前嫌的可能性。在核武危機的氛圍下，是有可能克服長期的猜忌和敵意的。

我和俄方的安德烈·柯可辛（Andrei Kokoshin）結為朋友[4]。我們初次見面時，我對他所寫的一篇有關雷達技術的論文給予好評。他很高興文章獲得重視，我們花了很長時間討論。後來見面時，我們討論許多不同的技術議題，他可以探討不拘泥於共產黨路線的想法。蘇聯瓦解後，我安排一個俄羅斯代表團到史丹福大學訪問，李和我在自宅設宴招待他們。我邀請英語流利的安德烈到我班上向學生演講——他的演講令我當年的學生印象深刻。我一直很驚訝，居然這麼容易和我遇上的俄羅斯人結交為真正的朋友。他們每個人自小就被教導，對美國人要抱持戒心，我猜想他們應該特別懷疑，一個曾在可惡的五角大廈擔任要職的老美才是。可是情況並非如此。他們一了解我會聆聽他們的論點，提出合理的辯駁，他們就克服疑心，和我就事論事的進行討論。

我後來擔任國防部副部長、再晉任國防部長期間，每次到俄羅斯都會和安德烈碰面。他也出任國防部副部長，因此是我重要的對口對象之一。我們在二軌討論期間建立的長久交情，大大方便了日後彼此出任官職的公事來往。我下文將會提到，安德烈和我在一九八〇年代建立的信賴，使我們在執行努恩—魯嘉計畫（拆除俄羅斯留在前蘇聯各共和國的核武）的迫切任務時，動作能夠迅速有力。

雖然一九八〇年代大部分時間，和俄羅斯的二軌討論大多沒有結果，我注意到一九八八年左右當時的精神出現明顯、重要的改變，也就是米哈伊爾·戈巴契夫（Mikhail Gorbachev）上台，並宣布「開放」（glasnost）政策之後不到幾年的時候。我們大多數人懷疑開放政策會是真心真意，但是一九八八年在莫斯科舉行二軌會談時，我為討論的熱切和開放感到驚訝。

絕大部分的意見不一，不是出現在俄羅斯人和美國人之間，而是出現在俄羅斯代表團不同成員之間。

下一次二軌會議在愛沙尼亞首都塔林（Tallinn）舉行時，開放政策所激起的政治氣氛已經很緊張。我參加二軌會談的同伴艾希頓．卡特（Ashton B. Carter[5]）是羅德學人，後來在學術界和國防部公職上都有傑出表現，成為我的摯交好友。他和我都參加這次會議，立刻意識到重大改變正在醞釀中。和我們交談的愛沙尼亞人，很明顯輕視俄羅斯代表，公開談到他們強烈相信俄國人「占領」愛沙尼亞，以及愛沙尼亞應該恢復獨立（它在第一次世界大戰結束，至第二次世界大戰爆發那一段短暫期間，曾經是個獨立國家）。他們在我們訪問期間，以戲劇性的方式表達出對獨立的渴望。譬如，我們看到第一次升起愛沙尼亞國旗（當時是嚴重的違法行為）。所有與會代表從下榻的旅館走向會議廳時，看到愛沙尼亞國旗飄揚都嚇了一跳。會議稍有休息，我們就跑出去看蘇聯當局是否把它拆下；但是當局沒有動作。當天夜裡我們出席音樂會，一個來訪的芬蘭合唱團在音樂會結束前唱起尚．西貝流士（Jean Sibelius）的《芬蘭頌》（*Finlandia Hymn*）（節目單上列明），緊接著是愛沙尼亞國歌（節目單上沒有，事實上公開演唱也是違法的）。觀眾噙著眼淚，跟著合唱團大聲唱出來。毫無疑問，開放是貨真價實，而且深刻的改變——遠比蘇聯政府所預期更加深刻——正在蘇聯全境蔓延。

一九八〇年代我也每年到中國訪問。史丹福代表團由國際安全暨武器管制中心主任約翰・路易士率領。他是一位政治學教授，精通中文，當時正在撰寫一本有關中國發展核彈的專書。我和一九八〇年以國防部次長身分訪問中國時的舊識恢復聯繫，也建立一些新關係，這對我一九九三年重回五角大廈任職時相當有幫助。其中最重要的一位官員，是當時擔任電子工業部部長的江澤民。有一回他請我吃午飯，提到他計劃讓中國投注資金發展記憶體晶片（這一行業的市場當時由少數幾家日本公司控制住），請教我的意見。我建議他不要做；他不喜歡這個建議，但還是勉強聽從（後來市場發展證明我的建議中肯）。午宴中，他以中文做了一首詩稱讚我在科技上的高超本事。雖然這首詩高估了我的能力，但它顯現中方東道主的盛情。日後我出任國防部長，江澤民也貴為中國國家主席，由於二軌會議期間與他及中國其他官員建立的交情，使得公務接洽順暢許多。

雖然這些交流相當有益，美國和中國的二軌接觸在一九八九年六月四日天安門廣場屠殺事件後戛然而止。六四事件不僅停止了二軌對話，也使中、美政府高階官員接觸中斷了五年。

除了二軌會議，我很高興自己開的課程「科技在國家安全的角色」很受學生歡迎。我和這些聰明、好學學生的討論讓我朝氣蓬勃，師生之間教學相長。在我看來，課堂上最有趣的部分，是學生對我提到曼哈頓計畫（Manhattan Project）、冷戰的假警報和古巴飛彈危機時的反應。這些事件對他們而言，有如上古歷史。但我卻親身經歷冷戰的危險，它們仍然存留在我腦海之中。我希望讓學生鮮明地記住這些關鍵時刻，因為這段歷史——從許多方面而言，是預期不到、脫離過去的激烈轉折——會深刻影響他們的生活。教學上的這個挑戰提醒我們，意識到問題存在是核子時代思考方式改變的核心。

這段期間除了參與二軌外交之外，我也擔任政府的科技顧問。我是總統特派的外國情報顧問委員會（President’s Foreign Intelligence Advisory Board）委員，因為這個職位，我對重大情報議題保持了解。我是大衛・普卡德擔任召集人的總統特派國防管理藍帶委員會（President’s Blue Ribbon Commission on Defense Management）委員，是委員會提出的武器獲得改革報告書〈行動方程式〉（A Formula for Action）的主要執筆人。我又兼任布倫特・斯考克羅夫特（Brent Scowcroft）擔任召集人的總統特設戰略力量委員會（President’s Commission on Strategic Forces）委員。另外，艾希頓・卡特和我都是卡內基國防治理委員會（Carnegie Commission on Defense Governance）委員。我和卡特除了在後者同為委員之外，也在其他好幾個顧問委員會合作共事。我們開始在有關俄羅斯事務和武獲改革問題方面合作。這份交情導致日後我擔任國防部長時，我們在努恩—魯嘉計畫密切合作，卡特主持五角大廈降低核子威脅的業務。我們倆人都從五角大廈離職後，又共同成立預防防衛計畫（Preventive Defense project），這是我在史丹福、卡特在哈佛，兩校共同合作的研究計畫。

這些顧問角色，加上我在幾家高科技公司擔任董事保持對最新科技的了解，有助於我一九九三年回到國防部任職時，立即進入狀況。我先擔任副部長，一年後升任國防部長。我在普卡德委員會所主筆的報告，成為我復任公職後的行動方程式。

許多文章評論「旋轉門」對政府官員的廉潔產生腐化作用，但是我在業界、學界和政府顧問委員會的經驗，卻在我恢復公職時對政府有益。另一個著名的例子是艾希頓．卡特，他幾度進出哈佛、企業界和政府，也對政府貢獻良多。

當我沒有教課、參與二軌工作或擔任政府顧問時，我替十多家新興高科技公司工作。這些公司受惠於我提供當年創業學到的教訓；我則受惠於持續密切接觸最新的數位科技。

我從這些活動獲得的心得是：我更看清楚我工作的最高目標，是降低核子災禍的危險，因此我在一九八〇年代特別注重我和俄羅斯人的二軌外交。我看到橫掃蘇聯的歷史大變局。最彰明的證據是雷克雅維克（Reykjavik）高峰會議。一九八六年十月十一至十二日，在冰島首都雷克雅維克，美國總統雷根、國務卿喬治．舒茲（George Shultz）與蘇聯總統戈巴契夫、外交部長愛德華．謝瓦納茲（Eduard Shevardnadze）隔桌對坐。雷根和戈巴契夫不借助幕僚代擬的談話要點，開誠布公討論兩國消除核子武器及投射工具的可能性。在這個驚濤駭浪的下午，這個無法想像的大膽舉動似乎有了可能。

到後來，兩位領導人無法達成協議，主要障礙是因為雷根不願接受戈巴契夫的堅持：俄方要求美國把新的戰略防衛倡議計畫，局限為「實驗室裡的實驗」。不過，雖然這項倡議失敗了，雙方領導人倒是對削減核子武器達成歷史性的協議，這項協議遠超過以前只限制核武成長的舊協議。最重要的，是一九八七年簽訂的中程核武條約（Intermediate- Range Nuclear Forces Treaty, INF Treaty），它把整個一級的彈道飛彈（射程在三百至三千四百英里之內皆屬於這一級）廢除[6]。中程核武條約很重要，是因為它允許非常干預性的檢查：譬如，它允許美國檢查人員檢查在俄羅斯沃特金斯克城（Votkinsk）*所生產的所有飛彈，確認沒有一枚超過允許射程。

老布希總統延續這些武器管制的倡議。一九九一年，他簽署「削減戰略武器條約」（Strategic Arms Reduction Treaty, START I[7]），規定雙方都削減洲際彈道飛彈及其彈頭的數量；洲際彈道飛彈降為一千六百枚，部署的核彈頭減為六千顆。一九八三年一月，老布希總統卸任之前不久，他又簽署另一項「削減戰略武器條約」（Strategic Arms Reduction Treaty, START II[8]），這份條約因為禁止在洲際彈道飛彈上裝置「多目標重返大氣層載具」，意義特別重大。鑒於一般理論認為，由於蘇聯來襲的彈頭可摧毀美方仍在發射井中、配有十顆彈頭的飛彈，經濟效益極高，「多目標重返大氣層載具」可能「邀請」蘇方發動突襲；禁用「多目標重返大氣層載具」，被認為可抵銷突襲的誘因而加強戰略穩定。這項條約把過去

*譯按：知名音樂家柴可夫斯基（Pyotr Ilyich Tchaikovsky）出生於本城。

所有機動部署的MX飛彈所認為無法解決的問題，一舉消除掉。不幸的是，第二階段削減戰略武器條約已經不再有效。我將在下文提到，在老布希政府決定退出美俄反彈道飛彈條約之後，俄羅斯退出第二階段削減戰略武器條約，開始建造新型的「多目標重返大氣層載具」之洲際彈道飛彈。

戈巴契夫在一九八五年出任蘇聯領導人，發動三大改革：和解（détente）、開放（glasnost）和經濟改革（perestroika）。以劃時代的核武協定而論，和解極為成功。開放的成功也超過戈巴契夫原本的希望。可是，經濟改革卻失敗得一塌糊塗。經濟改革啟動後幾年，我到莫斯科出席一次會議，有位著名的俄羅斯經濟學家，拿俄國推動經濟改革和英國決定逐步推動車輛靠右行走做比擬：第一年先實行汽車靠右走、第二年卡車靠右走，第三年才讓巴士靠右走！

經濟改革失敗，加上俄國人熱切擁抱開放，造成戈巴契夫內閣的保守派成員非常不安。這些動盪的日子很可能走向內戰。我在這段危險時期曾幾次訪問莫斯科，非常擔心會爆發流血事件。這段時期最值得回憶的一次會議，是一九九一年八月在匈牙利首都布達佩斯（Budapest）的會議。卡內基公司（Carnegie Corporation）高瞻遠矚的領導人大衛．韓保（David Hamburg），召集蘇聯事務專家，包括山姆．努恩、艾希頓．卡特和我等人到東歐這個剛重獲自由的國家開會，評估俄羅斯的局勢發展。他也邀請兩位俄羅斯代表出席：一位是我在二軌會議結識的朋友安德烈・柯可辛，他日後出任國防部副部長；另一位是日後出任外交部長的安德烈・科錫瑞夫（Andrei Kosyrev）。會議當天夜裡，莫斯科爆發危機。戈巴契夫內閣的一群高階官員，把他軟禁在他位於克里米亞的別墅，奪取對政府的控制。日後被稱為「政變密謀者」（coup plotters）的這群人旋即召開記者會，偽稱戈巴契夫病了，他們將代行職權，然後宣布國家進入緊急狀況。當他們逮捕戈巴契夫時，「政變密謀者」可能也控制了他權力的首要象徵：「核子手提箱」（cheget，美國人稱之為「核子足球」）——下達核子攻擊命令時需要有的通訊設施。如果這是事實的話，潛在的肇禍大權落在他們手裡一連好幾天。

「政變密謀者」宣布他們奪權之後，大批莫斯科市民湧上街頭抗議。反對政變的鮑利斯・葉爾辛（Boris Yeltsin），率領數百名群眾占據國會大廈。柯可辛和科錫瑞夫沒有出席會議，不久我們就獲悉他們也參加占領國會大廈，令人擔心他們的性命安危。但幸運的是，俄羅斯軍方關鍵單位拒絕聽從「政變密謀者」攻打國會大廈的命令；危機就像它突然爆發一樣，火速終止。柯可辛和科錫瑞夫在會議結束前趕到布達佩斯，成為全場注意的中心。這是核武大國發生的一幕令人醍醐灌頂、驚駭莫名的政治動盪大戲。

一九九一年十二月，蘇聯十五個加盟共和國的領導人在明斯克（Minsk）集會，決議解散蘇聯。一九九一年耶誕節，戈巴契夫辭職，次日蘇聯正式解散。新獨立的各個共和國大多數民眾，在鬆了一口氣後熱切歡迎此一歷史性的解散。但伴隨著獨立而來，是沉重的經濟和政治問題，新政府並沒有做好準備。當時我到俄羅斯和烏克蘭訪問，赫然發現到處秩序混亂、貧窮艱困。老年人在街頭乞討；中年婦人叫賣家具、衣物和珠寶換取家人食物；青少年幫派恐嚇路上行人；投機者勾結貪瀆官員，賤價買下昂貴的國有財產。新任總統葉爾辛面對這些棘手問題束手無策。美國經濟學家為葉爾辛獻策，建議如何建立可行的市場經濟，但他們的部分建議並不適合俄羅斯當下的危機，而且在動亂中大部分的建議根本也無從執行。可想而知，也很不幸，民主在一九九〇年代的俄羅斯徒增罵名，儘管美國顧問試圖幫忙，許多俄國人仍把他們當年的困難怪罪到美國身上。

蘇聯解散，出現一個無心的巨大重要後果：「失控核武」——這是在我們危險的時代最深刻的諷刺。艾希頓．卡特在卡內基公司資助下，領導哈佛大學一個團隊提出一份重要報告，籲請各方注意這個問題。他們提到全世界增添了三個核子國家：烏克蘭、哈薩克和白俄羅斯，全都繼承了蘇聯還未解散前、長期部署在他們領土內的核武。數以千計的核武擺在三個不知如何確保它們安全的新國家轄境——新國家本身深陷經濟、政治和社會動亂，自顧不暇。

參議員山姆．努恩立刻注意到箇中危險，他在戈巴契夫從軟禁獲釋後，前往莫斯科拜會這位俄羅斯領袖。會談之後，努恩認為這個問題對美國和全世界的危險程度，是難以接受的高。當他回到華府後，他和狄克．魯嘉（Richard "Dick" Lugar）參議員一起研究，如何管控失控核武這個危險的亂象。

努恩和魯嘉規劃其行動之際，大衛．韓保有一天邀我、卡特以及布魯金斯研究所的約翰．史坦因布魯納（John Steinbruner），一起到努恩辦公室商量這些行動。這時候我正在史丹福大學領導研究，美國可以怎樣幫忙俄羅斯把它巨大的軍事─工業複合體轉化為商業生產，為陷入困境的俄羅斯經濟創造復甦的引擎。卡特在哈佛的研究，結論是美、俄需要強烈合作才能處理失控核武的危險。史丹福大學的研究也強調美、俄兩國合作的必要。當時這兩份研究其實十分違反直覺，兩個長期對抗的宿敵怎麼可能立即、深刻地進行合作呢？

努恩、魯嘉及其幕僚正在開發合作行動計畫的初期階段，展現出針對核武動態關係重大變化的大膽調適，決定掌握機會解決失控核武的困境。卡特會後留下來和幕僚一同起草後來被稱為「努恩─魯嘉法案」的條文稿，設法終結此一危機。兩天之後，努恩和魯嘉邀集跨黨派參議員們進行早餐會談，爭取對新法案的支持。卡特向各位參議員簡報此一核子新危機。努恩和魯嘉說明他們擬訂的法案要如何處理這些危險，以大膽、創新的程序授權五角大廈協助前蘇聯的核子國家防堵核子新危險。美國軍方將提供經費、並參加必要的領導小組，來終止未有妥善保管或已經部署的核武可能產生的危險。

這次會議證明是決定性的關鍵。一週之後，努恩─魯嘉對年度國防預算提出的修正案，在參議院以八十六票贊成、八票反對獲得通過。稍後不久，眾議員列斯．亞斯平在眾議院也糾合到足夠支持，以口頭表決通過此一修正案。

修正案通過後，努恩和魯嘉組織一個國會考察團，到俄羅斯、烏克蘭和白俄羅斯訪問。他們邀請卡特和我同行——卡內基公司的大衛．韓保也加入，因為他的機構贊助史丹福大學和哈佛大學研究前蘇聯動盪的影響。這次考察令我們更加憂慮。我們發現失控核武的問題，比我們所想的可能還更加嚴重。回國途中的飛機上，我們一致認為，基於美國的利益，更需要協助這些國家處理這個問題，我們也討論要如何才能最妥善執行新立法。卡特和我相信，這道預防性的立法十分重要，要處理可能是美國所面臨最嚴重的威脅。我們當時都沒想到，一年之後竟是由我們來負責執行它。

命運已安排我再回到五角大廈，這次是以國防部第二號主管身分服務公職。當時有機會在蘇聯瓦解後，削減相當大量已經部署的核武，那是在冷戰最陰暗的年代所不曾認真想像的一件事。努恩—魯嘉法案是國會山莊所通過最開明的立法之一，它預備執行消除已經部署、被不祥地冠以「失控的核武」的致命軍火。後來的發展構成我旅程的中心，它分成幾個階段，從我回到華府復任公職初期算起，再到一個強力的計畫去改革武器獲得流程，並達成在新的核子時代必需的靈敏軍力。擔任一年的副部長後，我升任國防部長，負責領導努恩—魯嘉計畫的執行，處理北韓的核子危機、波士尼亞的維和任務，以及海地軍事政變的善後。這是我後續旅程的一個重大轉折階段。

注釋：

1 Public Broadcasting Service. "Reagan: National Security and SDI." Accessed 4 February 2014. 一九八三年三月二十三日，雷根總統公布他心目中沒有核子威脅的世界觀。這項「戰略防衛倡議」(Strategic Defense Initiative, SDI) 後來被新聞界稱為「星戰」(Star Wars) 計畫。

2 Perry, William J. "An Expensive Technological Risk." *Washington Post*. Editorial, 27 March 1983.

3 Perry, William J. "A Critical Look at Star Wars." *SIPIscope*. Scientists' Institute for Public Information 13: 1 (January—February 1985). Pgs. 10—14.

4 Institute of Contemporary Development, Russia. "Andrei Kokoshin Management Board Member." Accessed 19 November 2013. 安德烈・柯可辛從一九九二年至一九九七年擔任俄羅斯國防部副部長；從一九九七年至一九九八年擔任國家軍事監察官、國防會議書記，以及安全會議書記；一九九八年至一九九九年擔任俄羅斯科學院副院長。

5 US Department of Defense. "Ashton B. Carter." Accessed 13 February 2015. 艾許頓・卡特在二〇一五年二月十二日經參議院同意，出任國防部長。他曾任國防部副部長（二〇一一年十月至二〇一三年十二月），主管武器獲得、技術和後勤的國防部次長（二〇〇九年四月至二〇一一年十月）。出任國防部長之前，卡特是哈佛大學甘迺迪政府學院國際暨全球事務教學部主任，並與威廉・培里共同擔任「預防防衛計畫」主任。培里擔任國防部長期間，卡特在國防部任職，兩人合作執行努恩─魯嘉「合作降低威脅計畫」（Cooperative Threat Reduction Program），拆除核武。

6 Arms Control Association. “The Intermediate- Range Nuclear Force（INF）Treaty at a Glance.” February 2008. Accessed 7 February 2014. 一九八七年的中程核武力條約規定美國和蘇聯消除和永久廢棄它們所有的射程五百至五千五百公里之核子及傳統地面發射彈道飛彈和巡弋飛彈。因此，美國和蘇聯在條約執行限期一九九一年六月一日以前，總共銷毀二千六百九十二枚短程和中程飛彈。

7 Nuclear Threat Initiative. “Treaty between the United States of America and the Union of Soviet Socialist Republics on Strategic Offensive Reductions（START I）.” Accessed 7 February 2014. 通稱START I的第一階段美蘇削減戰略武器條約於一九九一年七月三十一日，由美國總統老布希和蘇聯總統戈巴契夫簽訂。第一階段美蘇削減戰略武器條約是規定美國與蘇聯／俄羅斯深度削減戰略核武的第一個條約。依據「核子威脅倡議」組織（Nuclear Threat Initiative, NTI）的定義，戰略武器指的是置放在長程投射系統，如陸基洲際彈道飛彈、潛射型彈道飛彈，或戰略轟炸機上的高收率（yield）之核武。第一階段削減戰略武器條約規定每一方最高只能有一千六百個輸送載具和六千枚彈頭。在這個總量限制下，第一階段削減戰略武器條約又訂定三個次級上限：四千九百枚陸基洲際彈道飛彈和潛射型彈道飛彈；一百五十四枚重型洲際彈道飛彈，這些重型洲際彈道飛彈可有一千五百四十枚彈頭；以及一千一百枚供機動洲際彈道飛彈使用的彈頭。

8 Nuclear Threat Initiative. “Treaty between the United States of America and the Union of Soviet Socialist Republics on Strategic Offensive Reductions（START II）.” Accessed 7 February 2014. 第一階段美蘇削減戰略武器條約（START II）是由美國總統老布希和俄羅斯總統葉爾辛在一九九三年一月三日，即布希卸任前

不久所簽訂。第一階段削減戰略武器條約規定消除所有重型洲際彈道飛彈，以及裝在「多目標重返大氣層載具」的所有洲際彈道飛彈（雖然後者有些可裝載在一個彈頭上）。不過，對「多目標重返大氣層載具」的限制並不適用在潛射彈道飛彈。

第十一章

回到華府：「失控核武」的新挑戰和國防武獲的痛苦改革

我們的第一優先是在柯林頓總統第一任任期內，移除烏克蘭、哈薩克和白俄羅斯境內所有的核武。

——培里和卡特在一九九三年二月自訂的目標。

一九九三年一月，比爾·柯林頓當選總統兩個月後，於一趟國會進修之旅時，我在牙買加發表演講。會議休息時，我和大衛·韓保、山姆·努恩談起柯林頓總統的新內閣人事；剛經參議院同意出任國防部長的列斯·亞斯平打電話找我，邀請我擔任他的副手。我告訴他，我不想再全家拔根又回到政府擔任公職，但經過一番討論後，我答應他回家途中繞到華府跟他當面詳談。李和我一樣不情願，但韓保和努恩強烈建議我應該接受，他們認為我最適合處理失控核武的問題。他們也認為，身為副部長，我可以領導在卡內基委員會和普卡德委員會所建議的國防武獲改革。

失控核武和國防武獲改革這兩項挑戰，乍看之下似乎不相干，但我明白兩者都是防止使用核武這個極其複雜的使命之核心。韓保和努恩都是深諳箇中詳情的圈內人，清楚了解兩者都需要即刻關注和處理。就五角大廈的高階領導人而言，這兩個議題會與他們認為重要的其他議題衝突，同時爭取解決。要解決其中的衝突絕不會平順，也不能以直線方式去推動。

到了華府，我和亞斯平在五角大廈談了許久，我並沒有被他說服。然後我和他的兩位幹練助手拉瑞．史密斯（Larry Smith）及魯迪．狄里昂（Rudy deLeon）一起吃晚飯。一九七〇年代我擔任國防部次長時和拉瑞密切合作過，對他很敬重。他擔任參議院戰略武器小組委員會首席幕僚，扮演不讓核武競賽失控的重要角色。拉瑞和魯迪一再強烈強調，失控的核武是最為急迫、必須預防處理的大問題——其實我自己也認為它是嚴重的新危機，必須設法儘快解決。

他們也明白終於有機會可以改革武器獲得程序，認識到靈敏的武獲能力攸關有效運用新科技和創新理論。沒有簡化武獲流程，其他機會都會被浪費掉。

最後，他們指出亞斯平沒有管理經驗，需要有個幹練的副部長來輔佐他。史密斯和狄里昂想到當年馬文・賴德（Melvin Laird）和大衛・普卡德在五角大廈的絕配，普遍被認為是國防部歷來最成功的管理團隊。賴德和亞斯平都是出身威斯康辛州的國會眾議員；普卡德和培里都是出身矽谷的企業界人士。

因此李和我又決定從加州拔根，回到華府貢獻四年。這次分手比上次更加痛苦。我們再次告別家人和摯友，賣掉心愛的住家。我脫售在過去十二年得到的股票；最昂貴的是，我放棄在幾家前途看好的公司擔任董事的機會，以及依理應該得到的股票選擇權，這個「機會成本」超過五百萬美元。李又辭掉會計師事務所的工作，這次是永久辭職。我向史丹福大學辦了留職停薪，打算四年後再回校任教。

你或許也可以想像得到，出任副部長的兩大優先任務——執行努恩—魯嘉法案，以及執行普卡德委員會武獲改革方案——都不是容易的事。

*

我在執行努恩—魯嘉計畫所面臨的挑戰是，狹隘的經濟利益和外界普遍沒有能力想像大量失控核武會出現什麼樣的大禍。由於前任政府沒有編列執行預算，我必須從零開始。我的第一個挑戰，是在上年度預算中找出已經編列但優先次序可以押後的項目之經費，把它調到努恩—魯嘉計畫來。受到影響的項目經理人，以及背後支持他們的國會議員，立刻湧現阻力。但國防部長堅持的話，有權做調整。我意志堅決，贏了。

我必須組織一個跟我同樣重視努恩—魯嘉計畫的專業幕僚團隊。艾希頓・卡特經亞斯平提名，擔任主管國際安全政策的助理部長，是主持努恩—魯嘉計畫的理想人選，於是他向哈佛大學告假，到華府來以臨時顧問身分幫忙，等候人事任命案由參議院同意。我們兩人都覺得執行努恩—魯嘉計畫是十萬火急的大事，我允許卡特以顧問身分掌握實權。但是有人反彈。卡特部門內有位常任文官，向參議院軍事委員會一位委員告發，卡特已經「行使職權」，在參議院看來這是淘天大罪。我獲悉德克・肯普索恩（Dirk Kempthorne）參議員，決定無限期擱置卡特的人事任命案。大吃一驚的我想要反擊。我想到請努恩參議員介入，但是又忌諱這會惹惱肯普索恩參議員，使他更加堅持阻撓。我決定拉著國防部能幹的法務參事傑米・葛瑞立克（Jamie Gorelick），陪我一道拜訪肯普索恩。我一開始就擺出負荊請罪的姿態，承認卡特的確是執行職權了，但其咎在我不在他。我說明自己督促甚嚴，要求國防部劍及履及處理失控核武這個迫切問題，把卡特盯得太緊，他只是奉我之命做事。我拜託肯普索恩參議員撤銷對卡特人事任命案的擱置，要怪就怪我好了。沒想到，肯普索恩參議員接受我的道歉，撤銷擱置；卡特得到努恩參議員的鼎力支持，任命案當週稍後就獲得通過。

從這件事以及其他類似的事件，我學到一個教訓：需要提高人們對核子衝突危險的了解，以及防止危險的重大需求。人們有能力了解它；我們需要刺激他們去思考及行動。

同時，我組建由四個副助理祕書組成的一個核心團隊，他們的人事案不需經由參議院審核同意，因此他們可以加快腳步、處理事不宜遲的努恩—魯嘉計畫。卡特領導的這個努恩—魯嘉計畫小組四個成員全是女性：伊莉莎白．薛伍德（Elizabeth Sherwood）、葛洛莉亞．杜飛（Gloria Duffy）、蘿拉．賀嘉特（Laura Holgate）和蘇珊．柯契（Susan Koch）。她們全是俄羅斯事務專家，其中三人俄語流利（卡特和我不通俄語）。我們第一次訪問莫斯科，洽商執行努恩—魯嘉計畫時，卡特和我帶領四位副助理祕書一字排開入座，對面是俄羅斯國防部長帕維爾．格拉契夫（Pavel Grachev）將軍和另五位俄方將領。俄方對我方的陣容大為不解，暗自嘀咕女生能夠辦這等大事嗎？格拉契夫將軍向我問起，有關某一階段執行上的一個複雜問題時，我說：「薛伍德博士全權負責這一部分的執行任務，我請她來回答這個問題。」她果真以俄語詳盡說明。俄方代表下巴都掉下來了。補記一筆：三年之後，我們成功完成最後階段的拆除飛彈任務後，和格拉契夫將軍舉行一場小型慶功宴，一位俄國攝影師把格拉契夫、卡特和我三人兜在一起要拍一張合照，但是格拉契夫將軍制止攝影師，他說：「請伊莉莎白一起來。她是促成這一切的功臣！」這是她最驕傲的一刻——卡特和我也十分欣慰。此事證明了解與合作是核子時代最需要的東西。

＊

雖然我的最高優先是降低失控核武這個大危機，我也有責任維持美國的傳統武力，這是攸關核嚇阻戰略至關重要的持續需求，也需要從國防武器獲得著手改革。這裡值得再重提一遍，一九七〇年代我擔任國防部次長時，把最大的精力投入執行抵銷戰略，美國當時的目標，是要大幅增加傳統武力的實力，以確保在核武勢均力敵時代核嚇阻的有效性。到一九九〇年代，美國需要維持傳統武力的優勢，在不使用或威脅要使用核子力量的情況下，保持美國的安全。我們希

培里率領伊莉莎白．薛伍德、艾希頓．卡特，在五角大廈與俄羅斯國防部長格拉契夫合影。

望降低核武的角色以及數量，而唯有在擁有強大的傳統武力時，才能安全地這麼做。

傳統武力與核子武力交互運作的原則，是核子時代嚇阻的根本。未能維持強大的傳統武力後果不堪設想，擺在眼前的例子就是俄羅斯。鑒於傳統武力的式微，俄羅斯發動重大的核子建軍，領導人也明確表明若是遇上安全威脅，即使不是遭遇核子威脅，他們也打算使用這些核武。

維持美國常備軍力現代化的最大障礙是成本過高，以及開發新武器系統需要的時程太長。當我在卡特總統麾下擔任國防部次長時，我的官銜是國防武獲主管，而我立刻面臨兩難局面：美國的武獲制度沒有效率，我有權力進行改善；但是我判斷（迄今我還相信自己是對的），要由上而下雷厲風行推動武獲改革，將會傷害到最高的當務之急——以最快的可能速度設計和執行抵銷戰略，撐住日益衰退的核嚇阻——所需要的時間、精力和專心。我不把時間和精力花費在改革整個武獲制度，我選擇繞過它去進行最急迫的計畫：匿蹤計畫、巡弋飛彈計畫、地球定位衛星系統，以及若干精靈武器計畫。

對我來說，這是不愉快的兩難局面。我知道傳統程序製造官僚拖延，以及很容易就會忽視或淡化改革流程的重要性。而我知道美國正跨進戰略不確定的時期，它產生極重大的需求，要建立敏捷、能隨時調適的美軍部隊。設計及部署武器人士所需的士氣和忠誠，我們所倚賴和要求極深的這些人，必須要有有效的武獲制度來支持他們。即使這只是老生常談，再也沒有比在變化無窮的危險世界，擁有軍事上的調適能力來得更加重要。

雖然我擔任次長期間沒有進行武獲改革，我倒是從抵銷計畫所採用簡化流程方法的成功學到心得。我看到已經過證明的方法，可以有效率地大幅改進整體武獲流程，我期待有機會可以廣泛執行這些措施。

我兩度服務國防部中間那段時期，參加了卡內基委員會和普卡德委員會，兩者都就如何改革國防武獲流程提出建言。在普卡德委員會，我是〈國防武獲改革：行動方程式〉報告的主要執筆人，結論是：「許多人已經接受十至十五年的武獲週期是正常、無可避免的。我們相信有可能把這個週期減半。這需要激烈改革……以及行政部門和國會的協同一致行動[1]。」當時我很驚訝，國防部長溫伯格（Caspar Weinberger）竟然不理睬這份報告，認為這個制度不需改變。現在輪到我主司全局了。

我很快就發現，提出建議比執行要容易許多。我的職權比以前當次長時要更大，當然有幫助，而且我也得到高爾副總統強力支持。高爾本身即在努力推動增加政府上下的全面效能。但是我需要有合適的團隊，來執行報告所訂定的使命。我有很能幹的次長（我以前就是擔任這份職掌）約翰．德意奇（John Deuech）輔佐，後來保羅．卡敏斯基接任這份工作。但我知道大部分武獲工作是在三軍執行，因此決定在三軍派駐武獲主管（助理部長級），這些主管有豐富的國防武獲經驗，甚且非常熟悉美國的核嚇阻部隊實力。

我親自挑選一支「夢幻團隊」，努力說服他們接受（每一位都犧牲相當大的薪水收入），然後將人事任命案送請國會同意。白宮人事官員立刻就來抱怨，有兩位人選是註冊登記的共和黨員。「你難道找不到民主黨人才嗎？」我說明具備這方面基礎技術和管理技能的人才鳳毛麟爪，許多夠資格的人士不願接受減薪和搬到華府來工作。甚且，我極力主張這份工作是技術性質不是政治任務，而且太重要了，不宜只限民主黨人士擔任。人事官聽不進我這一番說詞，我不得不找副總統高爾，告訴他除非他介入，否則他全面提高政府效能的倡議，在國防部這個環節就做不到。他設法調停，雖然後來問題解決，卻磋跎了好幾月的寶貴時間，而在蝸牛速度的人事案同意過程，又推延了更長久的時間。

最後到了十一月，我們的人手才各就各位：吉爾・德克爾（Gil Decker）派到陸軍、約翰・道格拉斯（John Douglas）派到海軍、克拉克・費斯德（Clark Fiester）派到空軍。道格拉斯是空軍退役准將，曾在空軍武獲部門擔任高階官員。德克爾和費斯德的工作相當於我主持電磁系統實驗室時的角色。三位都享有聰明、誠實、傑出經理人的名氣，全都名實相符。三年後，當陸軍參謀長戈登・蘇利文（Gordon R. Sullivan）將軍退役時他告訴我，他認為我對陸軍貢獻最大的一件事，就是派德克爾擔任陸軍武獲主管。費斯德也是傑出的武獲主管，但一九九五年視察空軍某基地時不幸墜機喪生。亞特・曼尼（Art Money）補上他的遺缺。德克爾、費斯德和曼尼都是在冷戰期間投效公職，和我一樣，參與偵察技術的革命，它們是嚇阻政策的關鍵成分。

改革倡議的範圍既深又廣。我擔任副部長最後一項武獲倡議，涉及到國防工業本身。冷戰既已結束，美國在聯邦預算中想找出「和平紅利」。老布希總統任期開始時，國防經費編列了五千一百二十億美元；到柯林頓總統第二任期結束時，國防預算已變為四千一百二十億美元，換句話說，每年有一千億美元的「國防紅利」（這時期的最後幾年，美國每年的聯邦預算實際出現節餘，恐怕不是巧合）。

但我下定決心，即使降低開支也不能像越戰結束後國防預算大降造成軍隊虛空，那是我們這一代最危險的結果。美國執行逐步降低軍人和國防文職人員員額如果包括老布希總統任內國防部長迪克·錢尼（Dick Cheney）執行的部分，將近八年內每年減少約百分之四。儘管有預算考量，美國還是維持全軍密集訓練。

然而我很關心，如果國防業者沒有相對應的削減，採購將變得更昂貴，因為國防業者若不削減，產能就過剩，屆時美國國防部就要支付極高的管理費用。我請亞斯平部長設宴，邀請主要國防業者負責人吃飯，由我說明我對未來五至十年國防採購預算的看法。我告訴他們，不應該維持我所估計的國防預算中不支持的設施與人員，因為國防部不會支持過高的管理費用。後來我聽說，在那天晚宴中，馬丁·馬瑞塔公司（Martin Marietta）總裁諾曼·奧古斯汀（Norman Augustine）向鄰座兩位同業悄悄說：「看樣子明年此時，我們當中有人不會在這兒吃飯了！」六個月之後，他幫忙實現這個預言，成功把公司和洛克希德公司合併。另外奧古斯汀也有一句名言，他把這場晚宴形容為「最後的晚餐」。

身為國防部副部長，我把執行努恩─魯嘉計畫和國防武獲改革視為最高優先，召募關鍵人才、訂出程序，去執行面對這兩大挑戰所必須做的工作。不久我就升任國防部長，執行努恩─魯嘉計畫和改革美國部署創新的戰場系統之能力，這些初期重要進展，都對日後新的艱鉅重要任務起了重大作用。

注釋：

1 President's Blue Ribbon Commission on Defense Management. "A Quest for Excellence: Final Report to the President." June 1986. Accessed 29 August 2014. 總統特設國防管理藍帶委員會（President's Blue Ribbon Commission on Defense Management）（一九八六年）通稱普卡德委員會，在一九八五年七月十五日奉雷根總統之命，就各重要層面全面研究國防管理，包括：預算程序、採購制度、立法監督，以及國防部長辦公室、參謀首長聯席會議、聯合及特種作戰指揮系統、各軍種與國會彼此之間正式及非正式的組織及作業安排等。

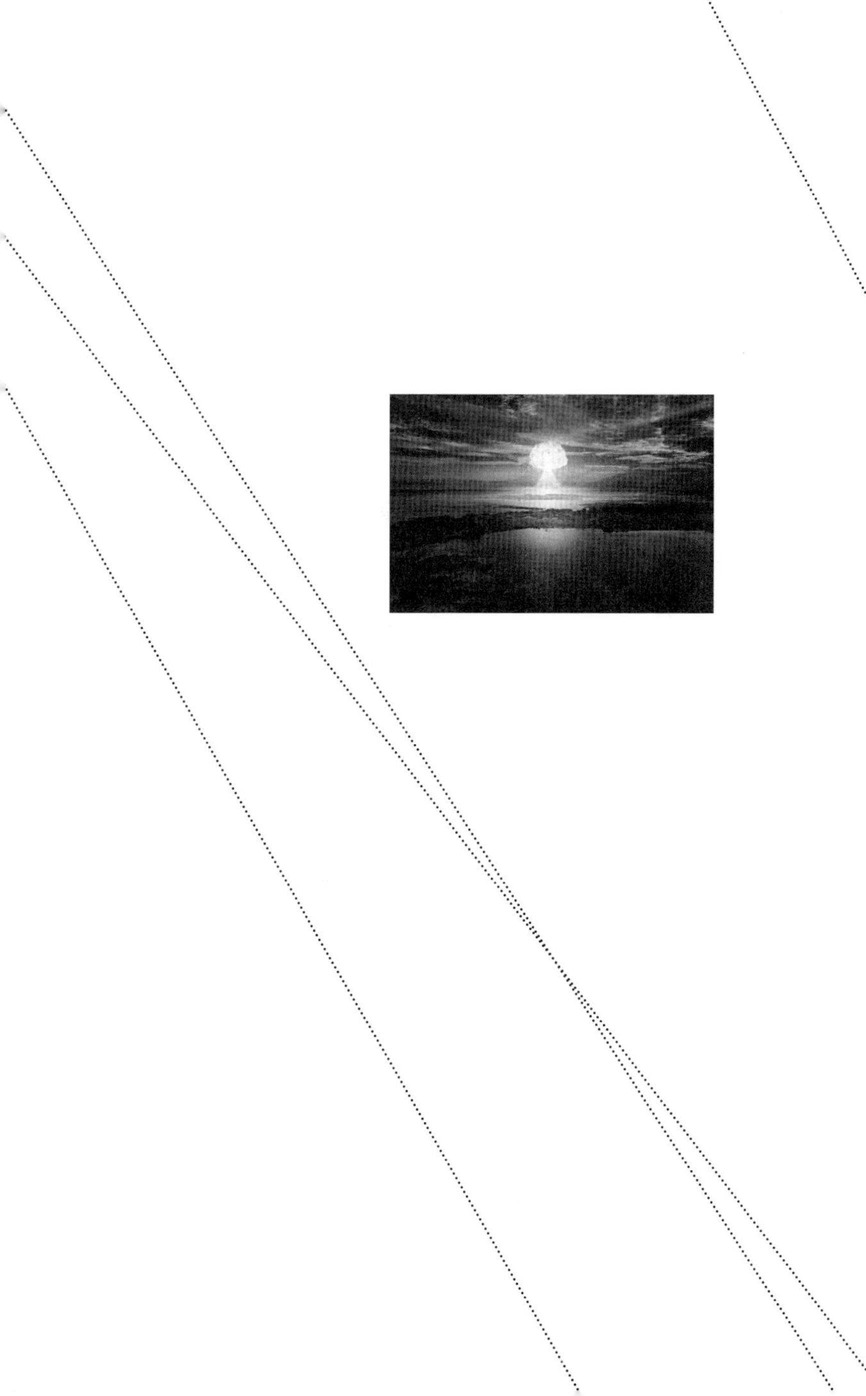

第十二章

出任國防部長

我希望你不會因為說話輕聲細語感到過於抱歉。你的一些傑出前輩就是如此。喬治・華盛頓（George Washington）、羅伯特・李（Robert E. Lee）、奧馬爾・布雷德利（Omar Bradley）、亞伯拉罕・林肯（Abraham Lincoln）、耶穌（Jesus）都是。你只要做你自己就好。

——參議員羅伯特・伯德（Robert Byrd），美國參議院人事任命案聽證會，一九九四年二月二日[1]。

一九九三年十二月十五至十六日，我和副總統高爾、日後出任副國務卿的斯特普・塔爾博特（Strobe Talbott）以及艾希頓・卡特，到莫斯科參加通稱「高爾─齊諾米爾丁委員會」（Gore-Chernomyrdin Commission）的活動；這是副總統高爾和俄羅斯總理齊諾米爾丁為促進美俄兩國合作，而成立的一個單位[2]。會議即將結束時，塔爾博特把我拉到一邊，告訴我柯林頓總統已經請列斯・亞斯平交卸國防部長職位。總統是因為「摩加迪休之戰」（Black Hawk Down），決定五角大廈要換人掌舵；美軍在索馬利亞首都摩加迪休（Mogadishu）執行維和任務，一架黑鷹直升機遭叛軍擊落，十八名美軍士兵陣亡[3]。

我們從莫斯科回國途中，飛機載著高爾、塔爾博特、卡特和我，以及俄羅斯外交部副部長喬治・馬明多夫（Georgiy Mamedov）在基輔暫停，與烏克蘭外交部官員談判三邊聲明（Trilateral Statement[4]）。基本上，烏克蘭同意放棄蘇聯解體後留在其境內的核武，美國同意協助他們處理複雜又昂貴的飛彈及彈頭拆除工作；俄羅斯同意收走因此出現的可裂變材料，可能的話，把它們混和為燃料供美國的核反應爐運用（今日美國之核反應爐產生的電力，大部分來自蘇聯核武所用的燃料）。

烏克蘭的核武，是冷戰核子軍備競賽所留下來最危險的遺產之一。蘇聯裂解為十五個獨立共和國時，烏克蘭繼承了蘇聯留下來的將近兩千顆核彈頭，其中大部分裝在被稱為SS-19和SS-24的洲際彈道飛彈上[5]。這使得烏克蘭頓時成為全球第三大核武國家，核武數量還多過法國、中國和英國三國的加總。烏克蘭人沒有保護核武安全的組織和經驗，而且全國社會、經濟和政治陷入混亂。美國認為這是格外危險的情勢。卡特和我認為最高優先的當務之急，是拆除烏克蘭境內這些武器，但這個新生共和國有許多人反對交出他們掌握的核武。許多烏克蘭人擔心俄羅斯可能挑戰他們的新自由，一旦有事時核武可以保護他們。烏克蘭當局表示，唯有美國給予安全保證，他們才願放棄手中的核武，可是美國又不願承諾。

塔爾博特想出來的解決方案，就是前述的美、俄、烏三邊聲明。依循前述思維，俄羅斯和美國正式承認烏克蘭的國界，這讓烏克蘭有了相當的安全感。卡特和我協助塔爾博特，在我們從莫斯科飛來的次日凌晨時分，與俄羅斯外交部副部長、烏克蘭外交部長潤飾三邊聲明的定稿文字。一九九四年一月，三國總統簽署協定，我們終於可以全力展開努恩—魯嘉計畫[6]。

歷史的激烈變化，往往在令人驚訝的突然之間就發生，有時候更是悄悄進行。數十年來，美國和蘇聯各自挾其強大的武力，陷於頑固的核子對峙僵局，突然間，美國、俄羅斯和剛從蘇聯獨立出來的新國家，談判成功一份高度合作的協定，拆除及轉化相當龐大的一支核武力。三邊聲明有好幾個面向，它預示後冷戰時代對於防止核災難的挑戰，出現性質上的變化，反映出追求成功時寶貴的原則。第一，「失控核武」與確保恐怖團體或其他激進團體無法取得核子原料，是後來全球相當關注的一個問題。第二，把握在烏克蘭的機會，亟需即時和前瞻的思維、高適應性與果斷的領導。歷史給了我們機會，防堵冒出來的核子危險，不是經由相互恐懼，而是經由典型的外交交涉，小心地照顧到各方利益，也尊重他們傳統的國族關切——區域安全、國家自由及防止核武及其原料散布。

匆促之間擬訂的協議，很快就完成立法。一九九四年十二月五日，俄羅斯、美國、烏克蘭和英國領導人在布達佩斯開會，正式簽署布達佩斯備忘錄（Budapest Memorandum），將在基輔達成的協議正式化。法國和中國後來也簽署這份備忘錄。根據備忘錄規定，簽署國同意「尊重烏克蘭的獨立與主權，以及既有國界」「不得以威脅或動用武力，不利烏克蘭的領土完整或政治獨立」[7]。

可歎的是，導致此劃時代協定的合作精神不能持久。二十年後，俄羅斯兼併克里米亞（Crimea），違反此一協定；俄方的理由是，美國違反協定在先，煽動民眾作亂，逼當時的烏克蘭總統維克多．亞努科維奇（Viktor Yanakovych）下台。

回到華府，我獲悉柯林頓總統已提名鮑比．殷曼（Bobby Inman）出任國防部長。當年我擔任國防部長時，他是國家安全局局長，我們曾是密切的同事。我非常尊敬殷曼，相信他將是卓越的部長。我前往他在德州的辦公室拜訪，向他做簡報，以便人事任命案經參議院同意後立刻可以進入狀況。但很奇怪的是，殷曼在一九九四年一月十八日召開記者會，宣布撤銷他的人事案。雖然日後多年我和他一直保持密切往來，但我從來不知道他為什麼決定不接任。

柯林頓總統在那個星期五打電話給我，要我出任部長。我告訴總統要和內人商量，容我次日回覆。李和我當天夜裡痛苦地討論，共同決定婉謝總統厚愛。我們珍視隱私，認為媒體盯著一舉一動會使我們受不了。再者，我能順利擔當次長和副部長職務，是因為一向不以政治立場考量而辦事，我深怕當了部長，就不可能政治中立。雖然我是民主黨黨員，也完全支持柯林頓總統，但我強烈感覺國防事務應該跳脫政黨立場；我認為一旦身為內閣閣員，將無法避免被扯進政黨政治議題。我在星期六上午回報柯林頓總統，婉謝他的厚愛。

我在白宮最親近的是高爾副總統，他對我婉拒出任部長大吃一驚。他要我在那個星期六下午到他官邸討論我的決定。我們談了好幾個鐘頭，基本上，高爾副總統試圖說服我；我把隱私看得太嚴重了。他向我保證，他和總統會全力支持我，處理國家安全議題時不從黨派立場思考。我發覺他的論據很有說服力，回家和內人再次商量，決定接受新職。因此我又打電話向柯林頓總統報告，願意接受提名，不過只願擔任一任。總統表示他將在幾天內宣布此一提名。

星期一，我在中央情報局和中情局局長吉姆．伍爾西（Jim Woolsey）共同主持有關情報預算的會議。伍爾西的助理進來說，柯林頓總統來電話找我，我走出會議室去接聽電話。總統的話很簡潔：他將在一小時後召開記者會，公布提名我接任部長，我應該放下一切事務，立刻趕到白宮。我打電話給李，告訴她我將在半小時內趕回家接她，陪我一起進白宮。李深吸了一口氣說怎麼這麼急促給通知，但我車子開到家時，她已經準備好了。我們五個子女有兩個住在華府地區，我也邀他們出席；另外打電話告訴其他三個，要他們打開電視機。當我回到中情局會議室時，全場起立鼓掌——新聞在華府傳得很快，在中央情報局裡尤其快！

記者會上，柯林頓總統上了講台，簡單誇獎我幾句，接著宣布他將提名我出任國防部長[8]，然後請我上台。我簡單表示對於被提名深感榮幸，接著接受記者發問。這是我第一次接觸白宮記者團，很驚訝怎麼他們的發問幾乎都不涉及國家安全主題。沃夫．布立哲（Wolf Blitzer）問我有沒有「保母問題」，這是指過去有些人被提名任官，卻爆出雇用的管家或傭人沒有扣繳相關稅負。我回答：「沒有。」安德瑞．米契爾（Andrea Mitchell）問我是否會繼續推動亞斯平部長拔擢軍中女性的政策[9]。我回答：「是的。」白宮記者團不習慣這樣簡潔明瞭的回答，要求我多加說明。我說：「亞斯平部長過去一年建立許多重要事蹟，包括由下而上的檢討、關懷軍中全面向的社會因素，尤其是他晉升女性戰鬥員的政策，我熱烈支持。」三年後，柯林頓總統在我的卸職典禮上評論說，我的回答總是像數學家那樣精確，不像政治人物委婉。我把這句話當作是誇獎，不過我也明白，有時候我的直率回答讓白宮覺得很煩。我在白宮第一次記者會的表現是無安打、無人上壘、無失誤！最棒的政治結果！總統走出簡報室時對我微笑，賞了我「豎起拇指」；然後我的家人和我，跟著總統和高爾副總統進入橢圓辦公室拍照留影。

我們曾經見識過人事任命案很難及時獲得通過，有些人選甚至被拖延八、九個月之久。但這一次不一樣。努恩是參議院軍事委員會主席，幫忙我獲得提名後九天就排入委員會聽證議程。過程相當順利，不料還是出現意料之外的場景。輪到參議員羅伯特．伯德在聽證會上發言時，他開始提到有篇新聞報導對我「說話輕聲輕氣」不以為然。伯德顯然不認同這篇報導的評語，他說：「有人天生偉大、有人做到了偉大，但有些人的偉大是被加諸在他們身上的。我希望你不必因為說話輕聲細語感到過於抱歉。你的一些傑出前輩就是如此。喬治・華盛頓、羅伯特・李、奧馬爾・布雷德利、亞伯拉罕・林肯和耶穌都是。你只要做你自己就好。如果不是得到無異議通過，你也會得到壓倒性票數通過，其原因就是因為你保持本我的純真。」我聽得目瞪口呆，聰明地閉口不說話。聽證會結束，委員會一致通過，送請院會表決；次日，參議院以九十七票贊成、零票反對，同意我出任國防部長[10]。畢竟沒有哪一位參議員會和選民站在對立面吧？一般選民大都敬佩華盛頓、林肯或耶穌基督呢。李也出席旁聽，當我們走出會議室時，她挖苦地問我，伯德為什麼會那麼有把握說話輕聲細語是資產呢？她猜想他所接觸的參議員或其他內閣閣員，一定都少有這類特質。

人事案經參議院通過後不到一小時，我就宣誓就任國防部長。次日，我飛往慕尼黑，代表美國出席一年一度的歐洲安全會議（European Security Conference，德文為Wehrkunde）。這是我第二次有機會與歐洲各國國防部長共聚一堂（第一次是前一年秋天，因為亞斯平住院，我代表他出席北約組織國防部長會議）。當天晚間，在少數幾名幕僚和十來位五角大廈記者陪同下，專機從安德魯斯空軍基地起飛。飛機升空後，我們進行了一場冗長的記者會，這是五角大廈記者團第一次聽我以部長身分發言。飛機在慕尼黑降落時，我還睡不到幾個小時。

我們駐德國大使李察・郝爾布魯克（Richard Holbrooke）到機場來接機，他告訴我頭條新聞：波士尼亞的塞爾維亞裔人向塞拉耶佛市（Sarajevo）一座市場開砲，六十八人死亡、兩百人受傷。接下來他告訴我，已經替我安排了記者會，由我回答記者對砲擊事件的問題。我的高級幕僚鮑布・霍爾（Bob Hall）暗忖大勢不妙，菜鳥部長面對記者，如何招架此一敏感問題——「美國對此令人憤怒的事件會如何反應？」但既然記者會已經排定時間，我們只好花一個小時密集惡補、做好準備。霍爾對他的新手長官的忠告是「別鬧出新聞！」萬幸，我沒有。

雖然這次安全會議排定的時間不巧，就在我的人事任命案通過之後幾天。但我利用這個場合，早早和幾位重要的國防部長，以及德國總理海爾穆・柯爾（Helmut Kohl）建立工作關係。我相信建立信賴是有效外交之關鍵，而我希望立刻開始打造基礎。

在回國途中的飛機上，我利用時間為次日上午到國會為國防預算出席聽證會一事，抱佛腳讀資料。抱佛腳顯然功效不差，因為聽證會後，夙來發問尖銳的老牌記者海倫・湯瑪斯（Helen Thomas）評論說，她第一次聽到一位國防部長能把國防預算深入淺出解釋得讓她了解議題。我從來不清楚這是在評論我的簡報技巧，還是評論她的聽話本事。

二月十八日，我在梅耶堡基地（Fort Myer）正式宣誓就職，這次我家五個子女攜家帶眷，還有許多摯交親友一起來觀禮。軍方辦的儀式沒有話講，實在熱鬧，閱兵式包括由穿了殖民地時期服裝的士兵演奏愛國歌曲，當然也少不了三軍受校單位的編隊表演。

典禮過後，我主辦一場招待會。最值得回憶的一幕是我接見陸軍最資深的士官長理查・基德（Richard Kidd）。他提供給我最簡單的一句建議是：「愛護你的部隊，部隊就會擁戴你。」

我曾經應徵召入伍當兵，因此對基德士官長的建議，我有一種不言而喻的特殊了解，這是出自共同經歷的特殊感應。我謹記他的建言，它引領我經歷日後許多艱鉅的決定。

本書稍後，我將告訴你們，這位新任國防部長如何「愛護他的部隊」。

注釋：

1 Live recording of Senate confirmation hearing, C- SPAN, 3 February 1994.

2 EBSCO Information Services. "Fact Sheet: Gore—Chernomyrdin Commission." Accessed 16 December 2013. 高爾副總統和俄羅斯總理齊諾米爾丁為促進兩國合作而成立的「高爾—齊諾米爾丁委員會」，第一次開會是一九九三年九月一至二日在華府舉行；第二次開會是一九九三年十二月十五至十六日在莫斯科舉行。

3 Halberstam, David. *War in a Time of Peace: Bush, Clinton, and the Generals*. New York: Scribner, 2002. Pgs. 265—66. 摩加迪休之役（Battle of Mogadishu）造成美軍十八人死亡、八十四人受傷。索馬利亞方面至少

五百人死亡、七百多人受傷。

4 Carpenter, Ted Galen. *Beyond NATO: Staying out of Europe's Wars.* Washington, DC: Cato Institute, 1994. Pg. 86. 三邊聲明由柯林頓、葉爾辛和當時的烏克蘭總統列昂尼德・克拉夫丘克（Leonid Kravchuk）一九九四年一月在莫斯科簽署。這項協議要求基輔當局在分期七年內消除其核武。

5 Nuclear Threat Initiative. "Ukraine." Accessed 29 August 2014. 一九九一年獨立時，烏克蘭繼承了全世界第三大的核武，包括大約一千九百枚戰略核彈頭和兩千五百枚戰術核彈頭。另外還包括一百三十枚SS-19和四十六枚SS-24洲際彈道飛彈，以及配備空射型巡弋飛彈的二十五架Tu-95和十九架Tu-160戰略轟炸機。

6 Public Broadcasting Service. "Comments on the Nunn—Lugar Program." Accessed 16 December 2013. 努恩—魯嘉計畫每年運用美國國防預算經費，協助前蘇聯各共和國消除及保衛其核武，與其他大規模毀滅性武器。

7 "Budapest Memorandums on Security Assurances, 1994." 5 December 194. Accessed 31 August 2014.

8 Devroy, Ann. "Clinton Nominates Aspin's Deputy as Pentagon Chief." Washington Post, 25 January 1994. Accessed 5 January 2014. 柯林頓總統於一九九四年一月二十四日星期一，正式提名威廉・培里出任國防部長。

9 Perry William J. "Defense Secretary Nomination." C- SPAN. 13: 23. January 1994. Accessed 29 August 2014.

10 "Unanimous Senate Confirms Perry as Defense Secretary." Washington Post, 4 February 1994. Accessed 6 January 2014. 威廉・培里在一九九四年二月三日經參議院以九十七對零票，無異議通過出任國防部長。

第十三章

拆除核武及建立努恩—魯嘉計畫事蹟

我投票支持的最棒經費，就是現在讓我們能夠一起合作，拆除這些大規模毀滅性武器，而且能安全地拆除所花的這些經費。

——山姆．努恩參議員，北德文斯克造船廠（Sevmash）船塢，俄羅斯北德文斯克市（Severodvinsk），一九九六年十月十八日[1]。

我一從德國回來，舉行第一次記者會報告國防預算之後，立刻著手執行努恩—魯嘉計畫。擔任副部長時，我已安排必要的經費移撥，選派一流的工作團隊，也協助交涉三邊聲明，交由三位總統於一九九四年一月在莫斯科簽署。我們準備好要捲起袖子幹活了！艾希頓．卡特和我決定，為了突顯努恩—魯嘉計畫的重要性，並確保拆卸核武（這是最戲劇化和動見觀瞻的一部分）的成功，我應該訪問烏克蘭的佩莫麥斯克（Pervomaysk）。這是前蘇聯最大的飛彈基地之一，有八十枚洲際彈道飛彈和七百顆核彈頭。我要親自督辦全程四個階段：去除核彈頭，將它們的可裂變材料提煉為燃料；移除飛彈，把它搗毀為廢鐵；摧毀發射井；將原本的飛彈基地轉化為農業用地[2]。伴隨訪問佩莫麥斯克飛彈基地，我也要訪問附近的舊國防工廠，烏克蘭人在美國的援助下，在此地興建預製住宅供烏克蘭退役軍人居住。我們的目標，是在柯林頓總統第一任任期剩下的三年時間內，完成這一整個宏圖大計。

一九九四年三月，我們第一次訪問佩莫麥斯克。美國空軍專機先送我們到基輔，然後烏克蘭國防部長維塔利．拉德茨基（Vitaly Radetsty）將軍派直升機送我們到佩莫麥斯克。到了現場，拉德茨基將軍引導我們通過一道鐵甲門，進入水泥掩體。電梯把我們送到地底下。踏出電梯迎面就是燈光昏暗的通道，通向飛彈控制中心。它控制七百顆核彈頭，幾乎全部瞄準位在美國的目標。發射控制台有兩名青年軍官，明顯對來了一群美國高階官員感到相當氣餒。但他們還是奉命為我們進行示範解說。他們循著發射作業程序照表演練，只差沒有真正按鈕發射。我這輩子經常參加模擬兵推作戰，但我沒準備好會有今天這樣的經驗。我被眼前這一幕荒謬劇震懾住——眼看著年輕的俄國軍官示範摧毀華府、紐約、芝加哥、洛杉磯和舊金山，也曉得這一刻美國飛彈也瞄準我們所站的這個地點。

的確，對我而言，冷戰的超現實恐怖再也沒有比這一刻更加鮮明。我和少數幾個美國人破天荒第一次目擊，蘇聯每週七天、每天二十四小時全天候備戰，可以朝向美國目標狂轟濫炸核彈頭的設施和發射程序。我從來沒有預期，自己會親眼目睹的蘇聯洲際彈道飛彈發射程序，是全面攻擊最可怕的階段。我站在哪兒參觀模擬演練倒數計時，心裡頭暗想會在什麼情況下導致蘇方攻擊：可能是在一項危機中出現誤判；可能因為假警報（譬如我所親身經驗過的事例）；或是出自熾熱的情勢，類似美國實施海上封鎖、不准蘇聯船隻靠近古巴時。即使我在想像這些進攻的劇本，我的腦子卻聯想到在佩莫麥斯克地下那個飛彈控制中心。我親眼看著真實的洲際彈道飛彈模擬攻擊美國，我也在想像美國會啟動的警告和決定階段。我先前親身經歷的北美空防司令部誤傳蘇聯核彈攻擊的故事，最能代表整個的決策劇本——只有幾分鐘時間就要做出最不祥的決定，而且是超越傳統「理性」思維的決定。這個可怕的決定，很有可能是早已有了很切實的了解，心知肚明不會有所謂成功的防衛。做決定時也完全了解攻擊方擁有「極度超越必要程度」的核武力。撲面而來的某些末日破壞，可能令人想到第二次世界大戰許多城市遭受蹂躪破壞的景象，但事實上，核子攻擊及其後果是無法想像的。

參觀佩莫麥斯克控制中心的發射模擬演練後，我們又搭電梯回到地面層，人人沉默不語、心情沉重。拉德茨基將軍旋即帶領我們，走到放置一枚SS-24飛彈的發射井。這個巨大的發射井頂蓋已經打開。我們從上頭往發射井探視，證實所有彈頭都已從多彈頭飛彈上卸除。在我們眼前，是達成冷戰「恐怖平衡」最可怕的武器之一，但已經被斬首砍頭。彈頭已經裝在火車上，送回當年製造它們的俄羅斯工廠，即將要拆解。這是那個令人難忘的一天中，最光明的一點。

一九九五年四月，我們回到佩莫麥斯克檢查下一階段的拆解動作。我們目睹一具巨型怪手從發射井吊出一枚SS-19飛彈。毒性燃料將從飛彈油箱中抽除，接著飛彈將以火車運到另一設施，拆卸為廢鐵。

我們離開飛彈場後坐車到鄰近一個市鎮，參觀為退役飛彈軍官興建的住宅區。烏克蘭和俄羅斯的法律規定，軍官退役後政府要提供住宅，但烏克蘭政府沒有財力興建這些住宅。在努恩參議員協助下，我們從美國一家營造廠拿到預建房屋的設計圖，把烏克蘭一座國防工廠改為生產預建房屋的工廠，它即將提供住宅給退役飛彈軍官使用。

我們參觀工廠後，驅車前往住宅工地，它已經進入初期施工階段。參觀住宅工地（我的部屬戲稱它是「培里小城」），是我部長任內最高興的一刻。依循烏克蘭舊習俗，我們品嘗慶典麵包和鹽。然後，內人和我依據傳統在工地種了一棵樹。一位東正教神父以聖水為工地祈福，然後是少年合唱團歡唱慶祝。

一九九六年一月，我們第三次訪問佩莫麥斯克。美國代表團*在俄國國防部長格拉契夫率領的俄羅斯代表團，以及副總統兼國防部長瓦列里．什馬羅夫（Valeriy Shmarov）率領的

---

*代表團人員包括我、卡特、白宮的奇普．布萊克爾（Chip Blacker）、駐烏克蘭大使比爾．米勒（Bill Miller），和即將出任駐俄羅斯大使的吉姆．柯林斯（Jim Collins）。

烏克蘭代表團陪同下參訪。這是風雪交加的一個大冷天，我們困在基輔機場好幾個小時，等候天氣轉好。起先看來大概必須取消行程了，不過不久後，什馬羅夫走進休息室宣布可以動身了。我們魚貫進入烏克蘭空軍專機，在風雪中起飛。大約一小時後，我們接近了離佩莫麥斯克最近的降落地點。大雪持續在下，當預備降落時，我看不到地面——飛行員也看不見，因此他錯過了跑道。飛機向左打滑，機翼卡進雪堆。格拉契夫將軍和我都從座位上飛出，撲倒在地板上（烏克蘭空軍的飛機沒有安全帶）。飛行員好不容易控制住飛機，讓它停下來。飛機損傷慘重，雖未翻覆，已經不能飛了（後來烏克蘭人調來另一架飛機，把我們載回基輔）。後來我們聽說，什馬羅夫不願意取消行程讓我們失望，片面決定應該可以安全無虞飛到佩莫麥斯克。我這輩子搭飛機好幾千次，這一次降落肯定是最驚險刺激的經驗，但也是再也不希望重演的經驗。

驚險刺激過後，我們搭車前往佩莫麥斯克。除了大雪之外，朔風凜冽，地凍天寒。三位部長穿著厚重大衣、戴著呢帽，被引導到一座布置三個鮮明按鈕的大平台——我們預定要發表講話，再共同按鈕。在那樣的天候下，謝天謝地，大家都要言不煩，然後同時按鈕，傳送訊號到飛彈發射井把它炸毀。看著煙霧從發射井冒起，是我部長任內記憶最深刻的一幕。鑒於飛彈發射井興建時要求必須頂擋得住爆炸，我們又走到發射井，確認它的確已經炸毀。然後，透過電視轉播，我們聯合舉行長達一個小時的記者會，討論剛才完成的動作之歷史意義。當我回顧那一天時，最鮮明的記憶不是差點釀禍的飛機降落，也不是三個部長說了什麼話，而是那個SS-19發射井在煙硝中徹底摧毀。

我們第四次，也是最後一次訪問佩莫麥斯克，則是風和日麗的一九九六年六月。這一次還是我和什馬羅夫部長、格拉契夫部長的聯合會議。最後一顆核彈頭在我們會面的當天晚間離開烏克蘭，送到俄羅斯的拆解廠。飛彈、彈頭和發射井全都處理了，原本是發射井的大洞以土填覆。我們預備把奪人性命的飛彈基地改造為生機蓬勃的向日葵農場（我把向日葵作為象徵；但在烏克蘭，向日葵是一種經濟作物）。我們每人分配到鏟子，一起種下第一批向日葵。當天稍後，我們三方握手慶祝，終於完成這件艱鉅的重要工作。回顧起來，看著那張握手的照片，想到我們以善意和合作精神完成的工作，我不能不感到悲傷，那樣的場景、那樣的合作，今天已經邈然。

我們又回到住宅區工地；過去幾個月，它已經完工。我們參觀剛搬進新家的席托福斯基（Sitovskiy）一家人。兩年後，我回到史丹福大學任教時，收到席托福斯基家人來信，附上全家站在菜園前的留影。信上說：

> 每次採收時，我們都記得您在佩莫麥斯克見到我們時所說的話：「祝你繁榮與和平。」

我們要向您致上最大的謝忱，感謝您為地球消除了核彈危險。我們希望您在烏克蘭土地上所種的和平種子，會在全世界同樣開花結果。敬祝您和貴國健康、快樂、平安[3]。

這封感人的信，象徵著我們艱鉅的任務種下的善果。它讓我更感傷，當年我們共同努力的精神今天已不復存在，也很難想像會在什麼狀況下可以恢復。

三年前，卡特和我訂下目標，要在柯林頓總統第一任任期內，完成拆除烏克蘭、白俄羅斯和哈薩克境內所有飛彈的任務，因為這些國家不無可能又倒退回去，而且我們也沒把握柯林頓總統會蟬聯第二任。我們終於克服有時似乎無法超越的重大障礙。我們堅忍不拔，我的部屬之技能和專心非常可敬，和我們配合的俄羅斯和烏克蘭團隊，很快也感染到和美方代表相同的熱情。這是我的核子旅程最令我感動的經驗，看到人們能夠走出敵對時代，盡棄前嫌，合作追求降低核武所構成的危險。

當然，我們不只拆除前蘇聯的飛彈；我們也拆除相等數量的美國飛彈。俄羅斯國防部長格拉契夫因為美方訪問佩莫麥斯克廣受媒體報導，在國內遭到抨擊——「你聽任美國人解除我們武裝，而他們仍保留自己的飛彈。」因此我們安排他到美國一座洲際彈道飛彈基地，讓他的參觀在俄羅斯和烏克蘭廣為報導。一九九五年十月二十八日星期六，卡特和我陪同格拉契夫部長，帶著一群美、俄、烏克蘭記者，浩浩蕩蕩抵達惠特曼空軍基地（Whiteman Air Force Base）。我安排格拉契夫部長坐進基地內一架B-2轟炸機的飛行員位置。由於B-2是美國戰略武力中最新穎、最神祕的飛機，他對這個舉動極為興奮。格拉契夫投桃報李，後來安排讓我坐進海盜旗轟炸機（Blackjack，TU-160）的駕駛座。格拉契夫和我在惠特曼基地的飛彈場，一起站在平台上當眾按下按鈕，一個義勇兵飛彈發射井化為煙塵。次日，《華盛頓郵報》頭版和莫斯科與基輔的報紙，都刊出格拉契夫和培里按鈕，炸毀美國飛彈發射井的照片[4]。這個動作大大緩和了格拉契夫和什馬羅夫因為和美方合作推動努恩—魯嘉計畫，而遭受到的抨擊。

佩莫麥斯克故事還有兩個結尾。

結尾一：從拆卸的飛彈所取出的高濃縮鈾，送到俄羅斯某一設施，轉化成可用在商業發電反應爐的低濃縮鈾，然後再送到美國。這些燃料成為美國「化百萬噸為百萬瓦」計畫（Megatons to Megawatts project）的一部分，成為美國許多商用反應爐的燃料。換句話說，原本瞄準美國目標的飛彈所用的燃料，現在提供電力給美國住家和工廠[5]。

結尾二：種下向日葵的次年，米勒大使回到佩莫麥斯克，他從向日葵農場拿了一些葵花籽寄給我。我被這個舉動感動，很高興地收下來——它讓我回想到這一生最有意義的行動之一的美好記憶。我把一部分葵花籽送給我一個孫子去種，象徵我希望他長大成人，不用擔心核子毀滅的威脅高懸頭頂。

我們能夠大幅降低核武威脅的危險，並不是幻想。葵花籽就是我們有過、且做出成果的證據。它讓我們懷抱希望還會再次成功。

*

依據努恩—魯嘉計畫，我們也執行其他倡議，五角大廈將它們取名為「合作降低威脅計畫」（Cooperative Threat Reduction program）。除了協助烏克蘭、哈薩克和白俄羅斯拆除他們的洲際彈道飛彈，美國也撥款協助俄羅斯拆卸他們的戰略轟炸機和潛水艇。一九九五年四月四日，我在艾希頓．卡特及其團隊陪同下，訪問俄國恩格斯空軍基地（Engels Air Force Base），參觀在當地進行的拆卸工作。基地與沙拉托夫市（Saratov）隔窩瓦河相望，位於莫斯科南方約四百五十英里。從冷戰時期對蘇聯核武的研究來看，恩格斯基地非常有名，它是蘇聯最新、最優秀的戰略轟炸機的首要基地，它們的首要任務是朝美國投擲數百顆核彈。恩格斯基地的轟炸機能載負威力最大的炸彈。我們從來不知道，蘇聯如何武裝他們的轟炸機，但我在前文提到，「沙皇炸彈」（Tsar Bomb）的爆炸威力宣稱有一億噸；改良版的「北極熊轟炸機」（Bear bomber，Tu-95）曾經試投過威力較小（五千萬噸）的同型炸彈，而Tu-95正駐紮在恩格斯基地。我們也知道，目前恩格斯基地駐紮的戰略轟炸機，也包括蘇聯最新的海盜旗轟炸機。

我們帶著這樣的知識降落在恩格斯空軍基地。可是我們一下飛機，眼前的景象怎麼卻像是廢棄物堆置廠！成堆原本是轟炸機零組件的破銅爛鐵排在跑道上，一望無盡。我被這景象嚇愣了。我們走在跑道上，拿著電焊鋸子的工人正在從轟炸機上切下機翼和機身。從轟炸機上切下來的廢鐵將供應俄羅斯工廠，製造商用產品。我不知道恩格斯基地上的工人會怎麼想，他們拿美國人提供的工具卸解自己國家的戰略轟炸機——老美最近還是他們最大的敵人，現在卻跑來視察他們的工作。

俄羅斯士兵看守著，從「去軍事化」的蘇聯「北極熊轟炸機」（Tu-95）所肢解下來，等候再生運用的廢鐵。一九九五年四月。

我把視線從廢鐵堆移開後，注意到有幾架現代的海盜旗轟炸機——當然它們不在等待拆卸的轟炸機機型當中。我立刻接受基地指揮官的邀請，檢視一架海盜旗轟炸機。前幾年我曾經從衛星拍到它在測試階段的影像，研究這一型轟炸機，試圖評估它的性能——我可從來沒有想到會有機會能近距離看到它，更不用說還坐上駕駛座觀察它。

我們檢查完後，基地指揮官準備了招待會和午餐歡迎我們。我立刻發覺他有心要把美國國防部長灌醉、擺平，馬上提高紅色警戒。在他以伏特加向我第二次敬酒之後，我邀請他認識我的幕僚。他一同意，我就領著他到各桌寒暄，而他一一向我的每位部下敬酒。等我們回到位子坐下，他已經無力向我灌酒。午餐之後，我還能靠著自己的力量走上飛機。

努恩—魯嘉計畫與「合作降低威脅」倡議迅速推進。一九九六年十月十八日，我跟著卡特團隊，到位於白海海濱北德文斯克市（Severodvinsk）的北德文斯克造船廠（Sevmash）船塢。我們陪同讓努恩—魯嘉計畫能夠順利推動的三位參議員——努恩、魯嘉和約瑟夫・李伯曼（Joseph Lieberman）——視察。我們預備觀察蘇聯核子潛艇的拆除情況。由於每艘潛艇上都有核子反應爐，拆除工作不只技術上很困難，環保上也有危險。北德文斯克市距離阿爾漢格爾港（Archangel）三十英里；後者是第二次世界大戰期間，盟國運送超過四百萬噸補給到蘇聯的重要港口，因而保持住蘇聯不被德國打垮。超過一百艘盟國船隻在運補過程被擊沉，三千多名商船船員命喪大海。邱吉爾曾說，這是「全世界最惡劣的旅程」[6]。我們乘車前往基地時，在我腦海裡浮現這一段悲壯的歷史。我們在中午過後不久抵達，但太陽已即將落下。北德文斯克靠近北極圈，在暮秋季節每天只有幾個小時的日照。整個區域沐浴在一道金色光芒中。

我們走在基地裡，我注意到一艘巨大、生鏽的潛艇停在乾船塢裡，頭頂上是一具巨型大怪手，有如一隻「機器暴龍」（Tyrannosaurus rex）。這一淒涼的船體就是冷戰期間的潛艇，載著核彈潛匿在海底深處，預備伺機攻打美國，看到它們要被拆卸，令人感到相當欣慰。由於潛艇上的核子反應爐有安全顧慮，拆除過程特別敏感。老舊、已死的潛艇有輻射汙染北方水域的危險，可能構成嚴重的環境風險。挪威政府聽到有些俄國人主張乾脆把潛艇鑿沉、棄屍海底，大為緊張，深怕危險的輻射物質會沖上他們的北海岸，因此籲請美國盡一切能力協助策畫、組織安全的拆卸。

美國運用努恩—魯嘉計畫經費，提供若干昂貴的特種機械（包括長相像暴龍的巨型怪手）給俄國人，我們現在想要親眼瞧瞧俄國人如何利用這些機具。我們先參觀正在拆解的潛艇，然後觀看大怪手把從潛艇卸下的大片鋼板吊送到一具剪斷機，它就像剪刀剪紙一樣輕鬆地把鋼板剪為一小片。我們進入一棟建築物，裡頭有一台機器，把從潛艇上拆卸下來、長達數英里的纜線餵進去，就會把沒什麼用處的絕緣體和有價值的銅分開來。我們很難想像，真實世界裡還會有更戲劇化的「化劍為犁」。

我們考察努恩—魯嘉計畫執行狀況時，俄羅斯和烏克蘭媒體都跟著走。這一次，美國有線電視新聞網（CNN）主跑五角大廈新聞的記者傑米．麥金泰爾（Jamie McIntyre）也同行。他記錄下對我們每一位的採訪。其中最值得記住的是努恩參議員的一段話。努恩親眼看到計畫驚人的成績，他非常感動地告訴麥金泰爾：

> 我曾經投票給飛彈；我曾經投票給轟炸機；我曾經投票給潛水艇。在我看來，它們都是我們國防之必需。但是我投票支持的最棒經費，就是現在讓我們能夠一起合作，拆除這些大規模毀滅性武器，而且能安全地拆除所花的這些經費[7]。

檢查過後，我們和造船廠的高階主管坐下來會談，稱讚他們的工作對安全及環境都有重大貢獻。我曾經想過，他們可能痛恨奉派來做拆除工作；很顯然他們寧可造船而非拆船。但我們很驚訝，發現他們對於能夠以一流技術執行此一艱難而危險的任務，深感榮耀。

努恩—魯嘉計畫也處理拆除化學武器的問題。冷戰結束時，美國手上的化學武器數量之多，也和蘇聯不遑多讓（美方三萬噸、蘇方四萬噸），存放在全國將近十個地點。美國化學武器大約九成已經銷毀，大多發生在我卸任之後。少數還留存的化學武器存放在兩個較小的地方，預定在二〇二三年之前銷毀。

努恩—魯嘉計畫協助俄羅斯，拆除前蘇聯留下來的大量化學武器。前蘇聯將近四分之三的化學武器，在二〇一三年之前已銷毀。會有拖延，是因為對於用什麼技術才是銷毀它們的萬全之策意見不同，也因為一九九〇年代俄羅斯政府動盪而進行不力。即使沒有這些問題，要安全銷毀這些致命武器的確很困難，且費用高昂。不過，俄羅斯估計他們將在二〇二〇年以前完全銷毀化學武器。

合作降低威脅計畫有一個外界不太著名，但相當重要的項目，就是保護技術與核彈不落入危險份子手中。一九九〇年代初期，俄羅斯經濟困頓，政府幾乎沒有錢撥給全國的核武實驗室，有心成為核子大國的國家，甚至恐怖團體，不無可能聘雇經驗豐富的俄羅斯核子科學家與工程師。事實上，有相當多可靠的情報指出，在俄羅斯已經發生這種情況。為防止這種人才外流風險，我們動用努恩—魯嘉計畫經費，在莫斯科成立一個技術研究機構，雇用前蘇聯核子科學家從事非軍事用途之研究。這是一個相當成功的項目，只用到努恩—魯嘉計畫相當有限的經費，但它很可能已拯救世界不致於出現核擴散的災劫。

除銷毀核武外，我們也動用努恩—魯嘉計畫經費，好好管制前蘇聯可能沒人管的可裂變材料。美國的情報對於這些材料的危險程度講得很清楚，它們不但存在於核計畫中，也存在於研究用反應爐（有些研究用反應爐使用高濃縮鈾為燃料），可以用來製造核彈。事實上，由於研究用反應爐保防措施相對鬆懈，可能最為危險。

啟動努恩—魯嘉計畫移除可裂變材料以免發生危險，最戲劇化的案例就是「藍寶石計畫」（Project Sapphire[8]）。之所以會出現藍寶石計畫，是因為哈薩克總統努爾蘇丹・納扎爾巴耶夫（Nursultan Nazarbayev）在一九九三年秋天，告訴美國大使威廉・柯特尼（William Courtney），哈薩克國內烏斯季—卡緬諾戈爾斯克（Ust-Kamenogorsk）*某倉庫儲存大量高濃縮鈾。倉庫的安全措施不外就是鐵絲網而已，恐怖團體肯定會想要染指這批鈾原料、或偷或買。我們應該嘉許納扎爾巴耶夫總統，他要求美國把這些可裂變材料移送到安全的藏放處所[9]。美國技術專家一九九四年初，從倉庫裡找出六百公斤的高濃縮鈾（炸彈級鈾），足供幾十枚廣島級原子彈作為燃料。白宮指派國防部在最高機密及安全防衛之下，負責把這些材料移到田納西州橡樹嶺（Oak Ridge）基地。到了那裡再把它們轉化為可供商用反應爐使用的燃料。在國防部內，這項任務落到艾希頓・卡特肩上。他成立最高機密的「藍寶石計畫」，掌握高濃縮鈾，分由幾架C-5運輸機運送到田納西。這項計畫必須以最快速度和最高機密層級去執行，因為假如恐怖團體或有心發展核武的國家，風聞有這批原料的存在，他們可能在美國能運送之前就設法弄到手。事實上，中央情報局已經報告，伊朗特務已經在追查烏斯季—卡緬諾戈爾斯克這批鈾。

藍寶石計畫非常成功，也證明當利害關係嚴重時，計畫交由積極主動又幹練的人主持，美國政府也能夠迅速、有效率地辦事。這項計畫能夠成功，要歸功能源部、中情局、國務院以及國防部許多人同心協力的努力。計畫能夠快速又井然有序地組織起來去執行，完全是因為有努恩—魯嘉計畫的存在；若非哈薩克和俄羅斯政府的全力合作，它也不會成功。不過，我要把首功歸於卡特的領導，和他的團隊（包括傑夫・史塔爾、蘿拉・賀嘉特和蘇珊・柯契等人），在規劃和執行藍寶石計畫時所表現出的幹練和速度。

在核子時代詭譎兇險的歷史中，努恩—魯嘉計畫幾乎就是奇蹟。在不祥的時代、長久以來的威脅、重大的利害關係、一縱即逝的機會、亟需基於公益的國際合作、迫切需要睿智先見等背景條件下，努恩—魯嘉計畫可謂美國國會歷來最開明的倡議。努恩—魯嘉計畫涵蓋許多非常高明的面向，每個面向都對強化安全與維護文明貢獻卓著。

我們非常努力工作，善加利用這個計畫提供的獨特機會，也的確獲致顯著的成效。艾希頓・卡特領導的團隊非常聰明、積極和精力充沛。但最後的省思必須集中在最有創意、最有遠見的努恩—魯嘉法案，以及它的倡導者山姆・努恩參議員。由於努恩參議員構思整個計畫，得到魯嘉參議員鼎力支持，推動法案在國會通過，他對美國國家安全又有其他無數的貢獻（有些在本書已一一敘明），柯林頓總統授權我頒發國防傑出文職服務獎章（Defense Distinguished Civilian Service Medal）給努恩參議員。這是我唯一一次頒發這種獎章給一位參議員。我感到與有榮焉。

＊譯按：今名厄斯克門（Oskemen）。

注釋：

1 Nunn, Sam. Interview with Jamie McIntyre. CNN, Sevmash Shipyard, Severodvinsk, Russia, 18 October 1996.

2 Bernstein, Paul and Jason Wood. "The Origins of Nunn — Lugar and Cooperative Threat Reduction." *Case Study* Series 3. Washington, DC: National Defense University Press, April 2010. Accessed 14 January 2013. 根據努恩—魯嘉計畫，美國代表在一九九四年至一九九六年期間，四度前往烏克蘭拆卸強大的火箭。第一次，從飛彈卸下彈頭。第二次，把飛彈從發射井移出來並銷毀。第三次，把發射井破壞並填平。第四次，美國國防部長培里、俄羅斯國防部長帕維爾·格拉契夫及烏克蘭國防部長瓦列里·什馬羅夫，在飛彈發射井原址種上向日葵。這裡原本的核彈頭飛彈瞄準位在美國的目標，蓄勢待發。現在種上的向日葵是本地區的經濟作物。

3 Sitovskiy Family. Sitovskiy Family to William J. Perry (translation).

4 Graham, Bradley. "US, Russia Reach Accord on Europe Treaty." *Washington Post*, 29 October1995. Accessed 4 September 2014.

5 United Slates Enrichment Corporation. "Megatons to Megawatt Program 95 Percent Complete." 24 June 2013. Accessed 17 February 2014. 以二〇一三年中期而言，俄羅斯高濃縮鈾調降為低濃縮鈾後，這些低濃縮鈾用做商用反應爐燃料所產生的電力，可供波士頓這樣大小的城市大約七百三十年之用。過去幾年，美國核能發電廠產生的電力有百分之十是使用這些燃料。這個訊息包含取自前蘇聯所有核武的鈾，不是只有得自佩莫麥斯克核武的鈾。

6 Rosenberg, Steve. "WWII Arctic Convoy Veterans Recall 'Dangerous Journey.'" British Broadcasting Company, 30 August 2011. Accessed 18 February 2014. 第二次世界大戰期間納粹德國入侵蘇聯之後，西方盟國船隊從

英國出發，穿越北冰洋冰冷的海域，載運坦克、戰鬥機、燃料、彈藥、原物料、糧食和其他緊急物資給蘇聯，以便協助紅軍抗戰。邱吉爾曾經說這條路線是「全世界最惡劣的旅程」。船隊遭到德國潛艇從海底下、飛機從上空，兩面夾擊。惡劣的天候如濃霧、厚冰和狂風，也是大敵。

7 Nunn, Sam. Interview with Jamie McIntyre. CNN, Sevmash Shipyard, Severodvinsk, Russia, 18 October 1996.

8 Hoffman, David. "The Bold Plan to Grab Soviet Uranium." *The Age 23* (September 2009). Accessed 25 February 2014.「藍寶石計畫」，是取得約一千三百二十二磅高濃縮鈾的任務之代號。這批高濃縮鈾在前蘇聯瓦解後，遺留在哈薩克，足可供製造二十四顆核彈。

9 Shields, John and William Potter, eds. *Dismantling the Cold War: US and NIS Perspectives on the Nunn—Lugar Cooperative Threat Reduction Program*. Cambridge: MIT Press, 1997. Pgs. 345 — 62：「做出結論後，納扎爾巴耶夫總統核准向美國通報烏爾巴（Ulba）地方存在武器級核原料的訊息。訊息在一九九三年八月傳遞給美國駐哈薩克大使威廉・柯特尼。一九九三年十月，柯特尼大使和哈薩克高級官員會商後，啟動美、哈雙方合作移除高濃縮鈾的動作……美國一直無法第一手證實烏爾巴的情勢，直到一九九四年二月……能源部橡樹嶺Y-12工廠核子工程師艾爾伍德・吉福特（Elwood Gift）透露鈾235的處理已進行到約百分之九十的地步……三月初，國務院羅伯特・賈魯奇（Robert "Bob" Galluci）、國防部艾希頓・卡特和國家安全會議丹・波尼米納（Dan Ponemena）等三位主管核子不擴散業務的高級官員會商後，決定由國防部主導協調美國取得烏爾巴可裂變材料的作業。」

第十四章

北韓危機：圍堵新興核子國家

這個戰爭狂人（美國國防部長培里）譴責「北方的核武發展」，發出了好戰的荒謬言論，揚言「美國不惜以在朝鮮半島再次發動戰爭為代價，也要制止它。」

——《勞動新聞》，一九九四年四月五日[1]。

古諺說，時間不等人。軍事和國家安全危機更是不等國防部長。它們一起併發、喧囂而至。本書以線性方式敘述我遭遇的重大挑戰，其實沒有凸顯多重危機同時併發的急迫狀況。其實我還沒在國防部長的新辦公室坐定，北韓已經爆發危機。

由於韓戰只是停火而非正式簽訂和約停止，朝鮮半島仍是全球武裝對峙最嚴重的地區，局勢極為嚴峻。北韓認為朝鮮半島應該在他們的領導下統一，多年來一直採取蠻橫的侵略手段（最著名的就是發動韓戰），企圖實現其野心。

新危機是因北韓推動核武而挑起，它將測試美國的決心和調適能力。總而言之，需要有創意思考。擁有核武的北韓將使東北亞永無寧日，也會促成核武在世界其他地區散布。光這一點就使此一危機躍居高度優先事項。但外交交涉要成功必須展現決心，卻有觸發再一次韓戰的危險，而且自從韓戰以來，美國和北韓並沒有正式外交關係，也使外交交涉很複雜。因此，我才接任部長不到幾個月，美國就面對必須在兩個恐怖的選項中做選擇：一是聽任北韓成為核子國家，一是面對重啟韓戰戰火的危險。我在當時告訴柯林頓總統，恐怕他必須在災難和浩劫兩者之間做選擇。當然美國真正的目標是創造第三種選擇，事實上在當時也是做得到的。美國怎麼會走到這麼危險的地步呢？

第二次世界大戰之後頭幾年，北韓和南韓都有追求統一的目標，但兩者都希望在統一之後，自己是當家作主的政府。一九四〇年代末期，金日成在蘇聯的大力支持下，已建立一支足可擊敗南韓的強大軍隊。起先史達林不准他蠢動，但蘇聯核子試爆成功，加上美國國務卿又表示南韓不在美國的防衛半徑之內，史達林終於點頭，又增加對北韓的軍事援助。但事實是，美國出兵援助南韓、擊敗北韓南犯部隊；接下來中國介入，後來雙方同意以停火方式，而非簽訂和平條約解決僵局。韓戰停火後，蘇聯提供重大投資重建北韓，到一九九〇年代，北韓又再次運用軍事力量威脅南韓。但隨著蘇聯瓦解，俄羅斯經濟困頓，不再援助北韓，也變得與西方愈來愈友善。

此時，北韓人口約兩千萬，非常窮困，但它具備全世界第五大的軍隊，兵力超過一百萬（是美國常備部隊的兩倍），其中大部分屯駐在與南韓鄰近的邊界，而且還有幾百萬後備部隊。這支龐大的兵力遭到強大的南韓部隊（七十五萬人）以及美軍的遏阻。南韓境內的美軍相較於兩韓部隊，人數不多，但它們背後有高度備戰、十分強大的駐日本、夏威夷、阿拉斯加和美國西岸的美軍部隊做後援。美軍可以派出駐在日本、夏威夷和阿拉斯加的戰鬥機，快速大幅增強空中兵力；駐在惠特曼空軍基地的B-2轟炸機，不到一天即可飛臨北韓天空；具有強大航空母艦戰鬥群的第七艦隊就駐在鄰近的日本。每年美國都會定期舉行代號「團隊精神」（Team Spirit）的美、韓聯合軍事演習，並重新調動美軍至南韓境內。我們的兵棋推演顯示，萬一北韓無故攻擊南韓，它將遭到徹底擊敗。我認為北韓軍事領導人也了解這一點，因此過去幾十年朝鮮半島才維持住和平局面。

北韓從來沒有放棄，以自己為正朔統一半島的野心，但鑒於蘇聯已經瓦解，又沒有希望從俄羅斯獲得支援，統一的希望日益渺茫。或許是這樣的後冷戰局勢，加上他們相信本身傳統武器已經不如人，導致他們試圖發展核計畫、尋求突破。他們準備冒相當風險達成此一目標。

北韓祕密研發核武的基礎，是它在寧邊（Yongbyon）有一個號稱「和平」用途的核子發電廠計畫。當時身為核子不擴散條約（NPT）的成員國，北韓曾經同意不製造核武，並且答應允許國際原子能總署（International Atomic Energy Agency, IAEA）派員檢查他們的核設施，以確保不會朝核武計畫發展。但是一九九三年初，北韓和國際原子能總署發生爭執，國際原子能總署認為北韓在一個沒有受到檢查的初期作業中，已經製造出小量的鈽，要求要做特別檢查。一九九三年三月十二日，我剛接任國防部副部長不久，北韓宣布它將退出核子不擴散條約。一九九三年六月二日，美國和北韓開始談判，討論它和國際原子能總署為檢查核子現場意見相左的問題；六月十一日，北韓暫停它退出核子不擴散條約的決定。這些討論持續到一九九四年一月初，北韓允許幾個地點接受檢查。但是一九九四年四月（此時我已經出任國防部長），外交交涉受挫，因為北韓變卦，又不允許國際原子能總署檢查員執行任務，而國際原子能總署認為這些檢查，是確認寧邊核設施遵守規定的必要動作。

北韓為什麼拒絕接受檢查？答案很令人不安。這時候，北韓預備從它在寧邊的核子反應爐卸下已經耗用的燃料，如果北韓重新提煉這些已耗用的燃料，它所產生的鈽可用作核彈的燃料。

到了一九九四年春天，爭執已經到達危險地步。雖然燃料已經準備從寧邊反應爐卸下，但國際原子能總署還未與北韓達成檢查現場的協議。我提高警覺，臨時決定在四月一日訪問南韓和日本。一年前我曾以副部長身分訪問南韓，但這一次是第一次以部長身分到訪。我希望和南韓總統及軍方領袖討論局勢，也要和南韓境內的盟軍總司令蓋瑞・拉克（Gary Luck）

將軍會談。我覺得有必要聽到拉克將軍第一手報告，了解如果北韓再像一九五〇年那樣突然揮兵南下，我們已經有什麼準備。拉克將軍帶我到沿非軍事區部署的美軍部隊去視察，然後和我一起詳細評估長期以來擊退北韓進犯的備戰計畫（五〇二七號作戰計畫）。他告訴我，在他麾下的美軍和南韓部隊已經準備好，也可以擊敗北韓的進攻；但是如果他有另外兩萬名部隊、更多阿帕契直升機，以及一個完整的愛國者飛彈防空單位，他可以更快制止敵軍，而且更大量降低南韓平民的傷亡。

我對他的計畫和建議相當折服，同意立刻調遣阿帕契直升機隊和愛國者防空系統。我也告訴他，如果北韓不放棄製造鈽的計畫，我會要他回華府親自向國家安全會議報告增兵計畫。回國之後，我公開警告北韓，美國不會允許它製造鈽。這番話惹來北韓政府發言人對我人身攻擊，包括扣我帽子，罵我是「戰爭狂人」（war maniac[2]）。五月十四日，北韓仍然不准國際原子能總署全面檢查，開始從反應爐卸下已經耗用的燃料棒，這是他們可以提煉已耗用燃料之前的最後一步動作。這個行動使危機再也不容忽視。如果北韓提煉這些已耗用燃料，他們可以在幾個月內生產足夠製造六至十顆核彈的鈽，其後果無法預料、但肯定十分危險。

我請參謀首長聯席會議主席約翰．夏利卡什維利將軍（John Shalikashvili[3]）和拉克將軍，納入有關北韓部隊最新情報，更新應變計畫，同時也要包含明確計畫，如何對付北韓已經部署、射程可達首爾的大批長程大砲。我又下令準備一項「外科手術攻擊計畫」，以巡弋飛彈對付寧邊的核設施。這項外科手術攻擊計畫要考量到已耗用的燃料已放進反應爐中，甚至反應爐正在運轉。由於分析顯示並無明顯的輻射痕跡，我們假設攻打它是「安全」的。照這樣擬定的計畫，可以在命令下達後幾天即執行，而且攻擊不致造成美軍傷亡或傷亡極小。但是當然有可能，美方的攻擊會激怒北韓攻打南韓，這樣的結果就不是以「外科手術攻擊」可以解釋。我仍然鮮明地記得，艾希頓・卡特向坐在我房間會議桌四周的一小群人，簡報此一計畫時那股緊張氣息；如此重大的決定當然會隱含緊張。因此我們可以說，攻擊計畫已經「擺到檯面上」，但還是在檯面上的角落。我們仍將以外交交涉為第一選擇，而我認為它也是最佳選擇。

外交計畫就是威懾外交的典型例子，把威懾元素放進強大的制裁計畫當中。透過國務卿華倫・克里斯多福（Warren Christopher）的外交斡旋，日本與南韓同意和美國在聯合國聯手，要求北韓停止提煉鈽的行動，並允許檢查人員徹底檢查，否則就得面對嚴厲的制裁。北韓的反應不能讓我們滿意：起先他們叫囂要把首爾化為「一片火海」；然後又說他們會把實施制裁視為「戰爭行為」[4]。雖然這種話有可能只是虛張聲勢，但是我們也不能掉以輕心。北韓若是被逼急了，說不定會孤注一擲。

我在參謀本部召集，一旦爆發軍事衝突時會涉及到的軍事領導人開會。拉克將軍飛回華府開會，其他人包括：太平洋總部司令（如果必要，他要負責提供援兵），波斯灣地區美軍司令（伊拉克的薩達姆．海珊可能因美國在朝鮮半島有事，而在科威特滋生事端），以及運輸司令部司令（必要時他要負責把兵員和補給快速送達朝鮮半島）。這場祕密會議開了整整兩天，專注在詳盡評估拉克將軍的作戰計畫。

在那幾天緊張情勢下，《華盛頓郵報》輿論版出現一篇文章，引起相當激烈的反應。前任國家安全顧問布倫特．斯考克羅夫特和他的同僚阿尼．坎特（Arnie Kantar）在文章中基本上表述，如果北韓不能經證實停止它的提煉動作，美國將會攻打寧邊反應爐。文章中關鍵的一句話是：「若非允許國際原子能總署持續、且不受阻撓地監督，以證實不再有提煉行為，我們將剷除其提煉的能力[5]。」

不意外，這篇文章在美國與韓國都引起許多人注意。事實上，美國雖然有應變計畫，卻沒有計畫如此進攻。這項攻擊必須獲得柯林頓總統的核准，也必須徵求南韓總統的同意，而我們還沒開口徵求咧！但我一直相信斯考克羅夫特和坎特公開主張攻打寧邊，在此一危機扮演了重要角色，因為它讓北韓官員的頭腦回到繼續玩下去會有什麼後果。北韓官員很可能誤以為斯考克羅夫特代表美國政府放話；的確，某些美國人也誤以為我鼓勵斯考克羅夫特寫這篇文章。不管是什麼原因，北韓很快就以行動化解危機，邀請前任總統吉米．卡特前往平壤，他們提出一個解決方案，讓他轉達給美國政府（因為華府和平壤之間並沒有官方的溝通管道）。

危機終於以下述不尋常又奇異的方式結束。一九九四年六月十六日，夏利卡什維利將軍、拉克將軍、克里斯多福國務卿和我，正在白宮內閣廳向柯林頓總統呈報行動計畫供總統衡酌。我們向總統簡報對北韓實施經濟制裁的計畫、從南韓撤僑的計畫，以及增派美軍部隊的計畫。我先向總統和國家安全會議簡報五〇二七號行動計畫，即針對北韓進攻南韓的因應計畫，以及美方立即增派援軍赴南韓的幾個方案；我的建議是增派兩萬名部隊進駐南韓，等於是就美軍現有兵力加派將近五成新部隊。總統選擇一項方案後，新部隊立刻出發。我們了解新增部隊可能會刺激北韓，在援軍還未到達前就攻打南韓。但若只是宣布實施經濟制裁，也可能激怒北韓動武，我的建議是經濟制裁可以稍等幾星期，先讓援軍到位。新部隊可以增強美國對北韓的嚇阻力量，如果嚇阻不成功，至少也增強了美國對付北韓進犯的實力，阻擋它順利攻打南韓首都首爾——首爾離非軍事區最近的一點，開車只需一小時。

就在總統即將裁示增兵人數時，一名助理上氣不接下氣匆匆跑進來報告，前總統卡特從平壤打電話來找柯林頓總統。國家安全顧問安東尼・雷克（Anthony Lake）奉命去代接電話，不到幾分鐘我們獲悉，前總統卡特轉達說，如果美方同意停止行動（包括經濟制裁和增派部隊），北韓將願意談判他們的提煉燃料計畫。經過短暫討論後，雷克帶著柯林頓總統的答覆和前總統卡特恢復通話：美國願意開始談判，並在談判期間暫停行動，如果北韓同意在談判期間停止在寧邊的一切提煉行動的話。這個條件意在防止北韓和美方沒完沒了談判，同時又繼續提煉鈽。幾分鐘後雷克回來，轉達前總統卡特懷疑北韓會同意在談判進行中，停止提煉動作。柯林頓總統在國家安全會議全員一致支持下，決定堅持美方條件；前總統卡特把話傳給金日成，金日成答應了。當下即時的危機解除了，援兵計畫暫時擱置，談判旋即展開。美方派出幹練的職業外交官羅伯特．賈魯奇為首席談判代表。

談判在年底以前達成，有關各方達成所謂「協議架構」（Agreed Framework）。北韓同意停止兩個大型反應爐的一切興建活動，也暫停他們在一個較小、已在運轉的反應爐提煉鈽。南韓和日本同意幫北韓蓋兩個輕水反應爐（Light Water Reactors, LWRs）來發電；在輕水反應爐能運轉前，美國同意提供燃油以彌補北韓因關閉反應爐而減少的電力。我認為對美國而言這是一筆好買賣：避免了戰爭、停止了鈽的生產，北韓放棄（當時顯示的是永久性放棄）它已在進行的大型反應爐興建工程。

這裡有個最重要的考量。要了解北韓放棄什麼，以及所避免的核子危險，請想一想：美國核子專家估計，到二〇〇〇年（可能會有幾年的誤差），北韓三個反應爐生產的鈽，足夠每年製造五十顆核彈！

即使這個預防措施在核子時代明顯的十分重要，尤其是它對核子不擴散與全球核子安全而言迫切需要，美國國會對此一協議的抗議聲浪仍不小：我每年都得辛苦爭取國會准予撥付數額不大的經費，提供燃油給北韓（不過我每年都爭取到）。同時，日本和南韓開始在北韓興建輕水反應爐。在柯林頓總統任內，美國維持住「協議架構」，使北韓不發展核武。

接下來故事卻變壞了。後來十年，北韓又威脅要退出協議。這次美國的外交無法制止他們，現在我們面對一個已經核武化的北韓——美國曾極努力避免的安全威脅。

北韓在這齣危險、持續的大戲中的新行動，以及它的核武，是另一篇章的故事，我將會細述何以會出現此一核擴散，以及它所產生嚴重的安全新挑戰。

注釋：

1 "US Military Leader's War Outbursts."《勞動新聞》（*Rodong Sinmum*）, 5 April 1994. 由Dave Straub翻譯。

2 Ibid.

3 Cosgrove, Peter. "Retired Army Gen. John Shalikashvili Dies." *USA Today*, 23 July 2011. Accessed 4 September 2014. 約翰．夏利卡什維利將軍是美國第一位出生於外國的參謀首長聯席會議主席，任期自一九九三年至一九九七年。

4 Kempster, Norman. "US to Urge Sanctions for N. Korea: Strategy: National security advisers meet after Pyongyang official storms out of nuclear arms talk with Seoul. Clinton administration also will pursue joint

military maneuvers with S. Korea." *Los Angeles Times*, 20 March 1994. Accessed 28 March 2014. 北韓代表朴永洙（譯音，Park Young Su）在朝鮮半島非核談判中聽到，北韓若不配合將會遭到制裁，大怒退席，一邊還威脅要把首爾化為「一片火海」。

5 Scowcroft, Brent and Arnold Kantor. "Korea: Time for Action." Washington Post, 15 June 1994. A25. 斯考克羅夫特在一九九四年《華盛頓郵報》輿論版這篇投書 Korea : Time for Action 中提到：「若非允許國際原子能總署持續、且不受阻撓地監督，以證實不再有提煉行為，我們將剷除其提煉的能力。如果必要，可能的軍事行動將刻意相當有限度、有意識地設計來最低化無心損害的風險。換句話說，政策表明必要時將動用軍事力量，應該傳達給平壤不容誤會的訊號，即美國決心解決北韓過去違反核子協議的行徑，並且排除未來的核子威脅。」

第十五章

通過第二階段削減戰略武器條約和為全面禁止試爆條約奮戰

「別把我的抨擊當成是對你人身攻訐——這只是政治嘛！」

——佛拉迪米爾・吉里諾夫斯基（Vladimir Zhirinovsky）對培里說[1]，俄羅斯國會就第二階段削減戰略武器條約舉行聽證會，一九九二年十月十七日[2]。

我的旅程有一個持續不斷的挑戰，就是發展與支持武器管制協定。與蘇聯（後來的俄羅斯）降低核子危險、尋求及達成類似協定一直都是優先事項。與其他相關當事人溝通和合作的狀況，當然攸關進展的成敗。很高興的是，在我擔任國防部長時，美、俄關係演進到似乎有利於有效的武器管制措施，而我很熱切支持國務院進行的談判。

柯林頓總統有意與俄羅斯達成有意義的裁軍協定。當時的情勢似乎也很明顯，核子不擴散及禁止試測核武等國際措施愈來愈有需要。譬如，北韓核子危機令人寒慄地注意到，需要增強國際計畫以防止核子擴散。

與俄國人合作是最高優先。依據過去的條約快速、安全地拆除核武，柯林頓總統認為有必要通過老布希總統和葉爾辛總統，在一九九三年一月簽署的畫時代第二階段削減戰略武器條約。第二階段削減戰略武器條約要消除配置多目標重返大氣層載具的洲際彈道飛彈，並且規定要堅強證明遵循協定。柯林頓總統的觀點受到政府各機關強烈支持，尤其深獲我的支持。到一九九五年，他提出動議，要求國會通過。夏利卡什維利將軍在參議院作證時，強烈主張應該通過它。

我們在參議院及其他地方極力主張，把握在整個冷戰最陰暗時刻的核武競賽聲中，一直企盼的武器管制良機，我們並不覺得奇怪會遭遇到障礙。雖然冷戰的緊張和敵意已經出現不容置疑的消退跡象，美國參議院某些議員以及俄羅斯國會（Duma）某些議員，卻不能完全相信冷戰已經結束。美國某些人有很奇怪的邏輯，認為冷戰結束已消弭掉來自俄羅斯的一切威脅，後續的武器管制協定就沒什麼必要；他們認為美國應該保留所有核武，以預防未來可能的突發狀況。（他們忽略了維持這些武器，會成為自我實現的預言——它們會刺激突發事件發生）。總而言之，通過武器管制協定在美國參議院和俄羅斯國會裡的某些人士看來，沒有那麼大的迫切性。縱使如此，我們還是在一九九六年一月，於美國參議院以一面倒優勢通過協定[3]。然而，許多俄羅斯夥伴卻懷疑俄國國會將會通過它。

在一個今天我無法想像會發生的不尋常狀況下，我被邀請到俄羅斯國會作證，討論俄羅斯為何該通過第二階段削減戰略武器條約。我怎麼會受到邀請呢？我認為有兩個主要原因。第一，我曾經掌握機會，依據努恩—魯嘉法案拆卸核武。那是俄國人及新獨立的各共和國官員，在蘇聯解體後仰望美國領導和援助的年代。我指揮艾希頓．卡特及其團隊快速執行努恩—魯嘉計畫，因此被俄羅斯同僚看作是可以信賴的人。我相信，信賴是外交上最寶貴的資產。他們透過我的行動也知道，我堅決擁護削減冷戰遺留下來的超現實、過多的核武。許多俄羅斯官員和領導人也有相同感想，他們也面對舊模式的思維和抗拒，這些舊思維必須要抗拒，而他們希望我可以更高明地替通過條約提出強大論述。

我不顧國務院一位沒有我膽子大（但他說不定比我聰明）的同僚之建議，接受邀請。一九九六年十月十七日，我向議事堂裡的全院議員演講；透過莫斯科電視台轉播，其他無數的俄羅斯人民也聽得到我的講話。我開頭幾段話很受歡迎，議場上幾位議員因為我多年來曾與他們合作過，發問也很中肯。然後主席同意議員佛拉迪米爾．吉里諾夫斯基發言。吉里諾夫斯基是個惡名昭彰的強硬派極端民族主義者，其強烈的反美立場非常著名。他一拿到發言權就再也不下台。他霸著麥克風費盡力氣、挖空心思，以種種理由主張俄羅斯國會應該否決條約。他窮舉各種罪名，指責葉爾辛政府無能（這是輕易的目標）。他長篇大論申論為什麼美國是俄羅斯的敵人，一心一意想要毀滅俄羅斯[4]。只要電視機鏡頭對著他，吉里諾夫斯基就預備滔滔不絕講下去。聽證會結束時，我不由得想起或許我應該聽國務院那位同僚的建議，不該披掛上陣。

接下來出現怪異的續集。我在收拾筆記準備離開時，吉里諾夫斯基走過來和我私下說話。他全身散發魅力，但講出來的話讓我背脊發冷，他說：「別把我的抨擊當成是對你人身攻訐——這只是政治嘛！」他邀請我第二天到他辦公室一談，看看我們是否能夠合作。我立刻回絕。

我很難判斷我出席俄羅斯國會演講，對第二階段削減戰略武器條約是否有正面效益，但我若有機會，我樂於再去一次。這是挺難得的經驗。我也可能爭取到一些原本還未決定立場的俄國人——與吉里諾夫斯基不同路數的俄國人。至少它沒有害處。我的確還是相信，理性、認真的對話是持續追求防止核子災劫必要的一步。有一件事很確定：我出現在俄羅斯國會講話非常不符傳統做法。看來核子危機逼得美國要有大膽新作風。

即使辛苦作戰在武器管制方面獲得勝利，也未必一定就是成功。二〇〇〇年四月，幾乎是四年之後，俄羅斯國會才批准通過第二階段削減戰略武器條約，但這項條約從來不曾真正生效。因為俄羅斯對北約組織介入科索沃戰爭有負面反應，以及俄羅斯關切美國計畫在歐洲部署彈道飛彈防禦系統，讓它受到衝擊。二〇〇二年六月，小布希總統決定美國要退出彈道飛彈條約，次日俄羅斯即宣布第二階段削減戰略武器條約作廢、不再有效。幾年後，俄羅斯因為不受第二階段削減戰略武器條約約束，開始興建新一級配備多目標重返大氣層載具的飛彈，降低核武危險因此倒退一大步。

當我想到我們時代武器管制倡議的歷史時，吉里諾夫斯基針對俄羅斯國會要批准通過第二階段削減戰略武器條約，朝我大肆抨擊，然後又若無其事試圖轉寰，我不由得深思其中意義。他的批評反應人性的某些舊模式，包括極端的民族主義和傾向孤立的趨勢。他說：「只是政治嘛！」換句話說：換湯不換藥的政治。這句話傳統上被認為是令人沮喪但漂亮的幽默，其實在核子時代，它有更值得令人深省的意義——古老的人性勝過了理智。武器管制及緩和核子危險的急迫必要，經常就是被這種「不過就是政治戲碼」的心態給害了。我個人認為這種行為模式證明，更需要加強民眾的了解，讓民眾知道自己面臨空前未有的核子威脅之危險。

其他的武器管制作戰也打了好幾年，依然難分難解，譬如美國參議院迄今仍未批准通過全面禁止試爆條約（Comprehensive Test Ban Treaty, CTBT）。一九九五年八月，柯林頓總統宣布他支持全面禁止核試。美國自一九九二年九月起即遵守禁試規定。我相信美國若簽署它，其他國家也會準備簽署；我也認為簽署它極符合美國的國家安全利益。美國已進行過一千次以上的試爆[5]，擁有全世界最佳科學能力模擬武器表現，因此比任何國家都更不用介意條約的設限。甚且，美國不簽署，會使其他國家有藉口測試核武，我判斷這樣的結果會削弱美國的安全。然而，若想在參議院爭取到必需的三分之二以上票數，我們就必須得到參謀首長聯席會議及各地核子實驗室主持人的全力支持不可。因此我和夏利卡什維利將軍密切合作，爭取這一支持。我們安排一系列會議，讓實驗室主持人和外界專家有機會充分辯論問題。參謀首長獲邀出席會議，他們才能和我們一起聽到相同論述。

幾個月下來，經歷多場會議後，夏利卡什維利將軍告訴我，如果伴隨著條約發表若干片面聲明的話，參謀首長會支持簽署協定。最重要的片面行動是，總統同意發表一項指令和條約綁在一起，指令將要求美國的實驗室主持人每年進行評估，證明美國的武器仍保持備戰能力，可以執行嚇阻任務。當然，條約裡有標準條款，允許總統認定美國的最高國家利益受到威脅時，可以決定退出。不過參謀首長怕的是，如果因為禁止試爆造成美國的核子力量落後，總統可能覺得受到政治約束，不敢退出條約，除非是核子實驗室主持人明白發出警告。

最後，經過相當久的研究、討論和幾項片面聲明，參謀首長點頭了；一九九六年九月二十四日，柯林頓總統簽署了全面禁止試爆條約。遺憾的是，三年之後我已經回到史丹福大學，全面禁止試爆條約在參議院得不到足夠票數獲得通過。雖說如此，每年核子實驗室主持人還是需要送評估報告給總統[6]。所有的評估都是正面結論，不過每年報告文字愈來愈長。

注釋：

1 Collins, Cheryl. "Vladimir Zhirinovsky." *Encyclopaedia Britannica,* 26 May 2014. Accessed 4 September 2014. 佛拉迪米爾・吉里諾夫斯基（Vladimir Zhirinovsky）是俄羅斯政客，一九八九年成立極右翼的俄羅斯自由民主黨，自任黨魁。一九九三年十二月，吉里諾夫斯基的俄羅斯自由民主黨在國會選舉得票率百分之二十二點八，令西方國家大為震撼。一九九九年國會選舉，由於自由民主黨領頭的三大候選人有兩人遭指控從事洗錢，整個黨名單被列為無效。他又提出另一份名單，在國會取得十七席。他在二〇〇〇年和二〇〇四年，兩度被選為國會議長。

2 Perry, William J. "Support START II's Nuclear Reductions." Speech, Moscow, Russia, 17 October 1996. Department of Defense. Accessed 4 September 2014.

3 Dobbs, Michael. "Senate Overwhelmingly Ratifies 1993 Arms Treaty with Russia." *Washington Post*, 27 January 1996 Accessed 21 March 2014. 美國聯邦參議院一九九六年一月二十六日夜裡，表決通過第二階段削減戰略武器條約，票數是八十四票贊成、七票反對。

4 Pikayev, Alexander. "Working Papers: The Rise and Fall of START II, The Russian View." Carnegie Endowment for International Peace. No. 6, September 1999. Accessed 25 September 2014. 培里講話之後，極端民族主義的自由民主黨議員，包括吉里諾夫斯基在內，以不尋常的敵視態度反應。

5 Keeny, Spurgeon, Jr. "Damage Assessment: The Senate Rejection of the CTBT." *Arms Control Today* 29: 6 (1999). Pgs. 9—14. Accessed 21 March 2014. 一九九二年九月二十三日，美國進行第一千零三十次，也是最後一次核武試爆。

6 Ottaway, David. "War Games in Poland Proposed." *Washington Post*, 8 January 1994. Accessed 21 March 2014. 一九九五年，柯林頓總統規定每年要提出庫存評估及報告，幫助確認雖不再進行地底核子試爆，美國的核武仍然安全、可靠。後來國會在二〇〇三會計年度國防授權法案第三一四一條訂明為法律，規定每年要進行評估。這一條條文規定能源部長和國防部長就其年度評估，每年三月一日前要向總統提出一系列報告。

第十六章

北約組織、波士尼亞維和行動，以及美俄安全關係升高

我這輩子都在詳盡規劃對北約部隊發動核子攻擊。做夢也沒想到，我會站在北約總部與北約軍官談話，規劃聯合維持和平演習！

——一位俄羅斯將領在北約總部對培里說。

除了正式的武器管制倡議，北約國家和組成華沙公約組織的歐洲國家，也發展出合作的新機會。不到幾年，聯合訓練演習演進到聯合執行和平作業，波士尼亞就是最主要的例子。身為國防部長，我深入參與這些活動。它們創造出消弭冷戰期間敵意的重要機會；但是我了解，新關係的管理不僅有極大機會，也會有極大風險。

冷戰期間，北約組織是嚇阻蘇聯領土擴張野心的關鍵力量。嚇阻力量之一，就是北約揚言如果紅軍入侵歐洲，就會動用戰術核武對付紅軍。在盟國領土上引爆核武的冷峻前景，被堅決擊退蘇聯進犯的決心壓過去。為了管理這些相互衝突的關切，北約成立一個核子規劃小組，命名為「高層小組」（High Level Group, HLG），由它負責發展使用核武的戰術和戰略。到我擔任國防部長時，北約同盟的宗旨已經改變，經常邀請俄國人出席北約會議。北約組織仍然保留高層小組（我擔任部長時，由艾希頓．卡特擔任小組主席），但現在它在後冷戰時期的最高優先是核武的安全和防護。

這種改變乃是超越傳統軍事思維，對冷戰時期過度興建核武的做法，有了更務實的體認。簡單來說，擁有大量核武現在愈來愈被認為是不能增強安全的政策，反而會升高共同的危險，因此必須設法消弭。

但與此同時，又有另一個關鍵發展。現在很明顯，東歐國家感到極大興趣，他們想加入北約組織。

北約組織成立的原始宗旨是要提供一支軍隊，能夠嚇阻或擊敗紅軍，因此很容易理解，為什麼北約組織這四個字在蘇聯和華沙公約是個禁忌。但是冷戰結束，我們發現北約成為最好的載具，可以把前蘇聯加盟共和國和前華沙公約會員國納入歐洲安全組織。要達成此一歷史性的擴大集體安全體制，我們必須克服舊日敵國視北約為寇仇的傳統觀念。從我在二戰結束後，以占領軍士兵身分與日本人打交道，直到日後以國防部高階官員身分，和俄國人、中國人及其他新舊敵人互動的經驗來看，我知道觀念是可以變為允許充分合作的。以當前案例來講，華沙公約國家和各個新興獨立共和國已變成民主國家（當然無可諱言有些仍在蹣跚學步、仍是搖搖欲墜的民主國家）；他們的軍事部門是在意識型態掛帥的華沙公約氛圍下所訓練出來，根本不清楚軍隊在民主國家中該怎麼做；而今他們希望加入北約組織學習。

大轉折的情勢很快就出現：鑒於東歐國家愈來愈有興趣加入同盟，北約組織很快就發現，自己處於一個不曾經歷過的大機會和大挑戰。它固然歡迎和東歐國家建立合作新關係，但是也不可能立刻克服，雙方長期以來的猜疑和缺乏互信。

最重要的是，北約根本沒有這樣一個計畫，依我個人看法，東歐國家要加盟是個太早熟的興趣——他們的興趣是可以理解、也相當感動人，但除非以明智的外交、妥善管理與安排步調，否則這種期望會構成某些長期風險。俄羅斯對區域安全的傳統看法，以及它在東歐長久以來的影響力，都需要妥為考慮。東歐國家倉促加入北約組織，可能危害到美國與俄羅斯合作降低核武威脅的機會。

我們要如何才能最妥善地達成目標？

要兼顧到挑戰和機會，美國設計一個很出色、有創意的倡議，即「和平夥伴關係」（Partnership for Peace, PFP）。不幸在波士尼亞出了意外喪生的喬・庫魯哲（Joe Kruzel），是美國國防部主管歐洲事務副助理部長，一個非常有創意、有遠見又活力充沛的幕僚[1]。「和平夥伴關係」就是他的點子。所有渴望保衛其新自由安全的前華沙公約會員國和前蘇聯加盟共和國，都可加入北約的附設組織「和平夥伴關係」。「和平夥伴關係」成員可以派代表列席北約若干會議（但不具表決權）；他們可以參加北約相關的委員會；他們可以與北約就維和演習進行聯合訓練。他們的高階軍官可以和北約高階軍官一起工作，讓前者有機會獲得寶貴經驗，將來可在北約組織有效、團結的架構核心內聯合作業。隔一段時間，「和平夥伴關係」成員國就有資格加入北約，這是幾乎所有國家都想要的結果，許多國家也在未來十年內達成心願。一九九三年，美國國防部在德國加米許（Garmisch）成立「馬歇爾中心」（Marshall Center），這些國家精選軍官及資深國防官員，與北約軍官一起上課受訓[2]。我認為這個中心是策略很重要的一部分，把原本是北約的敵國也納入，俾能建立更廣泛的歐洲安全結構。後來我又在檀香山設立「亞太安全研究中心」（Asia-Pacific Center for Security Studies[3]），在華府成立「半球防衛研究中心」（Center for Hemispheric Defense Studies[4]），在我卸任後不久開始運作。我特別高興，在我之後的國防部長們繼續維持這些中心的運作。

在「和平夥伴關係」的各國當中，俄羅斯被奉為其中最重要的一員。一九九三年，我代表亞斯平部長出席北約組織會議時，初識俄羅斯國防部長格拉契夫。後來我在莫斯科拜訪他好幾次，彼此更熟，更因為我們合作執行努恩—魯嘉計畫而有了交情。一九九四年秋天，我利用北約召開國防部長會議的機會，請他為主客與全體北約國防部長晚餐。晚宴進行十分順利；所有的歐洲國家部長，都很有興趣認識這位俄羅斯部長。晚宴是在北約會議之前舉行；格拉契夫受邀列席北約會議，俾便為北約與俄羅斯建立正面關係。除了「和平夥伴關係」（格拉契夫同意參加），北約也和俄羅斯建立聯席會議關係，允許俄羅斯國防部長列席北約會議（但不具表決權），俄羅斯派了一位資深軍官常駐北約組織，擔任俄羅斯和北約的聯絡窗口。格拉契夫非常重視這件事，選派一位第一流的軍官擔任代表。這位軍官後來告訴我：「我這輩子都在詳盡規劃對北約部隊發動核子攻擊。做夢也沒想到，我會站在北約總部與北約軍官談話，規劃聯合維持和平演習！」

維和演習是「和平夥伴關係」讓外界最看得見的活動。我擔任部長期間舉行了五次大演習，兩次在美國，兩次在俄羅斯，一次在烏克蘭。我參觀了三次演習，得到結論是它們達成的成效比預期要好。它們以相等於美國軍事演習的小心和強度展開，又促成華沙公約軍事單位極大的熱情，他們佩服美軍的專業，又與美軍人員結交，締結長年交情。除了「和平夥伴關係」的維和演習，我們還安排一場美、俄聯合救災演習。俄羅斯海軍船艦和陸戰隊，偕同美國海軍船艦和陸戰隊，在夏威夷進行救災演習，模擬在驚濤駭浪下的救援行動。這次演習非常專業地進行，展現出來的相互善意是今日所難以想像的。

「和平夥伴關係」的維和演習以高度仿真的程度進行，為所有參與單位提供非常寶貴的學習經驗。沒錯，我們很快就面臨真正的維和作業。一九九五年十二月，當美軍進入波士尼亞進行維和任務（不是維和演習）時，大多數東歐國家與美軍並肩前進[5]。我很感激「和平夥伴關係」鼓勵他們如此做，甚至更感激「和平夥伴關係」的演習增強他們的專業，也培養他們和美軍共同作業的能力。

波士尼亞維和任務，是我在國防部長任內最大的一項軍事行動。我宣誓就任國防部長的兩天後，一枚砲彈打到塞拉耶佛市一座市場，當場有六十八名平民喪生。一般相信砲彈來自俯瞰塞拉耶佛市的山頂、有許多波士尼亞塞爾維亞族裔民兵的砲陣地，這只是波士尼亞塞爾維亞裔人在殘暴的波士尼亞戰爭中又一項暴行。波士尼亞戰爭在一九九二年，即老布希總統任期最後一年爆發，它是信奉東正教的塞爾維亞人、信奉天主教的克羅埃西亞人，和穆斯林大混居的波士尼亞族裔不合的總爆發。塞爾維亞總統斯洛波丹・米洛塞維奇（Slobodan Milosevic），透過希特勒式的演講煽動這場戰爭，燃起宗教仇視和致命的民族主義狂熱。他的動機，是要把波士尼亞境內塞爾維亞族裔居多數的地區，兼併進塞爾維亞。想要簡單瓜分根本就不可能，因為塞爾維亞族裔分散居住在波士尼亞全境，尤其是首都塞拉耶佛市，好幾個世代以來他們與克羅埃西亞族裔及穆斯林和平混居。可是米洛塞維奇狂熱的民族主義言論鼓動族裔意識，引爆激烈內戰。

歐洲國家宣稱波士尼亞危機是區域問題，不希望美國插手協助解決。布希總統樂於接受此一判斷。聯合國組成一支沒有美軍的維和部隊，派到波士尼亞去。不幸的是，「聯合國保護部隊」（UN Protection Force, UNPROFOR）並不成功，到我接任國防部長時，根據媒體報導，死於戰火者超過二十萬人，大部分是穆斯林，還有更多穆斯林被迫離家逃亡或被關進集中營。由於聯合國保護部隊兵力弱，又受限於嚴格的交戰規定，它沒辦法制止暴行。

到一九九五年，美國民眾非常不滿波士尼亞暴行不斷，許多人主張美國應該介入。媒體上討論的干預方式有三種：一是派美軍增援聯合國維和部隊；二是「取消禁運及進行空襲」（lift and strike）；三是在北約組織之下，另外成立一支能夠執行和平任務的新部隊。我反對第一種方式，因為它只是拖延失敗的策略，尤其是它對交戰定下嚴格限制的規定。同理，我也覺得「取消禁運及進行空襲」不好。所謂「取消禁運」是指解除武器禁運，送武器給反抗塞爾維亞的波士尼亞人；所謂「進行空襲」是對波士尼亞的塞爾維亞裔民兵進行選擇性的空中攻擊——一個廉價的選擇，但是誠如歐洲國家合理的推論，這將會危害到已經派駐在當地的維和部隊。我相信要遏阻強悍、有紀律的波士尼亞塞爾維亞裔民兵部隊，需要派出美軍地面部隊。可是，我所選擇的方案——美軍作為北約部隊的一部分介入，卻不符合普遍熱切支持以增運武器策略，拯救波士尼亞的主張，許多人誤以為這樣就是便宜、方便、有效的方式。

六月間，我應邀在史丹福大學畢業典禮演講，我在演講時，體育館外上空飛過一架飛機，它拉著一幅標語向我喊話：「培里——送武器進波士尼亞。」下個月，我和英國前任首相瑪格麗特．柴契爾夫人（Margaret Thatcher），一起應邀出席亞斯平會議（Aspen Conference）。柴契爾夫人贊成「取消禁運及進行空襲」政策。她拿二戰期間邱吉爾向羅斯福總統的保證做比方；邱吉爾當時說：「給我們工具，我們來完成工作[6]。」我在演講時提醒聽眾，美國的確在二戰期間提供「工具」（槍砲、軍艦和飛機）給英國，但為了要「完成工作」，我們後來又派出好幾百萬地面部隊。雖然我贊成派出美軍地面部隊這第三種方式，但我有個立場，即美軍應當是北約部隊的一部分，而且要以比聯合國部隊更強大的交戰規則行事。

北約組織主要國家的元首，尤其是柯林頓總統，需要同意這個做法，它才能推出。但是歐洲國家承諾支持聯合國保護部隊，提供兵力參加它。一九九五年七月，波士尼亞塞爾維亞部隊占領斯雷布雷尼察鎮（Srebrenica），圍堵約八千名穆斯林（大部分是男丁和青少年），把他們帶到鎮外全數處決，丟進萬人塚裡；這場可怕的暴行被稱為「斯雷布雷尼察大屠殺」，而駐在當地的聯合國部隊卻束手無策，只能眼睜睜看著悲劇發生。聯合國部隊的歐洲成員再也不能說只要有聯合國部隊就足可維持和平，也不能說不需要更強大的軍事行動。

斯雷布雷尼察大屠殺後十天，美國、北約和俄羅斯各國外交部長、國防部長和軍事首長在倫敦集會。當我們回到華府後，向柯林頓總統及其國家安全團隊報告。倫敦會議上，國務卿華倫·克里斯多福和我經柯林頓總統授權，對北約盟國採取強硬立場，要求北約介入。北約其他部長也附議，因此會後對波士尼亞塞爾維亞人發出最後通牒：停止你的部隊（他們正向斯雷布雷尼察的鄰鎮果拉志德推進），並且停止對各城鎮砲擊，否則我們將發動軍事干預，針對你們的基地大舉空襲[7]。

鑒於他們近來的行動都沒遇上有力的阻擋，波士尼亞塞爾維亞人根本不理會這項最後通牒，甚至還把數百名聯合國維和部隊扣為人質。北約空軍在美國領導下，夷平波士尼亞塞爾維亞人好幾個基地。第一次領教到優勢兵力壓制後，波士尼亞塞爾維亞人終於退讓。他們停止軍事活動，同意談判協議，北約維和部隊因而取代聯合國維和部隊[8]。此協定即為「岱頓協定」（Dayton Accords），美方主要談判代表李察·郝爾布魯克的專書《結束戰爭》（*To End a War*）對於在俄亥俄州岱頓市萊特—派特森空軍基地談判的經過，有詳盡的細述[9]。

岱頓協定於一九九五年十一月達成，稍後在巴黎簽訂生效。它允許將近六萬名北約部隊士兵（其中兩萬多名為美軍）在年底以前進駐波士尼亞。美國海軍上將雷登·史密斯（Leighton Smith）是北約盟軍總司令，喬治·卓爾旺將軍（George Joulwan）是歐洲美軍司令，兩人以一流的技能和精力領導美軍。卓爾旺將軍轄下的主力部隊是駐屯德國的美軍第一裝甲師，師長是比爾·納許少將（Bill Nash），他還另外指揮一個俄羅斯旅、一個土耳其團和一個北歐旅。北歐旅包括由丹麥部隊依據「和平夥伴關係」訓練的波羅的海國家部隊。

俄羅斯國防部長核准派出一個最精銳的傘兵旅，加入北約維和部隊。

俄羅斯政府怎麼會決定派一個精銳旅接受美軍將領指揮調度，是個很精彩的故事，我不敢奢想今天它還會再度發生。俄羅斯出席北約組織倫敦會議，界定制止波士尼亞塞爾維亞人暴行的新行動時，表示願意提供一個旅的兵力參與波士尼亞維和任務，但他們不願接受北約指揮調度。北約總司令相當合理地堅持，雙頭馬車的指揮不能成事。柯林頓總統和葉爾辛總統一九九五年十月開會時說好，讓兩位國防部長

國務卿克里斯多福（左）、培里和夏利卡什維利將軍一九九五年八月出席北約組織倫敦會議，會商波士尼亞問題。這項會議被認為是介入波士尼亞內戰的轉捩點。

去協商個可行辦法吧——他們兩人隨口說說還真容易呀！

俄羅斯國防部長格拉契夫和我在後來兩個月會商三次，想要找出可行方法。我們頭一次在日內瓦開會，徹底失敗。到了末尾，艾希頓・卡特出面解圍，主張拋開一切無益的討論，設法同意擇期在另一個地點重新談判吧。我們把下次會面訂在幾個星期後於美國舉行。在五角大廈會議室第一天的談判，就波士尼亞維和部隊指揮問題還是毫無進展：格拉契夫毫不動搖地堅持他的部隊不能接受北約指揮官調度。最後，為了緩和氣氛，我帶格拉契夫到賴利堡（Fort Riley）＊參觀，又安排他在惠特曼空軍基地坐進B-2轟炸機駕駛艙觀摩。氣氛開始融冰。最後再會商時，我終

俄羅斯國防部長格拉契夫在賴利堡試騎戰馬，一九九五年十月。

於達陣。格拉契夫允許他的部隊歸美軍指揮官，而非北約指揮官調度！我們達成的臨時諒解是，格拉契夫將軍接受俄羅斯這個旅的旅長是由俄羅斯「國家指揮」，歸卓爾旺將軍「作業管控」，由納許少將「戰術指揮」。我猜想這個故事告訴我們文字很重要。幾星期後，我和格拉契夫在布魯塞爾的北約總部碰面，把原先達成的諒解正式簽為協定。我們簽署時旁邊掛出的海報上面寫著「北約＋俄羅斯＝成功」。

在這樣的背景下，我相信我們在波士尼亞終於走上正確的道路，但是夏利卡什維利將軍無數次被找到國會作證。有一次聽證會，還被一位眾議員警告，如果我們派部隊進入波士尼亞，每週會有數百個官兵喪生。夏利卡什維利將軍和我都不敢苟同這個說法，不過我們也明白美軍部隊將會涉入險境，計畫採取一切可能預防措施，將危險最小化。我私底下也晉見柯林頓總統，向他報告我評估美軍部隊會碰上的危險，以及我們採取什麼措施將這些危險最小化。他說，他了解決定派大軍介入，一旦出岔錯，他的總統大位也會斷送掉，但是他相信這樣做是正確的，因此授權我繼續推動。

十一月間，在美軍進駐波士尼亞之前幾個星期，我到德國基地視察第一裝甲師部隊，向官兵說明為何派他們去，以及他們將會碰上什麼狀況。接下來我參觀納許將軍所設立的一

＊譯按：位於堪薩斯州，早年是美國陸軍騎兵學校所在地。

柯林頓總統和培里討論派遣美軍進入波士尼亞，一九九五年十一月。白宮攝影室攝。

個特戰訓練基地，它模擬部隊在波士尼亞將會遇上的種種狀況：冰天雪地的氣候、路邊的地雷、游擊隊出沒、恐怖份子對哨所攻擊和黑市猖獗等。納許將軍鉅細靡遺，要求派到波士尼亞的每個營都要接受此一特種訓練——「和平時期流汗愈多，戰時流血就愈少[10]。」因此之故，美軍進駐波士尼亞的一年非常成功。他們完全掌握負責的波士尼亞轄區；在重新安置穆斯林，以及重建能夠運作的基礎設施上有相當大的進展，而且傷亡相當低。

我在部隊跨過國境、進入波士尼亞時去視察他們，一九九六年又去探望他們四次。第一次我飛到他們在克羅埃西亞國境的集結地區，陪他們一起步行，走上他們在薩瓦河（Sava River）所搭建的浮橋。在浮橋上走了一半路，夏利卡什維利將軍和我被一位還在橋上工作的工兵攔下來。他告訴我們，他的役期在這個星期屆滿，但是他希望我們當場、當下主持他志願留營延役四年的宣誓。因此，就在冰冷的冬雨和泥濘中，在薩瓦河的浮橋上，夏利卡什維利將軍和我為他主持宣誓。這就是美軍部隊的精神，也增強我的信心，相信美軍在波士尼亞一定會成功。

當年春天，我第二次到波士尼亞，視察俄羅斯和波羅的海國家部隊，以及美軍子弟。我應納許將軍之請，把美國國防部一枚勳章配掛到俄羅斯部隊旅長身上。納許將軍向我報告，俄羅斯旅長的表現十分傑出，俄軍參與徒步巡邏、降低許多不必要的傷亡，因為波士尼亞塞爾維亞人和平地接受他們的巡邏。

第三次視察時，我與部隊一起過感恩節。最後一次視察是到他們在德國的本部基地；他們已經帶著真實的成就感回防，而且很了不起，他們在前線的傷亡竟比前一年和平時期駐紮德國時還要少（我得到的報告是，在德國的傷亡主要是公路上出車禍）。

波士尼亞行動讓我完全看清楚美軍的技能和專業，夏利卡什維利將軍、卓爾旺將軍、納許將軍以及其他參與者，都是最好的榜樣，使得這項任務成為維持和平作業的樣板。它也展現出北約組織的影響力，以及「和平夥伴關係」才幾年就十分卓越有效。

波士尼亞行動也證明，北約組織作為泛歐洲同盟時會是多麼的強而有力；尤其是能有俄羅斯和北約並肩作業而不是作對時，更是有效率。

回憶起努力營造泛歐洲安全同盟時，我想到「和平夥伴關係」的關鍵角色，以及當初成立它時的思維。歷史為「和平夥伴關係」提供一個相當有啟示性的脈絡。第二次世界大戰結束時，美國推行馬歇爾計畫（Marshall Plan[11]），這是攸關往後西歐數十年和平與繁榮的重大關鍵，也是「圍堵」此一大戰略的核心。冷戰結束，以及它帶來的新戰略機遇，增強核子時代的泛歐洲安全，我們當中有許多人支持，為經濟破敗、風險仍大的東歐新生民主政府國家，也來推動類似馬歇爾計畫的援助。很顯然，這些國家若

培里和夏利卡什維利將軍走過美國陸軍工兵在薩瓦河搭建的浮橋，進入波士尼亞，一九九六年一月。

是垮了，將威脅到歐洲安全剛冒出來的機會。

新馬歇爾計畫並沒有實現，但幸運的是能夠創立「和平夥伴關係」，透過它在東歐推動某些戰略安全。特別重要的是，「和平夥伴關係」在東歐軍事官員心目中建立起對西方軍人的敬重，使他們有心效法。「和平夥伴關係」的經驗，彰顯出軍人在民主社會的角色是支持民選出來的領導人，而不是發動政變、推翻他們。

美、俄士兵加入北約維和部隊，從波士尼亞哨站遠望當地動亂，一九九六年。

的確，與北約部隊有效配合的新經驗，在廣泛的維和面向有極深的價值——譬如，泛歐洲共同介入波士尼亞戰爭。從戰略角度看，「和平夥伴關係」確保我們在可預見的未來不會與東歐國家有軍事衝突。很重要的一點是，它也是北約與俄羅斯軍事合作的基礎。的確，若無「和平夥伴關係」，我不相信能成功地使俄羅斯全面參與波士尼亞行動；當然也不會有俄羅斯一個旅接受美軍師長戰術指揮這件事。

「和平夥伴關係」的成功，也為它自身招來特別問題。大部分國家會參加它，主要是因為他們認為這是加入北約組織需先通過的第一關——他們全都希望加入西方安全團隊。我非常贊同這種期望，但我也相信，非常敏感的長期戰略問題，是與短期政治扞格的，必須與加入北約組織的時機抓好節奏。時機拿捏是最重要的因素。我們這一代以合作尋求安全全都得靠它。

因此，我花了不少時間走訪東歐各國首都，向他們解釋加入北約組織的條件，建議他們要有耐心，也推動這些國家在等待期間繼續積極參加「和平夥伴關係」。我發現在每個國家，「和平夥伴關係」不只是相當成功，而是幾乎太過於成功。參加「和平夥伴關係」三年之後，所有的東歐國家，包括從解散後的蘇聯獨立出來的波羅的海國家，全都希望加入北約組織。他們不想再等五年，也不想再等三年，他們現在就要加入！

以小心謹慎的方式擴大北約組織，在涉及對俄羅斯關係方面，是絕對重要的戰略需求。在各方對「和平夥伴關係」日益熱切之下，俄羅斯也成為「和平夥伴關係」相當活躍的一員，它也參加北約組織的會議，但同時它也發現自己陷入一個矛盾情勢：它在傳統上反對東歐國家（尤其是在它邊陲外圍的國家）加入北約組織。俄羅斯仍把北約組織看作潛在威脅——這個威脅今後再也沒有東歐國家可作為緩衝。可是在這個關鍵時刻，俄羅斯對於這些國家加入「和平夥伴關係」抱持正面態度；的確，他們本身也積極參與「和平夥伴關係」。美國和俄羅斯交往也獲致重大突破，使他們同意派出一個精銳旅，接受美軍師長的指揮，在波士尼亞執行維和任務。但我也很肯定，俄羅斯人對自己的區域安全還未快速轉化到全新視角。我不以為時機已經成熟到可以推動北約東擴。最重要的是，美國必須和俄羅斯攜手並進，而我怕這時北約東擴會使雙方關係逆轉。我認為這時候關係倒退，會傷害到美國在後冷戰時期辛苦、耐心發展起來的正面關係；它可能逆轉已經走上的前景看好的方向，這條路在核子時代的利害關係大得不得了。我曉得東歐國家遲早會加入北約組織，也應該加入北約組織；但我認為美國需要更多時間，把俄羅斯這另一個核子大國納進西方安全圈。我很清楚看到箇中重點。

當國務院助理國務卿李察．郝爾布魯克於一九九六年提議，立即讓若干「和平夥伴關係」成員，包括波蘭、匈牙利、捷克共和國與波羅的海國家，加入北約組織時，我積極反對他的提議。我的想法很清楚：我希望把這個倡議再延遲兩、三年，我認為屆時俄羅斯對於它在西方安全圈內的地位會比較有安全感，不會認為這是一種安全威脅。

但是我壓不住郝爾布魯克，他極力主張自己的想法。我找上柯林頓總統，說明我的關切，要求他召開國家安全會議，容我陳述我的關切和再拖幾年的理由。柯林頓總統接受建議，召開國家安全會議專題討論這個問題。我闡明為什麼主張再拖延幾年才來考量北約東擴問題的理由。我對當天會議的狀況非常驚訝。國務卿克里斯多福和國家安全顧問雷克都緘默不說話。反而是副總統高爾發言反對我的意見。他強力主張立即擴大北約組織；他的主張比起我的發言，在總統面前更有份量。總統同意立刻支持波蘭、匈牙利和捷克共和國加入北約，但波羅的海國家的加盟問題，擇期另議。高爾副總統的論點強調的，是把東歐國家納入歐洲安全圈的價值，這一點我完全同意。他認為這一來會和俄羅斯發生問題，但美國可以處理得來；我對此就完全不同意。我仍然認為與俄羅斯維持正面關係，和延遲幾年再談北約東擴，兩者應該擺在一起看待。最根本的理由是，我認為俄羅斯仍擁有大量核武，我把維持美俄正面關係視為相當高的優先項目，特別是它關係到日後降低核武的威脅。

基於我的信念，我考慮提出辭呈。但我又想到，我一辭職可能被錯誤解讀成反對波蘭、匈牙利和捷克共和國加入北約組織，其實我很樂見他們加入，但不是現在加入。後來我決定不辭職，希望自己的繼續在職有助於和緩不信任感的上升。柯林頓總統已經給了我所要求的——有機會在國家安全會議陳述我的主張——不幸的是，我的說服力不足。

當我回顧此一關係重大的決定時，我為沒有更強有力地替延遲北約東擴力爭到底感到遺憾。在柯林頓總統召開國家安全會議之前，我可以找克里斯多福和雷克密集地一對一懇談，試圖說服他們支持暫緩擴大北約的主張。我可以先寫一份報告詳述自己的論點，請總統在會前交給全體與會人士研閱。我也可以提出辭呈。當然，不無可能美國與俄羅斯關係都會決裂，但我不願承認。

一九九六年是美國和俄羅斯關係的高點。那種積極、建設性的關係明顯吻合兩國最佳利益，美國應該可以維持住才對。我將在本書稍後的篇章敘述，在後來幾年，美俄關係變得和冷戰時期幾乎同樣負面。現在面對艱鉅挑戰，試圖恢復兩國至少能在對雙方都有極大共同重要性的安全議題上之合作，防止核子恐怖主義和區域核子戰爭更是重中之重。

注釋：

1 Kozaryn, Linda. "Joe Kruzel, DoD's Peacemaker." *American Forces Press Service*, 24 January 1995. Accessed 3 March 2014. 喬・庫魯哲擔任主管歐洲及北約政策的國防部副助理部長，第一項重大任務就是建立「和平夥伴關係」（Partnership for Peace），這項計畫的宗旨是拉攏前華沙公約會員國與北約組織更加親善。在此之前，他曾擔任過國防部長哈洛德・布朗的特別助理，以及聯邦參議員愛德華・甘迺迪（Edward Kennedy）的國防及外交政策立法助理。一九九五年八月，他和另兩位美國談判代表搭乘裝甲人員運載車前往塞拉耶佛市，因為豪雨、道路坍方，車子滑落五百多公尺邊坡而當場殞命。

2 The Marshall Center. "About Marshall Center." Accessed 13 January 2014. 馬歇爾中心（Marshall Center）一九九三年六月五日在德國加米許─帕騰基興（Garmisch-Partenkirchen）正式揭幕，是推動北美洲、歐洲及歐

亞大陸國家彼此對話及了解的一個重要國際安全及防務研究機構。

3 Asia-Pacific Center for Security Studies. "History & Seal of the APCSS." Accessed 3 March 2014. 亞太安全研究中心（Asia-Pacific Center for Security Studies）是仿效喬治·馬歇爾歐洲安全研究中心的機構，一九九五年九月四日正式揭幕，威廉·培里和約翰·夏利卡什維利將軍是剪綵典禮的嘉賓。

4 William J. Perry Center for Hemispheric Defense Studies. "About William J. Perry Center for Hemispheric Defense Studies." Accessed 4 September 2014. 半球防衛研究中心（Hemispheric Defense Studies）是培里一九九六年出席在阿根廷巴利洛歇（Bariloche）舉行的第二次國防部長會議時提議成立，於一九九七年九月十七日正式運作。二〇一三年，它更名為威廉·培里半球防衛研究中心。

5 North Atlantic Treaty Organization. "Peace Support Operations in Bosnia and Herzegovina." 5 June 2012. Accessed 4 September 2014. 北約組織一九九五年十二月派出由它領導的執行部隊（Implementation Force, IFOR），以及次年派遣由它領導的安定部隊（Stabilization Force, SFOR），首度在波士尼亞、赫塞哥維納進行其危機回應作戰。總共三十六個同盟會員國及夥伴國家派出部隊，參與任務。

6 Churchill, Winston. "Give Us the Tools." Speech, London, 9 February 1941, paraphrased in Thatcher, Margaret. "Speech to the Aspen Institute." Aspen, 4 August 1995. Accessed 4 September 2014.

7 Perry, William J. Day Notes. 來自俄羅斯、「聯絡組」*（Contact Group）成員、派出地面部隊國家及北約、歐盟、聯合國共十六國外交部長、國防部長、參謀總長出席的倫敦會議，向波士尼亞提出最後通牒；基本上這是美、英、法的方案，經與會國家同意。倫敦會議結束後，培里呈給總統的備忘錄說明此一國際社會最後通牒的內容：如果果拉志德遭到攻擊、或攻擊似已迫在眉睫，盟軍將發動空襲，造成足夠的痛苦，逼塞爾維亞人停止掀起進攻的行動。

8 Clinton, Bill. "Dayton Accords." *Encyclopaedia Britannica*. Accessed 4 September 2014. 岱頓協定（Dayton Accords）是波士尼亞、克羅埃西亞和塞爾維亞三國總統，在一九九五年十一月二十一日簽訂的和平協定，結束在波士尼亞的戰爭，訂定波士尼亞及赫塞哥維納和平協定總架構（General Framework Agreement for Peace in Bosnia and Herzegovina）。

9 Holbrooke, Richard. *To End a War*. New York: Random House, 1998.

10 Patton, George. Speech, Los Angeles, 1945, quoted in Case, Linda. *Bold Beliefs in Camouflage: A—Z Briefings*. Neche, ND: Friesen Press, 2012. Pg. 187. 這句話曾有許多偉人引用，包括喬治・巴頓將軍（George Patton）曾在二戰結束後不久的一次演講中提到。據說它的來源源自中國武聖孫子、印度薇佳雅・拉克希米・潘迪特（Vijaya Lakshmi Pandit）和古羅馬諺語*。

11 The George C. Marshall Foundation. "The Marshall Plan." Accessed 4 September 2014. 一九四七年六月五日演講中揭示的馬歇爾計畫，正式名稱是「歐洲復興計畫」（European Recovery Program），主要宗旨是重建西歐經濟與精神。包括西德在內十六個國家成為計畫的一份子，各國規劃它們需要的援助，由美國透過「經濟合作署」（Economic Corporation Administration）提供行政及技術協助。

---

*譯按：美、英、法、俄等四個聯合國安全理事會常務理事國，加上對波士尼亞維和任務出兵、出力最大的德國、義大利一共六個國家，組成「聯絡組」這個非正式組織，討論巴爾幹和平進程。第一次會議於二〇〇六年在紐約舉行，由美國國務卿康朵莉莎・萊斯（Condoleezza Rice）擔任主席。

*譯按：潘迪特是印度獨立後第一任總理尼赫魯的妹妹，歷任印度駐英國、蘇聯、美國及聯合國大使，對英印關係平穩過渡貢獻宏大。

第十七章

對海地「完美無瑕的進軍」及與西半球安全建立關係

這些原則指導了我們自己半球之內的關係，它們是防禦美國國家安全的前線。我們的目標是維持一個充分民主的半球，以善意、安全合作，以及全民繁榮的機會為基礎團結起來[1]。

——《科學、法律與科技中的國家安全議題》（*National Security Issues in Science, Law and Technology*），CRC出版公司，二〇〇七年四月。

維持美俄關係肯定是降低傳統核子危險的關鍵，但是新的核子安全議題如核子恐怖主義正在興起，而要處理這些議題需要與許多國家，包括本身在西半球的國家，保持更密切的安全關係。自古以來，五角大廈大體上都忽視這些關係。

檢討起來，忽視它們的原因多端。冷戰造成一個無心的結果，即美國的安全顧慮全都集中在蘇聯，以及蘇聯試圖延伸勢力的地區身上。因此，我們有超過二十萬大軍駐守歐洲，在亞洲也有將近十萬大軍、外加強大的太平洋艦隊。除了加拿大也是北約組織強大會員國、在歐洲有相當駐軍之外，五角大廈殊少注意西半球。沒有一位在職國防部長深刻關切本地區事務，他們也沒把這些國家當成優先對象要去訪問、建立關係。但是，情況即將改變。會改變，部分原因即是冷戰結束。但是改變也反映我個人的觀點：安全始於本身家園。

即使我沒有這種觀點，西半球突然也出現一個安全問題，立即落到我身上。我就任國防部長時，海地爆發安全危機。一九九一年，海地軍事執政團推翻經由民主選舉產生的總統讓─貝特朗．阿里斯蒂德（Jean-Bertrand Aristide）。軍事執政團推出一位傀儡總統，但實際大權抓在執政團首腦拉烏．塞德拉斯（Raoul Cedras）將軍手中，他實施的是嚴厲的軍事統治。美國要求塞德拉斯下台，讓阿里斯蒂德總統復職[2]。塞德拉斯拒絕，我們威脅要採取軍事行動。我奉柯林頓總統之命，規劃進軍計畫。我指示大西洋司令部總司令、海軍上將保羅．大衛．米勒（Paul David Miller）策劃與集結進犯部隊。

米勒上將立即策劃與集結部隊：第八十二空降師將於北卡羅萊納州布瑞格堡（Fort Bragg）附近的帕普空軍基地（Pope Air Force Base）集合，預備空降進入海地；第十山地師部隊將登上航空母艦，在空降部隊之後由直升機運送進去、擔任維和部隊[3]。海地並沒有空軍，因此米勒將軍命令航空母艦艦長把戰鬥機移置到地面某個基地，讓直升機隊和第十山地師部隊登艦。用不著說，航空母艦飛行員很不高興地守在陸軍基地，袖手旁觀海上進擊攻勢！發動進擊日前一天，我飛到離海地僅有幾十英里距離的一艘航空母艦，視察部隊部署狀況。我對米勒上將的調遣部署印象深刻，深信行動一定成功。

但我們仍懷抱希望，盼望外交交涉可以免掉大動干戈。前任總統吉米・卡特、參議員山姆・努恩和剛退役不久的柯林・鮑爾（Colin Powell）將軍——一個十分亮眼的外交團隊——接受塞德拉斯將軍邀請，出面調停。柯林頓總統派他們到海地去，但是講明了塞德拉斯必須把政權交還阿里斯蒂德總統這一點是沒得談判的。前總統卡特回報塞德拉斯不接受，因此美方啟動進軍計畫。

一九九四年九月十八日星期日，是美軍進擊海地的預定日，我前往白宮橢圓辦公室向總統報告部隊動態。我赫然發覺，美方外交代表顯然沒聽從柯林頓總統要他們回國的指示，也不曉得美方進擊計畫的詳情，他們居然還逗留在海地，而且就在塞德拉斯身邊。前總統卡特正在和柯林頓總統通電話，表示他們答應塞德拉斯多留一天做最後斡旋，又說他有信心可以達成協議。由於對話是在公開線路上進行，柯林頓總統不能向前總統卡特說明他的關心；但是他指示卡特立刻帶隊離開。卡特顯然很失望，即將要掛上電話了；這時一位副官衝進塞德拉斯辦公室，大喊美軍空降部隊剛離開布瑞格堡了——顯然塞德拉斯布置了間諜盯緊布瑞格堡和鄰近的帕普空軍基地的動靜。聽到這個消息，塞德拉斯立刻軟了，同意下台。因此前總統卡特得到他要的協議；我們無從知道，若是塞德拉斯不知道美軍已經出發，是否會同意這項協議。我立刻下令空降部隊回到布瑞格堡，也指示米勒上將把準備以直升機隊載運進攻的部隊，改在次日和平登陸。美方部隊以維和部隊之姿進入海地，美軍及海地雙方都無人命傷亡。這次登陸後來被稱為「完美無瑕的進軍」（The Immaculate Invasion）。

這個故事有個美好結局，但它也反映出威懾外交的變幻莫測和危險。我們也可以想像，如果溝通狀況稍有不同，就會出現非常不同（甚至不愉快）的結局。的確，歷史上充滿了軍事衝突或

柯林頓總統在橢圓辦公室與內閣閣員討論海地危機，一九九四年。白宮攝影室攝。

戰爭，是因為當事人彼此溝通不良、或誤判對方意向而開打的實例。在核子時代，誤判可會產生無法想像的後果。

幾天後，夏利卡什維利將軍和我飛到海地，和塞德拉斯將軍會面，試圖說服他美方已經替他在中美洲某國安排好安身之處。塞德拉斯將軍起先不願離開海地，試圖交涉另外的辦法。我們只好扳起臉孔告訴他，我們不是來和他談判交涉，我們是下達指令！

兩個月之後的感恩節，李和我，偕同夏利卡什維利將軍及其夫人瓊安、麥德琳・歐布萊特（Madeleine Albright）大使、眾議員約翰・穆塔（John Murtha）及其夫人喬伊絲，在海地拜會阿里斯蒂德總統，然後與美軍部隊一起吃感恩節大餐。我們到達機場時，看到海地嬰童接受美國軍醫診治。在感恩節餐宴上，已經復職的阿里斯蒂德總統送我一隻活火雞——除了火雞（以及美國國防部長）之外，每個人似乎都覺得很好玩！

維和作業在訓練有素的美軍部隊控制下順利展開，現在盟國加拿大也派兵參與維和作業。讓美方很高興的是，聯合國於一九九五年三月正式接管維和責任，加拿大部隊成為聯合國部隊主力，美軍得以抽身對付波士尼亞危機。

雖然海地維和作業是我參與西半球維安的首次行動，我知道自己對西半球的關注會變得更廣泛。這是一個新時代。冷戰已經結束，但是核子危機尚未開始——它正在形成中。我們再也不能墨守原有心態，以為美俄核子對立實質上是獨一無二的關注重心。我們需要有全新的、與時俱進調整的思維，而且刻不容緩。如果你讀到後冷戰時期初期冒出來的動盪跡象，譬如愈來愈有需要增強許多地方核子材料及設施的安全，你就會明白我們需要在全球更注重安全利益，尤其是在西半球特有的獨特問題。

我決定把握機會。在就任部長三個月之後，我拜訪在西半球的鄰國加拿大。我也計畫稍後再拜訪另一個近鄰墨西哥，但國務院勸我打消念頭，提醒我自古以來墨西哥人就不歡迎美國軍事力量。

我認為他們的論述沒有說服力。我在本書反覆提到，我自己的經驗經常告訴我，原本是、或目前還在爭吵的人可以基於共同利益，尤其是涉及重大問題時坐下來談。因此我自己研究和墨西哥就防務議題開啟對話的可能性，包括和墨西哥駐美大使會面。我很快就認為，西半球各國重新討論和規劃防務問題，可能會出現有用的收穫。我邀請墨西哥國防部長來美國訪問。他接受邀請，這項訪問很充實也很友善。他邀請我也到墨西哥作客，我欣然接受。

我很驚訝，這竟然是有史以來第一次，美國國防部長訪問墨西哥。這次訪問不論是政治上或是為共同安全議題，都相當成功。

我決定再進一步，安排前往巴西、阿根廷、委內瑞拉和智利訪問。在這些訪問中，每位國防部長和我都有一個共識，把西半球各國國防部長齊聚一堂會談將很有益處。我決定著手策劃。一九九五年七月，除古巴之外，西半球三十四個國家國防部長在美國維吉尼亞州威廉斯堡集會，具體討論共同的安全利益（打擊販毒及其產生的暴力是最高優先）。阿根廷部長原本對此一倡議存疑，最後變成最積極支持。他提議每年要開兩次會，而且主動表示由阿根廷做東召開下次會議。此後會議一直進行至今，美國對西半球鄰國重新關注導致成立「半球防務研究中心」（Center for Hemispheric Defense Studies）。我很榮幸，二〇一三年國防授權法案提議把中心重新命名為「威廉・培里半球防務研究中心」（William J. Perry Center for Hemispheric Defense Studies[4]）。

注釋：

1 *National Security Issues in Science, Law and Technology*, ed. T. A. Johnson. Boca Raton: CRC Press, 2007.

2 United Slates Institute of Peace. "Truth Commission: Haiti." Accessed 4 September 2014. 海地總統亞讓—貝特朗・阿里斯蒂德，一九九一年九月遭軍事政變推翻。軍方領袖拉烏・塞德拉斯將軍領導的高壓政府，屢有侵犯人權惡行。阿里斯蒂德總統已經排定在一九九三年十月回國復職，但由於軍方抗拒，直到一九九四年七月，他才在聯合國及兩萬名美軍部隊支援下回國復職。

3 Girard, Philippe. *Peacemaking, Politics and the 1994 US Intervention in Haiti. Journal of Conflict Studies* 24: 1 (2004); and Ballard, John. *Upholding Democracy: The United States Military Campaign in Haiti, 1994—1997*. Westport, CT: Praeger, 1998. Pgs. 61—84. 起先規劃了三個不同的干預海地方案。第一項方案「二三七〇

作戰計畫」，要以一八〇聯合作戰大隊、八十二空降師揮兵攻入海地；第二項方案「二三八〇號作戰計畫」，打算派一九〇聯合作戰大隊和第十山地師，以純粹維和部隊之姿介入；第三項方案「二三七五號作戰計畫」，則兼採上述兩案要素。一九九四年九月十八日，第八十二空降師傘兵部隊已經坐上飛機，從北卡羅萊納州布瑞格堡附近帕普空軍基地出發；兩支航空母艦戰鬥群也駛向海地。可是，柯林頓總統派出以前任總統吉米・卡特為首的談判代表團，卻在進攻部隊即將到達的前幾個小時，與軍事執政團推出的總統艾彌爾・卓納桑德（Emile Jonassaint）達成協議，行動遂告中止。卡特—卓納桑德協議保證提供政治大赦，交換承諾海地總統阿里斯蒂德可以回國復職。軍事入侵計畫包括要動員兩萬多名部隊、主要是陸軍。

4 US Congress. House of Representatives. *H.R. 4310, National Defense Authorization Act for Fiscal Year 2013.* 112th Cong., 2nd Sess., 2012. H. Act. H.R. 4310. 依據二〇一三會計年度國防授權法（第二八五四條），半球防務研究中心重新命名為「威廉・培里半球防務研究中心」。

第十八章

軍隊戰力和生活品質之間的「鐵的邏輯」

「愛護你的部隊，部隊就會擁戴你。」

——美國陸軍資深士官長理查・基德給培里的建言，一九九四年二月。

資深士官長基德在我宣誓就職儀式後給我的建議，我一直銘記在心。接下來幾個月，我一直思考它，終於決心大規模推動。我認為部隊的訓練和士氣是我們軍事力量的關鍵，我也知道我繼承的部隊是全世界最精銳的雄師；或許就其兵力員額而言，也是歷來最強大的軍隊。我認知到這一點，但更重要的是，全世界各大國軍事領袖也都知道。美國傳統兵力強大還有一個好處，就是它最小化了核武的重要性，降低使用它們或甚至威脅要使用它們的可能性，讓我們有餘裕追求協議，以降低全世界的核武數量。它在目前核子時代的重要性，怎麼強調都不為過。

美國兵力的優越性，在一九九〇年第一次伊拉克戰爭「沙漠風暴作戰」已經表露無遺，我知道在海地和波士尼亞可以依賴他們，他們也的確不辜負期許，只是在非常不同的情境下發揮他們的能力。我知道自己必須照顧好這支雄師勁旅：我有責任維持美軍的素質，再把他們交棒給下一任國防部長。

但我該怎麼做呢？美軍傳統兵力強大，有很大一部分是因為擁有非常優勢的武器系統，我在一九七〇年代末期擔任國防部研究及工兵事務次長時，在研發及部署此一「抵銷戰略」方面扮演重要角色。我也相信能幹、士氣高昂、受到卓越領導的士兵至少同等重要，但這方面我的經驗就不足了。我思考如何在這方面善盡職責時，想到我在業界發展出來的領導經驗應該會有用，但是要開發高度積極進取的士兵，肯定還有一些特別訣竅。

資深士官長基德給了我很好的建議：「愛護你的部隊。」雖然我立刻明白這個建議的價值，但我不清楚要怎麼去落實。然而，我也不是茫無頭緒——我自己當過兵，我對士兵的福祉也有個人親歷的經驗。

我每次視察三軍部隊，都會在士官圈中發現第一流的人才。我的高階軍事助理保羅．肯恩（Paul Kern）少將曾說，美軍士官的素質相較於其他國家的軍隊，是「不公平的競爭優勢」，或許和美國的優勢科技同等重要，他認為我應該以維持士官素質為優先事項。由於軍隊縮編、預算削減和設施逐漸老舊，肯恩將軍建議我親下基層，看看一般士兵的生活起居。

我立刻接受這個建議。我親下基層，與數千名士兵談話，讓我學到一課，我稱之為「鐵的邏輯」：美軍部隊的作戰素質和他們眷屬的生活素質息息相關。透過這些視察和談話，我清楚了解到這個「鐵的邏輯」，決心著手努力。

為了展開我的教育，肯恩安排我和三軍資深士官的一系列會談，起先是個別談話[1]，然後是分組談話，由我向他們請教。我們每一季參訪不同的軍事基地，參訪的規矩是由每個基地的資深士官長規劃和安排整個行程，帶領我們看他認為重要的事物，軍官完全不介入。這就等於是我當年在業界能夠相當成功所採取的「走動式管理」軍方版。

每到一個基地，指揮官迎接我們之後就交給基地的資深士官長。通常他帶領我們四處走動看看、問問題，但是我在和基層士兵分組討論時收穫最豐富。擔任部長期間，我和數千名基層士兵交談過，起先我以為他們和國防部長談話一定會很緊張，其實完全不然。通常在回程的飛機上，肯恩將軍和我會與資深士官長討論心得，接受他們的批評。經過多次這樣的視察和討論，我深入了解到部隊官兵感受到的最迫切問題，開始研訂計畫，維持美軍素質極高而享有的「不公平競爭優勢」。

我認為美軍的密集訓練計畫，是維持士官優秀能力的關鍵。這些訓練在一位士官服役期間永不休止、密集進行。世界其他各國的軍隊都沒有這麼認真操練；在產業界也沒有這麼一回事。最接近的事例，是IBM在第二次世界大戰結束後頭幾十年推行的內部訓練計畫。當時因為IBM的工程師和業務代表基本上都會終身在IBM服務，因此他們覺得投資在員工教育訓練的報酬很值得。這種情況在電腦業興起，其他公司開始爭相雇用IBM訓練過的工程師之後就不復存在。美軍若要實現耗費不貲的密集訓練的全部效益，需要相當高比例的士兵志願留營。我和基層官兵談話學到的是，士兵入伍，家屬會一再留營。留營率高和軍眷對生活品質滿意度高，兩者之間的關係無可否認。

得出部隊作戰素質和軍眷生活素質息息相關這一「鐵的邏輯」結論後，我建請柯林頓總統撥出一百五十億美元特別追加預算，改善美國在全球各軍事基地的設施。讓許多愛冷言冷語的五角大廈觀察家吃了一驚，柯林頓總統核准這項提議。我們妥善利用這筆預算，譬如設置軍眷相當重視的托兒所。但是除了從具體計畫得到價值之外，我們從軍眷強大的認同感可能獲益更大，因為他們現在發覺，有人聽到他們的心聲——有人關心他們的問題。

但這些經費只是克服最大的生活素質問題（基地眷舍不足、老舊）的開端。每年美國的國防預算都撥了幾十億美元增建基地新眷舍。但是據估計，興建新眷舍需要的實際費用超過好幾千億美元。因此，我們每年並沒追趕上、反而是更落後。許多軍人眷屬（不分軍官眷屬或士兵眷屬），都住在低於標準的宿舍中。我視察時，看到眷舍的破舊都覺得汗顏；但是在主觀的反應之下是個客觀事實（也就是「鐵的邏輯」）：如果不能解決這個問題，就很難達成維持高素質作戰能力部隊的優先目標。

我決心改善這個情勢，要求主管經濟安全的助理部長約書亞・高德邦（Joshua Gotbaum）研究，如何運用民間資金開發眷舍、不要只想靠國會撥款那杯水車薪。我的構想是讓民間開發商用他們本身的資金，在軍事基地上興建眷村，然後以相當於軍人每月眷舍補助費的租金把房子租給軍人。我擬想，這就不需坐等國會撥款，可以蓋出像樣的眷舍了。約書亞取得三軍首長的鼓勵，他們全都認同眷舍是個大問題，也全都同意派人一起尋求解決辦法，因此約書亞成立一個眷村工作小組，三軍都派出代表參加。一九九五年初，小組提出「軍人眷舍方案」（Military Family Housing proposal），提出要求賦予新授權及放寬既有的授權。

為了增強約書亞的努力，我委派前任陸軍部長傑克・馬許（Jack Marsh）成立一個專案小組，研究提升軍人生活素質。馬許專案小組（Marsh Task Force on Quality of Life）在一九九五年秋天提交報告給我，它完全支持工作小組的提案。

我對全案方向有了把握後，帶著新提案拜會國會負責授權和撥款的委員會諸公，在一連串的早餐中一一遊說。然後，約書亞到國會各委員會作證、說明、交涉法案文字，終於在一九九六年獲得通過。這項授權法准許先試辦五年，以後再視成效永久准予辦理。為推動計畫，約書亞先成立一個臨時辦公室，後來新單位取名「宿舍區計畫」（Residential Communities Initiative）。這個計畫受到三軍熱烈採行，後來幾乎全美國各地軍眷宿舍都採用這套辦法更新，蓋了約二十萬戶[2]。我卸任後，偶爾也有機會參訪軍事基地，順便就參觀新眷舍。我對這些房舍的品質非常引以為傲。它們遠遠超過我原先的預期，我也一直很感謝繼任部長們明白它的價值，持續推動此一計畫。

我在聆聽基層士兵心聲時也學到另一課，美軍素質和「大兵法案」（GI Bill）息息相關。我知道這個法案幫助我退伍後升學，也幫助整個世代的二戰退伍軍人。幾乎八百萬名二戰退伍軍人受惠於「大兵法案」提供的福利，它對美國的經濟、全球競爭力和人民生活水平，有莫大貢獻。我到基層視察時，與無數的青年士兵談話，問起他們為何從軍？最常聽到的回答是：「我沒錢上大學，因此入伍，希望退伍時能夠依據『大兵法案』拿補助去念書，好拿一張大學文憑。」因此，「大兵法案」可說是吸引高素質、有志上進青年男女投效軍隊的重要誘因。當這些志願從軍的士兵退伍後，許多人借「大兵法案」之助進修。有些人體會到軍中的訓練計畫一流，志願留營，一邊服役，一邊進修念書。不管怎麼樣，國家都因而受惠。我對「大兵法案」攸關美軍軍隊素質深為感動（它對民間社會的重要價值也不容忽視），因此頒發國防傑出文職服務獎章給國會眾議員吉利斯貝・桑尼・蒙哥馬利（Gillespie "Sonny" Montgomery），表揚他在國會山莊領導通過新的大兵法案。

即使在兵員削減、預算縮編的時代，我還是學到一些維持美軍作戰部隊優秀素質的一些竅門。回顧起來，這些竅門似乎很明顯，但若非肯恩將軍明智的指引，我可能不會及時學到而有所動作。在五角大廈這樣規模的官僚體制當中想要改革，需要時間、專注的行動、耐心和持續不懈的追蹤，並且選擇值得一戰的戰役。我仍然相信這場戰役值得一戰。

反省我為了改善士卒生活素質的努力，我承認自己一向奉行的「走動式管理」的重要性。的確，我要說這是我管理任何組織及參與國際關係活動所奉行的基本法則。譬如說，它體現我在國際外交上的許多作風，這個作風是透過誠實懇切、有效化解敵意的精神，以我的長期經驗為基礎，假設大部分的人，包括在最惡劣的環境互相爭執不休的人，都能夠本於重大的共同需求而合作。這種做法其實一點也不複雜。能夠相互尊重、開敞心胸聆聽對方——明白他們是何許人也、他們最根本的信念和他們想要什麼——最最重要。這種作風的效用就是消弭敵意，因為一切都是為了求同存異。儘量求取共同利益，可以使狹隘的關切——包括軍事和經濟威脅——獲得諒解。

回想我關心改善美軍部隊生活素質的過去，不能不提到內人李多次陪我到各基地視察。通常她由基地官兵眷屬帶領參觀，她會聽到許多心聲，大部分關係到生活素質問題，而眷舍問題無可避免都名列前茅。她從不放棄機會學習，因此我對生活素質的了解不但直接得自士兵的反應，也間接聽到他們眷屬的心聲。內人對於要如何處理某些最嚴重的問題，也有她的見解；如果我時間允許，她會和我一起做，否則她也會和我的幕僚一起出點子。軍方領袖注意到她的認真，因此在我卸職典禮上，軍方也頒給李獎章，表揚她支持軍眷，以及大力支持改善軍眷生活素質的各項計畫。她的悲憫心也擴及到海外基地的許多美軍軍眷，因為她也參訪過許多海外基地。

有一次，她的愛心還擴及到其他國家的軍人。一九九五年有一次她和我到阿爾巴尼亞，她被帶去參觀一所軍人醫院，對於醫院的簡陋、原始和欠缺衛生的狀況她大吃一驚。我們回國後，她和我的幕僚思考如何可以幫忙。她和肯恩將軍的太太迪迪（Dede）想出一個點子：邀請某一州的國民兵夏天到阿爾巴尼亞訪問，協助那所醫院提升衛生品質。結果相當不錯，阿爾巴尼亞總統因此頒給李一枚「德蕾莎修女獎章」，這是以全世界家喻戶曉的阿爾巴尼亞名人命名的殊榮。李能夠得到這項獎章，我比她還更高興。

注釋：

1 Kozaryn, Linda D. "Secretary and Top NCOs Keep DoD's Focus on Quality of Life." *American force Press Service*, 26 July 1995. Accessed 14 January 2014.「自從三年多前開始偕同三軍資深士官視察軍事基地以來，國防部長威廉・培里就指示國防部要注重改進官兵生活品質，他也決心要貫徹此一指令。」

2 US Office of the Assistant Secretary of the Army, Installation, Energy and Environ- ment, *Privatizing Military Family Housing: A History of the U.S. Army's Residential Communities Initiative, 1995—2010*, by Matthew Godfrey and Paul Sadin. Washington, DC: GPO, 2012. Accessed 15 September 2014.

第十九章

告老返鄉

「有人說奧馬爾·布雷德利是大兵的將軍，那培里肯定是大兵的國防部長。」

——夏利卡什維利將軍在維吉尼亞州麥耶堡培里部長卸任典禮致詞，一九九七年一月十四日[1]。

一九九六年總統大選過後幾天，我晉見柯林頓總統恭喜他連任成功，也提醒他我只答應擔任一任國防部長，次年一月二十日準備告老還鄉。我們對誰來接任，討論許久。我推荐了幾個人，包括約翰·德意奇和約翰·懷特（John White），兩人都是非常幹練的副部長。總統問我，如果選擇政治出身人士、譬如前任聯邦參議員擔任國防部長，我有什麼看法。我提到有三位參議員嫻熟國家安全事務，接任部長可以立刻上手業務，他們是山姆·努恩、理查·魯嘉和威廉·柯恩（William S. Cohen）。總統提到，如果延攬參議員出任部長，尤其是共和黨籍參議員，或許有助於白宮與參議院順利交往，當時共和黨掌握參議院多數席位。他要我先找柯恩參議員，探探他的口氣和意願。我指出，國防部長和其他內閣閣員不同，他轄管的部會底下有三百萬人、年度預算高達四千億美元；參議員們基本上沒有管理這麼龐大機構的經驗。但是總統覺得這個問題，可以透過指派一位有豐富管理經驗的副部長來解決。我心想，歷來這個策略並不見得都成功。次日，我打電話找柯恩參議員，他對這個職位非常有興趣。我向柯林頓總統回報後，他找了柯恩參議員懇談一番，然後在一九九六年十二月五日公布提名柯恩出任下一屆國防部長。

我對即將卸任有相當複雜的感受。我覺得任內頗有建樹，也和軍隊建立非常特殊的感情，從普通士兵和士官到軍事領袖，尤其是各總部和特定指揮部，以及參謀首長聯席會議的將領們。我和夏利卡什維利將軍相處甚歡，我認為他是美軍歷來最偉大的參謀首長主席之一。我的直接僚屬，部長辦公室主要人員，輔佐有方。尤其是肯恩將軍（General Kern）、豪斯將軍（General House）、艾布拉夏夫海軍中校（Commander Abrashoff）、馬蒂斯將軍（General Mattis）、梅爾巴．波林（Melba Boling）和卡洛．柴芬（Carol Chaffin）已經變得像是家人。我知道自己一定會十分想念他們。另外，我也有一些倡議還未完成，我擔心繼任的部長可能會停掉它們。包括「軍人眷舍方案」這個維繫資深士官留營的特別方案，任內所開辦的中心（馬歇爾中心、亞太安全研究中心和半球防務研究中心）、「和平夥伴關係」，以及我個人心心念念要維持美俄關係和諧的努力。另一方面，值得欣慰的是，我列為最高優先事項，即拆除在烏克蘭、哈薩克和白俄羅斯的核武，已在艾希頓・卡特和我定下的期限加速完成。

但是我曉得自己必須承認持續力的問題。一九九六年年底我將是七旬老人，雖然我的精力高昂，但我沒把握能夠承擔另一個四年的高度壓力工作。

最後還有一個很主觀的因素，就是對於第二任期的國防部長一直有種不吉祥的傳說：沒有一位部長能幹完第二任，每位部長都在四年任期屆滿前就被總統請下台。我認為這不是巧合；國防部長這份工作有種東西會使人在八年幹不滿就倦了。或許是簽署調遣令的壓力太大，一道命令把美軍部隊派去執行危險任務，而他們可能一去就回不來。我一向很重視簽署調遣令，試圖搞清楚來龍去脈，了解在什麼情況下可能會出錯，對軍人眷屬會有什麼影響等等；為了親自盯緊這種重大決定，我堅持一定親自審核公文，親筆簽名——不採用自動蓋章。或許是與奉你之命執行任務而殉職的官兵之遺眷見面，讓你情感上承受不住。也或許是得了所謂的「波多馬克熱」病症——有些國防部長得了大頭病，以為他們能集各方注意於一身是因本身素質，而非職位重要，造成有時候在執行大權時失了分寸。不論是什麼原因（或是多種原因加在一起），歷史歷歷在目。因此我認為急流勇退是對的。內人和我在新任部長到職後兩個星期就打包回加州，毫不眷戀，再也不回頭。

我對我的成績感到驕傲，但是我也渴望回到史丹福大學授課，恢復我任官之前就開始的非正式外交工作，以及專心、深刻地關注在核子時代出現的新挑戰（譬如區域性核子衝突）。我以國防部長之身在核子危機的散兵坑裡蹲過點，處理過最急迫的預防問題，現在我終於可以評估核子威脅明顯的新面向——那是我已經很清楚，可是一直無法全心檢視的大問題。

內人和我在卸任前兩個月，參加了許多惜別宴會。我們特別感動的是由各軍種資深士官長主辦的惜別晚會，我們迄今仍然珍惜他們送的特殊紀念品。我的幕僚也為我們辦了一場，令我們夫婦倆十分感動的「最後的晚餐」。

我的正式卸任儀式於一月十四日在梅耶堡舉行。柯林頓總統誇讚我是喬治・馬歇爾將軍以來，最優秀的國防部長，頒給我總統自由勳章。夏利卡什維利將軍敘述我視兵如子，他說：「有人說奧馬爾・布雷德利是大兵的將軍，那培里肯定是大兵的國防部長。」夏利卡什維利是我最敬重的將領，這句話真令我受用。我的告別演講提到，我以和美軍官兵一起報效國家為榮。我接受每個軍種贈送給我的勳章。參謀首長也送給李一枚勳章，表揚她關注軍眷。然後我收到意外的大禮，感動不已：資深士官長聯名送給我以前從未發出的特別獎牌，宣布我比史上任何一位部長都更照顧基層士兵及其眷屬。從許多方面而言，這份獎牌最有意義，比起我歷來得到的所有勳章，包括十多個國家頒給我的獎章，都更值得珍重。

儀式末尾是大合唱，當然包括我最喜愛的歌曲「加里福尼亞，我來了！」然後我們全家和柯林頓總統夫婦一起觀賞B-2轟炸機低空飛過的空中分列式。當天晚上，鄰居們也為我們辦晚會，李和我要離開時，他們站在陽台上也為我們辦空中分列式——滿天的紙飛機。

一月二十四日，我任期最後一天，我出席柯恩參議員在白宮的宣誓就職儀式。我走下五角大廈台階到我的座車和司機等候處時，數百名五角大廈同僚在台階下集合，鼓掌歡送我。我希望能有幾分鐘向他們表達謝意和道別，但是我哽咽難言，只能微笑和揮手。

柯恩在白宮的儀式簡潔、扼要。然後我要找我的車，發現它已經載著柯恩部長走了。當然，它不是「我的」車，它是配給國防部長的公務車，而我已經不是部長了。因此我必須搭一位同事的車回到五角大廈。等我回到那裡，部長肖像已經換上柯恩的照片。雖然有點突然，也有點震撼，但事情本來就該如此。在美國偉大的民主體制下，內閣官員不「擁有」座車以及伴隨職位而來的特權。能替美國人民服務是特權，希望服務績效良好，不負使命，然後就恢復尋常百姓身分。李和我也準備好悄然引退了。

兩星期後，內人和我又上路回家，再次回到心愛的加州，這次要永久定居了。為了解壓，又想要早點恢復平民生活，我們決定開車，不要搭飛機，而且為了避免冬天惡劣的氣候，刻意繞道走南部路線。頭幾天，大部分由李開車——被五角大廈隨扈開車伺候了四年，我的駕駛技術生疏了！我們向西開向德克薩斯州布立斯堡（Fort Bliss），走訪我的前任高級軍事助理保羅・肯恩將軍和他的夫人迪迪（肯恩此時擔任陸軍第四機械化步兵師師長）。賓主交談甚歡，翌日早晨要出發了，我那輛老爺車卻發動不了。修車廠老闆告訴我們，車子必須拖到鄰鎮去修理。我突然看到他的停車場上有一輛紅色全新的小貨卡（Chevy Blazer）。當下靈機一動，我說：「我把我的老爺車凱迪拉克跟你換你的新Blazer，你看怎麼樣？」一小時後，我們上路了，三天後開著這輛鮮紅的新車抵達帕洛奧圖。

回到帕洛奧圖，我去見史丹福大學教務長康朵莉莎・萊斯（Condoleezza Rice），她要我在學校復職，擔任全職教授，一半時間在工學院，一半時間在國際安全暨合作中心。麥可・柏柏里安*願意捐款設置一席講座教授，我成為麥可暨芭芭拉・柏柏里安講座教授（Michael and Barbara Berberian Chair Professor）。因此我很順利又回到史丹福大學校園，有真正「回家」的感覺。

我要在史丹福大學展開我規劃的新研究，需要有助手。在五角大廈時，我有一群本事高強的文武助理，他們幫助我完成艱鉅工作。他們是我的「力量加速器」，沒有他們協助，我絕對不可能完成包山包海的各項工作。我對自己在史丹福大學的新計畫也有雄心壯志，因此我也需要物色「力量加速器」。可是我的講座教授經費只夠雇一名助理，不像我在五角大廈

---

*我和麥可當年在吉姆・史皮爾克的史丹福電信公司（Stanford Telecommunications, Inc.）一起擔任董事而結交。

手下高手如雲。我聘用黛博拉・高登，她很快就一肩挑起所有重任，成為我的一人「力量加速器」。

我在柯林頓政府擔任內閣閣員，對我在史丹福大學的地位有沒有特別幫助呢？我回來後一星期，有一天走在校園裡，碰到一位老朋友。他滿臉不解地看看我：「威廉，好久不見！好一陣子沒看到你，你究竟跑到哪兒去啦？」

又隔了一星期，我回到華府接洽事情。在杜勒斯機場碰到一位興奮的陸戰隊大兵，他攔住我說：「部長先生，能不能請您為我簽個名？」我怎麼能拒絕？我正在簽名時，他對他太太講悄悄話：「親愛的，我等不及要介紹妳見見前任國防部長迪克・錢尼。」

我的再教育還沒完。史丹福工學院長約翰・漢納西（John Hennessey，日後出任校長），請我負責督導我的系和工學院另一個系合併。我天真地接受這項任務，後來才發現兩系合併所涉及的學界政治角力，鬥爭之激烈足使調解波士尼亞危機變成小事一樁。經過八個月的吵吵鬧鬧，總算依照委員會的建議完成兩系合併；新的「管理科學暨工程系」後來一直發展得很好。

我恢復開「科技在國家安全的角色」這門課，並且開辦一個當前安全危機研討會。但最重要的是，我決心把在史丹福大學的研究，延續我在國防部長任上力圖降低核武危險的工作。艾希頓・卡特已經回到哈佛大學貝爾菲中心（Belfer Center）任教。我們成立一個哈佛大學與史丹福大學合作的「預防防衛」聯合計畫[2]；名字源自我在五角大廈任職時，依據努恩—魯嘉計畫推動降低核子威脅項目所取的名字。我擔任部長時為此項目取這個名字，是為了向國會清楚表示，撥款拆除烏克蘭境內飛彈不是示惠幫助烏克蘭人，而是要預防有朝一日美國可能需要動武，那時美國要付的鮮血和金錢代價恐怕就無法想像。卡特和我為這項研究計畫做開端，共同執筆寫了一本專書《預防防衛》（*Preventive Defense*），於一九九九年出版，詳述未來五角大廈在規劃降低核子威脅的種種計畫時，必須考慮到的方方面面[3]。

從那時起到今天，我把絕大部分時間花在一系列的二軌外交對話，討論和俄羅斯、中國、印度、巴基斯坦、北韓及伊朗相關的核子及國家安全議題。這些活動在前面各章已經提到，十五年來一直持續不斷，且屢有重疊，偶爾有突破，但也不時遇到阻滯。儘管有時候會出現令人沮喪的結果，我從來沒有懷疑這些努力的價值和宗旨。不問深刻歧異，要找出共同基礎維持對話，指出穿越荊棘的一條道路。

注釋：

1 Kozaryn, Linda. "President, Armed Forces Bid Perry Farewell." *American Forces Press Service*, 17 January 1997. Accessed 14 January 2014. 陸軍上將約翰・夏利卡什維利說：「有人說奧馬爾・布雷德利是大兵的將軍，那

培里肯定是大兵的國防部長。」

2 The Freeman Spogli Institute for International Studies at Stanford University. "Preventive Defense Project." Accessed 21 January 2014.「預防防衛計畫」（Preventive Defense Project, PDP）由威廉・培里和艾希頓・卡特於一九九七年共同倡議，作為兩人任教的史丹福大學和哈佛大學合辦的項目。目前「預防防衛計畫」由史丹福大學運作。

3 Carter, Ashton and Perry, William J. *Preventive Defense: A New Security Strategy for America*. Washington, DC: Brookings Institute Press, 1999.

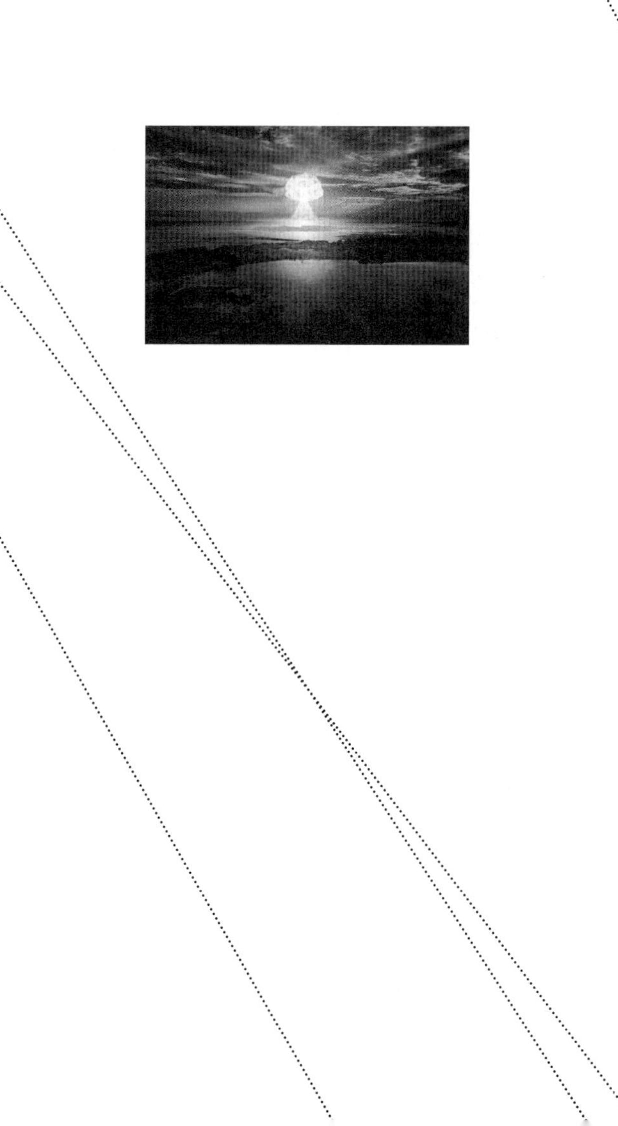

第二十章

美俄安全關係向下沉淪

我認為北約東擴是新冷戰的開始。我認為俄羅斯人會逐漸有很大的敵意反應，這會影響到他們的政策。我認為這是一個悲劇性的錯誤。

——喬治・肯楠（George Kenman）的話，經湯馬斯・佛里曼（Thomas L. Friedman）引述，出現在一九九八年五月二日《紐約時報》[1]。

我卸任離開五角大廈時，我們和俄羅斯的關係仍然不錯，但地平線上已出現烏雲。擔心美俄關係可能會開始向下沉淪，艾希頓・卡特和我把維護在我們到任前、在職中已經和俄羅斯人建立起來的親密關係，視為最高優先。作為「預防防衛計畫」的一環，我們建立起在俄羅斯和美國持續進行雙邊對話。但是一九九〇年代對大部分俄國人而言，是很惡劣的一個十年。他們經歷深刻的經濟衰退、法律秩序蕩然不存，葉爾辛總統在國際場合的言行舉止丟人現眼，他們覺得不受其他國家尊重。俄羅斯人認為這是蒙羞的十年。許多俄羅斯人把他們的問題怪罪到新興的民主政治和美國頭上——認為美國打落水狗，趁勢占他們便宜。有些俄羅斯人甚至渴望再回到昔日蘇聯的「美好時光」。

接下來幾年，我們看到權力由葉爾辛交棒給佛拉迪米爾・普丁（Vladimir Putin），整個俄羅斯的民主體制與做法崩壞，他們的新情治機關崛起，以普丁在格別烏（KGB）的舊同僚為核心重新組建起來，秩序逐漸恢復，俄羅斯經濟也大幅改善。俄羅斯人民顯然把恢復秩序歸功於普丁（他的確恢復秩序，但卻是以失去自由作為代價），也認為經濟的改善普丁居功厥偉（這一點不然，因為經濟提振主要是國際油價上漲到一桶超過八十美元以上的空前價位）。在這種氛圍下，普丁鼓勵喧囂的民族主義，伴隨著反美論調。

美俄關係繼續變質，美國在俄羅斯的對話也日益令人沮喪。俄羅斯把一九九七至九九年進行中的北約東擴視為威脅，而且他們把後來北約又納入波羅的海三國為會員，視為「北約威脅大軍壓境」。美國和北約其實也相當不智，大體上根本沒把俄羅斯的關切當一回事。讓俄羅斯人特別惱怒的是北約在科索沃的行動，在歐洲部署彈道飛彈防禦系統，以及北約繼續擴大，納入波羅的海國家。需知道，沙皇時期這三國隸屬俄羅斯，而且達數十年之久，他們也是蘇聯的一部分。後來，北約又啟動喬治亞和烏克蘭加盟的初期作業。現在，俄羅斯和北約愈行愈遠，也展現出日益怨恨美國，認為美國完全不顧俄羅斯的感受和利益，美國只顧自私自利，俄羅斯只好自求多福。

美國在一九九五年歷經艱難，好不容易與俄羅斯就波士尼亞維和作業達成合作協議，但一九九八年已經無法就科索沃維和取得共識。北約針對塞爾維亞人的軍事干預從來沒提報到聯合國要求授權，可是它相當重要的正面目標，是防止科索沃穆斯林像波士尼亞穆斯林一樣遭到屠殺。然而，俄羅斯一向是塞爾維亞的盟友，強烈反對北約介入，決心阻擋聯合國任何授權干預的一切決議案。美國能否與俄羅斯達成協議而保護科索沃人民呢？我們不知道，但我也不知道北約有努力嘗試。北約曉得俄羅斯無力阻止它進軍科索沃，決定不管俄羅斯怎麼想，逕自就把大軍開進科索沃。然而，俄羅斯人建立起來的憤懣心理，日後將以其他行動表露無遺。

美俄關係惡化又遭到另一個重擊，就是美國在歐洲部署彈道飛彈防禦系統。自從冷戰初期以來，彈道飛彈防禦系統（又稱反彈道飛彈系統）一直就是美國和蘇聯爭論的重心之一。彈道飛彈防禦系統在美蘇戰略武器限制條約簽署後就不再成為問題，因為條約有一條條款明文規定，大幅限制反彈道飛彈的部署。但是當小布希政府退出與俄羅斯簽訂的反彈道飛彈條約，以便在東歐部署一套彈道飛彈防禦系統好對付伊朗的飛彈時，美俄關係大為緊張。

要把限制反彈道飛彈納進美蘇戰略武器限制條約，原始的基本用意是攻擊性核武系統和防禦性核武系統兩者無法區分。即使俄羅斯人懷疑美國新防禦系統的效力，他們覺得若不限制美國的防禦能力，就無法安心地減少其攻擊性核武系統。總之，俄羅斯人認為進駐歐洲的新彈道飛彈防禦系統，是針對他們的飛彈，它若擴張，就會減弱俄方的嚇阻力量。甚且，俄羅斯人強調，伊朗人目前並沒有洲際彈道飛彈或核彈頭，如果他們想要，也得花好幾年時間才會得到；俄羅斯因此質疑，即使伊朗人有了少許洲際彈道飛彈，他們為什麼要朝美國發射？美國不是擁有好幾千顆核彈頭可以報復嗎？因此循著這個理路，俄羅斯呼籲美國停止在歐洲部署彈道飛彈防禦系統，或者至少是和俄羅斯合作建造——伊朗飛彈對俄羅斯的威脅，應該不下於對美國的威脅才是。但是美俄兩國政府獲致協議的可能性似乎不大，因此二軌外交試圖找出可行的辦法。

二〇〇九年，我的二軌夥伴艾希頓・卡特被歐巴馬政府延攬出任國防部次長（二〇一一年他晉升為副部長，後於二〇一三年十二月辭職；二〇一五年二月，他經參議院通過，出任國防部長）。我的二軌夥伴變成齊格菲・黑克爾（Siegfried Hecker）；黑克爾原任洛斯阿拉莫斯國家實驗室主任，他是史丹福大學教授，也是「科技和國家安全的角色」課程的老師之一[2]。黑克爾擔任洛斯阿拉莫斯國家實驗室主任時，與俄國人就戰略問題會商數百次之多，他在俄羅斯有許多人脈關係，為二軌會談帶來最重要的背景。我們想要就歐洲彈道飛彈防禦問題找出方法，既能緩和俄羅斯的關切，又能正視伊朗核子計畫的可能危險，可是一直找不到切入點。同時，俄羅斯認定不可能達成可以滿意的協議，決定採行「適當的行動」，對付美國對其洲際彈道飛彈可能造成的威脅。他們開始重新建立其攻勢力量，發動新的洲際彈道飛彈計畫，以多彈頭武裝飛彈裝置多目標重返大氣層載具，是增加攻勢力量最便宜的一種方法。我很擔心又要陷入新版本的冷戰核子武器競賽。我以前見過這幕戲；我當時不喜歡它，現在更不喜歡它。

了解俄羅斯進行此一攻勢武器布建的嚴重性，歐巴馬總統才剛上任一個月就宣布他將要「按下（美俄關係）再啟動的按鈕」。這個主意不錯，有一陣子似乎也起了作用。狄米崔・梅德維傑夫（Dmitry Medvedev）繼普丁出任總統（普丁轉任總理），似乎心態開放，願意改善美俄關係。美、俄簽署「新削減戰略武器條約」（New START），這項條約限制核武，也規定嚴格的現場檢查手續；梅德維傑夫附和聯合國決議案，贊成零核武的目標，並且到美國訪問（行程包括到史丹福訪問，由喬治・舒茲夫婦設宴款待）。「再啟動」似乎全面動了起來。梅德維傑夫四年任期將屆時，他宣布不尋求連任，預備下台、支持普丁復出（普丁二〇〇八年任期屆滿卸任總統，二〇一二年有資格復出競選回鍋當總統）。

普丁贏了選舉，但是少不了作票把戲。令人驚訝的是，梅德維傑夫告訴新聞界，四年前他競選總統時就和普丁講好，他只幹一任四年，然後再支持普丁復出。許多俄國人氣壞了，在紅場示威表達不滿，吸引十多萬民眾參加。抗議示威過後，換成支持普丁的群眾上陣；數百人秩序井然，手持印得乾乾淨淨的標語呼喊口號。當時我正在莫斯科出席會議，從會議室窗戶遙望這場遊行。出席會議的一位俄國代表以典型的俄式嘲諷幽默說，他感到很驚訝，政府竟然花不起錢多雇一些人參加遊行。

歐巴馬總統上任初期曾經表示，他有意再把全面禁止試爆條約送請國會審核通過，但經過爭取「新削減戰略武器條約」通過的艱苦奮戰之後，他決定在他第一任任期內不提出。在本書撰稿之時，似乎全面禁止試爆條約也不會在歐巴馬總統第二任任期內獲得通過。

或許沒有其他的武器管制失敗案例，能比全面禁止試爆條約未獲通過更讓我憂心。這項條約一直都看來無懈可擊，符合美國的國家安全利益，因此我實在不能苟同對它的激烈反對。我認為通過這項條約攸關重大，以致於我認為反對者是純粹出於政治動機。當然這種態度使我很難有效地對待反對派的意見。縱使如此，我對全面禁止試爆條約的基本評價是：它除了是有效的武器管制措施之外，也非常吻合美國國家安全利益。總而言之，未能通過全面禁止試爆條約使得其他核子國家，尤其是俄羅斯、中國、印度和巴基斯坦，有藉口試爆，也因此有機會開發新的核武。的確，我相信俄羅斯很有可能即將重新試爆核彈，以驗證他們目前正在設計的新武器。而他們將會利用美國未能通過全面禁止試爆條約作為理由。我也憂慮俄羅斯的試爆首開其端，會造成各國紛紛跟進：中國、印度、巴基斯坦一一跟進，美國怕落於人後也會跟進。我很清楚看到，美國測試核武不論對國家安全帶來什麼好處（的確會有些好處），它們將被其他國家開發新核武而對美國安全產生的傷害抵銷掉。

普丁再度出任總統以及民眾示威抗議之後，美俄關係似乎進入自由落體狀況。普丁認為示威行動是「顏色革命」的初期階段，意在推翻他的政權，而且他顯然相信這是美國政府躲在背後策動和資助。幾個月後，美國新任大使麥克・馬法爾（Mike McFaul）到達莫斯科履新，莫斯科報紙以頭條新聞歡迎他，劈頭就說他奉了歐巴馬總統之命來幫忙推翻普丁。這樣「歡迎」新任大使，還真是空前絕後！之所以會有此一錯誤認知，是因為馬法爾前一份工作是史丹福大學民主暨法治中心（Center for Democracy and the Rule of Law）主任。

在這種動盪氣氛下，歐巴馬政府很專心想找出方法與俄羅斯修復關係，但是並不成功。某些俄羅斯學者現在認為，普丁這時已經把美國「一筆勾銷」，不管美國的想法，決心走他自己的強悍路線，而且認為美國的力量不足以制止他。可以說，普丁現在大逆轉在一九九〇年代，覺得無力制止美國行動的感受。

普丁繼續向老百姓灌輸，俄羅斯是個大國的傳統意識。二〇一四年，俄羅斯主辦冬季奧運會，刻意展現俄羅斯已經重新以大國之姿站上國際舞台。奧運會才剛落幕，俄羅斯就在克里米亞發動軍事行動，實質上把克里米亞併吞入俄羅斯。接下來，烏克蘭總統維克多・亞努科維奇（Viktor Yanukovych）遭到基輔獨立廣場（Maidan Square）示威群眾推翻之後，普丁支持烏克蘭東部俄裔人口居多的省份脫離烏克蘭，起先派俄軍支援當地叛軍時還遮遮掩掩，後來就堂而皇之也不做遮掩了。美國帶領北約國家做出反應，主要是實施經濟制裁。制裁在經濟面是成功的，只要世界油價一直低於每桶八十美元之下，將會持續傷害俄羅斯。但制裁在政治面則成效不彰：它們並未遏阻俄羅斯對叛軍的支持。

我在這裡講的故事縱使不是悲劇，也很哀傷。它展現出當兩個大國背道而馳時，關係可以迅速變質、傷害可以極大。不到十五年的時間，美俄關係從積極正面跌到空前低點。像我這樣相信，在一九九〇年代有機會與俄羅斯建立長久合作關係的人，特別感到哀傷。我認為，關係急轉直下始於北約倉促擴大，而我很快也認為東歐國家太早加入北約，其害處遠比我所憂心者更大。

普丁總統以反美論調在俄羅斯煽動極端民族主義，建立他的民意支持度；俄羅斯軍方啟動大規模武器計畫，最重要的是興建新一代核子武器──陸基、海基、空基無所不有──俄羅斯政府官員也一再倡言，這些武器是他們安全的關鍵；裁軍談判已被推到一邊，而且某些俄羅斯評論員也在主張俄國退出「新削減戰略武器條約」。有位著名的評論員在政府控制的電視台誇口，俄羅斯是唯一一個有能力「把美國化為輻射灰燼」的國家[3]！面對這些新局勢，美國政府領導國際社會對俄羅斯施行嚴峻的經濟制裁。

美國應該要怎麼算這筆帳？要怎麼分析是什麼因素造成美俄關係如此大逆轉？它肯定是長期、大規模追求降低核子危險時所遇上的最不幸危機。毫無疑問，俄羅斯政府的行為造成這些可悲的結果；北約東擴肯定不是造成它們的唯一因素。但北約東擴是第一步。

隨著決定北約東擴之後，美國和北約又有其他一系列動作，讓俄羅斯覺得受到威脅：最著名的就是美國在歐洲部署彈道飛彈防禦系統，北約對塞爾維亞採取軍事行動，以及預備接受烏克蘭和喬治亞加入北約。這些都不是決定性的因素；但一一加起來，它們被俄羅斯解讀為不尊重俄羅斯利益的跡象——美國不重視俄羅斯觀點的跡象。

事件不幸如此發展，蘊藏了釀成危機的因子。

注釋：

1 Friedman, Thomas L. "World Affairs; Now a Word from X." *New York Times*, 2 May 1998. Accessed 22 July 2015. 這句話出自湯馬斯・佛里曼（Thomas Friedman）對外交耆宿喬治・肯楠（George Kennan）的訪問紀錄。肯楠一九五二年擔任美國駐莫斯科大使，他在《外交事務》匿名以「X氏」發表的文章界定了美國在四十年冷戰的圍堵政策。

2 Stanford University, Center for International Security and Cooperation. "Siegfried S. Hecker, PhD." Accessed 31 August 2014. 齊格菲・黑克爾是史丹福大學管理科學與工程系教授，也是佛里曼・史波格利國際研究所（Freeman Spogli Institute for International Studies, FSI）資深研究員。從二〇〇七年至二〇一二年，他是史丹福大學國際安全暨合作中心共同主任。黑克爾從一九八六年至一九九七年，是洛斯阿拉莫斯國家實驗室第五任主任，也是國際知名的鈽科學、全球威脅降低和核子安全事務的專家。

3 "Russia Can Turn US to Radioactive Ash- Kremlin- Backed Journalist." *Reuters*, 16 March 2014. Accessed 19 November 2014. 狄米崔・基謝廖夫（Dmitry Kiselyov）二〇一四年三月十六日在莫斯科國營電視台上如此放話。二〇一三年，基謝廖夫被普丁派任為新設的國家新聞通訊社首長，負責營造俄羅斯國際形象。

第二十一章

與中國、印度、巴基斯坦和伊朗存異求同

最大的槓桿——最根本和最強有力的預防措施——似乎不在外交上、而在經濟上：全力刺激印、巴貿易大幅增加，換句話說，捨相互保證毀滅，取相互保證經濟毀滅來抑制戰爭。

——美國—巴基斯坦二軌對話結論，史丹福大學，二〇一二年八月二十三至二十四日[1]。

前章提到，美、俄關係已陷入冷戰結束以來的最低點，美國的正式外交和二軌計畫似乎都沒有太多牽引力，可以扭轉這個不幸情勢。但即使美國想方設法和俄羅斯協商，也不能忽視來自中國、伊朗、印度、巴基斯坦和北韓等其他國家核子計畫潛在的危險。

雖然我經常對很難讓討論導向政府實際行動感到不耐煩，我真心相信二軌活動雖然不像我在職時有那麼大權威，卻值得我花時間和精力努力。以中國／台灣的二軌工作而言，美國

的確成功影響到政府若干重要決定。

*

「預防防衛計畫」把與中國對話的重要性，擺在僅次於與俄羅斯的對話之下。美國注意到中國有個很大、又在成長中的經濟，以及一個相當重要的核子計畫，倘若它決心要做，可以立即、快速地增加其活動。中國在未來幾十年肯定將是國際上的樞紐國家。

一九九七年，我們在中國見了貴為國家主席的舊識江澤民。他同意我們建立一個長期的二軌計畫以改進美、中關係，認為應該把重點擺在兩岸關係上；他指派汪道涵擔任中方代表團團長。汪道涵在江澤民之前擔任過上海市長，對江澤民有提攜之恩。美方代表艾希頓・卡特和我，與「美中關係全國委員會」（National Committee on US-China Relations）指派的代表珍・貝理斯（Jan Berris）合作，她從「乒乓外交」以來即與中方來往，普通話相當流利。雙方每年輪流在中國及美國開會一次；每次訪問中國後，我們都會順道到台灣一趟。

與中國及台灣的二軌外交也發生在相似的脈絡中。多年來美國專注在緩和中國與台灣之間的緊張，因為兩岸的緊張會把美國牽扯進災難性的軍事衝突。但美國的外交明顯力有未逮。二軌外交剛開始時，很明顯美國對中國與台灣長久以來深刻的主權歧異，無法提出有意義的建言。甚且，也看不出來有成功的機會。因此美國先組裝一個新思維：以一種適合當時特定時期的新式嚇阻概念作為策略，也就是說，利用當時兩岸經濟互動日益旺盛作為槓桿。美國藉由推動兩岸增加互動（商務、社會和家庭之間的交流），縮小軍事衝突的可能性，我們相信這種交流可以防止熱點導向戰爭。美國挑選的切入點，是影響雙方同意兩岸建立正常飛行通航。後來，兩岸果真在二〇〇八年協商妥當班機直航，後來更迅速擴張，促進商務交易大幅增加，也大大擴張社會與家庭來往，乃至觀光旅遊。

我相信美國和兩岸政府的溝通，影響到達成此一協議。美國的影響甚至還出現一個公開的跡象：我的一位二軌夥伴徐大麟說，台灣機場展出一張大壁畫，是美方代表團和馬英九總統的合影；照片攝於我們在台北開會時，而那正是台灣和中國達成兩岸直航協議之前。

相當重要的是，中國和台灣的商務今天已經那麼緊密地交織在一起，不論軍事衝突的後果如何，對雙方勢必都是大災難。冷戰期間，美國和蘇聯因為害怕「相互保證毀滅」，而彼此節制不攻打對方。但是時代變了，區域上和全球也都變了。今天的中國和台灣彼此抑制、不發生軍事衝突，是因為擔心「相互保證經濟毀滅」（mutual assured economic destruction, MAED）。嚇阻隨著時代在變，出現新面貌。

伴隨著這個好消息，也傳來壞消息：美國和中國彼此之間日益互不信賴，甚至敵意在上升中。兩國之內都有人提出警告，指稱對方成為軍事威脅，戰爭已經無法避免——即使長期以來，假設兩岸衝突將觸發美中大戰的前提已經消失。現在，新的引爆點出現，取代了台灣。中國主張對南海島礁擁有主權長期以來所構成的爭議，不僅影響其他聲索國，也影響到美國；美國認為中方的主張挑戰了南海的自由航行權。對於另外某些默默無聞島礁長期以來沒什麼喧鬧的爭議，現在卻變成中國與美國的盟國日本彼此衝突的潛在因素。

我在二〇一二年十一月，於中國舉行的二軌會議中特別覺得洩氣。此時正是中國共產黨召開第十八次全國代表大會之前。許多中國人民族主義激情高昂，抗議日本政府買下位於台灣和沖繩之間的釣魚台列島（日本人稱之為尖閣群島）的所有權。日本政府宣稱他們從一位日本公民手中買下釣魚台，是為了避免此人的行動會挑釁中國人。我沒在日本、看不到，但是日本民眾也出現強大的民族主義情緒。中國和日本都聲稱擁有釣魚台主權（台灣也是）。但是島上並沒有居民可以出來說，他們偏向那一個聲索國。和南海各島礁大不相同的是，這幾個小島也不具經濟價值。可是這些情況都不能讓民族主義狂熱冷卻下來。日本要求美國正式支持他們的主張，包括聲稱美日安保條約效力範圍及於這些小島。

南海爭議在二〇一四年出現危險的轉折。中國人先疏濬南沙群島這些珊瑚礁，然後在二〇一五年大興土木、興建飛機跑道。面對中方造成的既成事實，這個片面行動使另一個聲索國菲律賓措手不及。中國派軍保衛興建活動，實質上就是擺明了要防阻菲律賓或美國採取任何行動。我對此非常失望，因為它顯示中國打算以軍事力量而非外交交涉，實現它的領土主張。理智告訴我們，這些各個不同的主張應以協商或透過國際法庭來解決，或是各方有個了解、維持現狀，但是中國政府似乎預備在他們認為有必要時，就以軍事手段來解決。

二〇一五年，中國政府公布它的新軍事戰略，表明計畫建立一支「藍海」海軍——這和他們目前專注於沿海防衛的傳統海軍大異其趣。另外，中國將大力擴張其核子力量，革新洲際彈道飛彈，預備擴建具備多目標重返大氣層載具的洲際彈道飛彈。這代表中國戰略核子部隊力量的重大改變。這兩項建軍行動特別令人不安，是因為與此同時中國在區域爭端中日益採取蠻橫立場。當然，這些島礁的任何聲索國彼此之間若是發生軍事衝突，對於涉及到的國家都將是大災禍，倘若美國也被牽扯進衝突，更是全世界的災禍。這將是兩個核子大國之間第一次爆發戰爭，我相信相關各方也都了解，不會有任何贏家、只會有全球大災難。可是歷史告訴我們，絕對不能低估有的國家會不顧自身利益蠻幹的力量，尤其是被激情衝昏了頭的話。

*

另一個惱人的問題是伊朗，它的核子活動以及可能提煉鈾來發展核武，很令人憂心。小布希總統執政時期，歐盟與伊朗談判要它放棄提煉鈾，沒有結果。歐巴馬政府上台後積極加入談判（好主意），但是談判同樣沒有進展。我認為此一僵局是二軌對話的最高優先，而黑克爾和我應邀到日內瓦，與伊朗國家安全顧問交談，希望可以找到一個開端，能幫助美國的正式談判代表。

從二〇〇七年至二〇一二年，我參與四次和伊朗官員的二軌對話，我的目標是加速為防止伊朗發展核武的正式談判之進展。頭兩次對話，一次在日內瓦、一次在阿姆斯特丹，對象是伊朗國家安全顧問；後兩次對話，都在紐約市，對象是伊朗外交部長，利用他出席聯合國會議的空檔碰面。四次對話都由比爾．米勒安排。我在擔任國防部長時，與米勒有過密切合作的經驗，當時他是美國駐烏克蘭大使。米勒早年剛進入外交界服務時，曾派駐伊朗五年，對美伊議題有相當的經驗。不過，我們並沒有具體的成果。

我認為要往下走下去，應該是歐盟和美國接受伊朗提煉鈾，但是在可靠的、可查證的規定下限制濃縮程度，相信伊朗會接受它才是。假如伊朗決心製造核彈，這個談判策略就不會成功，但若不認真試，我們就無從知道。

伊朗官員強烈的反以色列談話，使得以色列更加害怕伊朗若有了核武，就會用來攻擊他們。如果伊朗的核計畫被以色列政府視為對其生死存亡構成重大威脅，以色列就極有可能發動空襲摧毀它、或挫折伊朗的計畫。除了攻擊真的困難不易執行之外，還會導致預想不到的結果，它們都很糟，有些甚至會十分嚴重。

我會參與二軌對話討論伊朗核計畫，是因為我認為伊朗若有了核武會造成大災禍，謝天謝地，二軌對話已經由官方正式談判所取代。撰寫本書時，美歐談判團隊已經和伊朗達成協議。但這項協議在美國、以色列和伊朗都出現強大的反對聲浪。美國和以色列的反對者擔心條約的規定太弱，伊朗會鑽漏洞興建核子武力（有如北韓利用國際原子能總署成員身分，伺機發展核武）。伊朗的反對者則明顯是擔心條約規定太嚴，會真的成功阻擋住伊朗興建核武。當然兩者都不對，事實上我也認為他們都不對。他們只是反映條約談判的共同問題——談判雙方都接受的任何折衷方案，注定不能令雙方的極端派滿意。如果我是美國談判代表，我可以很容易談判出會滿足美國所有派系的條約——條件是我能坐在談判桌兩側的話！這個協定如果是因為美國國內反對而未能通過，其結果將是對伊朗的核計畫無從約束，對他們實際在做什麼也無從有配合的監督。伊朗的極端派肯定喜歡這樣的結果，但我們很難想像，怎麼會有美國人或以色列人認為這是好的結果。

伊朗會走上核子化的危險，凸顯出全球目前處於危險的核子時代新篇章。有兩個長久以來我們熟悉的危險正在擴張——一是核子擴散，一是全世界各地太多偏遠地方的核設施保防措施不足。核子安全的挑戰與冷戰時期已經大不相同，現在出現嚴重複雜性，更加需要提高警戒和合作。在伊朗核危機這一方面，時間並不站在我們這一邊。

*

國際核子局勢愈來愈複雜，印度和巴基斯坦的重要性不容輕忽。這兩個國家自從分治以來發生過三次戰爭，每次都由印度「贏了」，因為它是個極大的經濟體，人口、軍隊都極大。每次衝突，「喀什米爾」都是主要原因，由於這個領土糾紛迄未解決，第四次戰爭隨時有可能開打——現在可是兩個核子大國兵戎相見。然而，許多印度人和巴基斯坦人認為，他們的核武具有天生潛在的嚇阻力量，使得第四次戰爭不可能發生。兩國最後都將被嚇阻，不致於發生區域戰爭，因為屆時它可能在兩國緊張情況升高之下，變成可怕的核子大戰；戰事一擴大，無法避免的核落塵勢必汙染到附近地區，對世界造成重大災難，使得許多國家慘遭株連、人命犧牲重大。但這種嚇阻其實無從擔保。我深怕南亞爆發區域核子戰爭，因為近來巴基斯坦預備部署「戰術」核武，局勢緊張又升高了好幾分。

了解到局勢的嚴重性，我和史丹福大學的同事、前任國務卿喬治·舒茲，在史丹福大學主辦二軌對話，有時候只邀巴基斯坦人參加，有時候印度人和巴基斯坦人都邀請。有一次會議，有位退役的巴基斯坦高階軍官在休息時間私下告訴我，他非常擔心即將爆發區域性核子戰爭。他認為，巴基斯坦有些團體正在規劃「孟買二號」攻擊事件，而巴基斯坦政府可能制止不了。他臆測，印度再遭到這樣一次恐怖份子攻擊的話，不會像二〇〇八年孟買遭到攻擊時那樣克制自己，印度可能對巴基斯坦展開懲罰性的進攻。巴基斯坦軍隊寡不敵眾，很有可能動用「戰術」核子武器試圖擊退來犯的印度部隊。這個危殆的邏輯假設，由於核子攻擊只發生在巴基斯坦境內，印度政府或許不會動用印度核武回敬。這位巴基斯坦退役將領和我都覺得這個假設太不靠譜，深怕巴基斯坦動用「戰術」核武的決定，會使衝突升高為全面核子大戰。

要挽救此一危險局勢，希望恐怕得寄託在兩國政府內外都有認真的人士，了解此一風險極其恐怖，也了解到不能依賴核武嚇阻另一次戰爭，尤其是巴基斯坦的某些恐怖組織可能鑽隙刺激出這種浩劫的話。我們在二軌對話中，找不到解決此一棘手的喀什米爾爭端及其歷史宿怨的直接辦法。但我們發現某些間接方法，或許可以降低頗有可能升高為核子大戰的機率。最大的槓桿——最根本和最強有力的預防措施——似乎不在外交上，而在經濟上：全力刺激印、巴貿易大幅增加，換句話說，捨「相互保證毀滅」，取「相互保證經濟毀滅」來抑制戰爭。這裡當然是拿中國和台灣做借鏡。台海兩岸軍事衝突的可能性，已因台灣和大陸之間貿易及投資緊密交織而大幅降低，因為雙方經濟相互依存極大，戰爭意味同歸於盡。

或許以今天「全球主義」的精神來看，還可以從另一個角度來看待這個問題：嚇阻的大戰略必須假定有許多人醒悟核武的危險，以及有必要降低這樣的危險。今天的世界經濟已經在全球日益交織為一片，經濟危機似乎更有普及全球的趨勢，個人、民族及社會對它更能持續感受得到，不像軍事危險似乎很遙遠，只隱藏在兩個大國的暗中較勁之下，或在遙遠的惡土和海底演出。

因此我們的二軌對話，繼續專注在增進印度和巴基斯坦之間貿易和投資合作的行動上。二〇一一年和二〇一二年都出現可喜的結果，我們希望兩國將以這些共同利益為基礎，繼續發展關係。

但即使我非常關心印度和巴基斯坦之間可能爆發區域戰爭，鑒於我在擔任國防部長時與北韓打交道的嚴峻經驗，我認為具備核武的北韓最為危險。北韓數十年來渴望發展核武，我曉得他們具有技術能力，又專心致志要實現此一希望——他們多年來都只差幾個月就有足夠的鈽可以製造六到十顆核彈。作為世界上最後一個史達林主義政權，相較於印度和巴基斯坦的民主政府，他們是難以捉摸的危險。

注釋：

1 Findings（paraphrased by Perry）from a US—Pakistan Dialogue: Regional Security Working Group, chaired by William J. Perry and George P. Shultz, held at Stanford University, 23—24 August 2012.

第二十二章

北韓政策檢討：勝利與悲劇

因此，美國政策必須以北韓政府是這個樣子跟它打交道，而不是以我們希望它是怎麼樣而跟它打交道。

——「北韓政策檢討委員會」呈給柯林頓總統、金大中總統和小淵惠三首相的報告，一九九九年[1]。

一九九四年我剛接任國防部長不久之後，北韓爆發的危機，以美國與北韓達成雙邊框架協議而解決。根據這個協議，北韓同意關閉在寧邊可以提煉鈽的核設；日本和南韓同意在北韓興建兩座輕水核反應爐，提供十億瓦的發電量，而美國同意提供燃油，直到輕水反應爐能供應電力為止。其他國家也加入支持這個做法，全都先後接受史帝夫・博斯沃斯（Steve Bosworth）人使和羅伯特・賈魯奇的領導。每件事似乎發展都很順利：寧邊持續關閉（它在當時有能力供給的鈽足可製造好幾十顆核彈）；輕水反應爐已經動工（雖然進度落後）；美國也依約每年供應燃油。

可是北韓的情勢從來不能保持穩定。一九九八年又出現新危機。北韓又在生產、測試和部署蘆洞（Nodong）飛彈，射程可及南韓和日本部分地區的一種中程彈道飛彈。甚且，北韓也在開發大浦洞一號（Taepodong I）和大浦洞二號（Taepodong II）長程飛彈，兩者都利用改良過的蘆洞飛彈為基礎更上層樓。大浦洞飛彈開發成功的話，射程不僅涵蓋南韓和整個日本，也可以達到美國境內某些目標。因此，這些飛彈引起日本和南韓關切，特別是若非載有核彈頭，洲際彈道飛彈就不具軍事意義。關切之情在一九九八年八月三十一日達到危機階段，北韓企圖發射衛星失敗，一枚大浦洞一號飛彈飛越日本落入大海（俄羅斯和美國第一次成功將衛星送進軌道，都是使用軍用火箭）。這次試射在美國和日本造成輿論譁然，美、日國會都要求終止依架構協議撥款。可是，若廢止架構協議，北韓毫無疑問會重啟它在寧邊的核設施，使北韓能製造鈽，提供這些飛彈安裝核彈頭。

在此一危險時期，應國會之要求，柯林頓總統同意成立一個政府外部的「北韓政策檢討委員會」（North Korean Policy Review）。柯林頓總統請我領導這項評估檢討，我欣然從命。我認為這項評估是因新危機而起，當年已經以架構協議解決上次的危機，這四年來又出現此一新危機，而且它涉及的利害關係更嚴重。我把自己在史丹福大學的工作減半，決定投入一半時間主持這一項政策檢討。

我需要一個強大的團隊。我立刻要求長期的同僚艾希頓・卡特擔任此一檢討小組的副主任。他同意，也把自己在哈佛大學的工作減半。我也需要國務院堅強支持；通常這很麻煩，因為國務院傳統上不喜歡總統另外指派人介入他們的業務。但是，我擔任國防部長期間，和駐聯合國大使麥德琳・歐布萊特（Madeleine Albright[2]）合作愉快，現在她已出任國務卿。我告訴她，有第一流的國務院團隊支持，我才有成功的機率，我也保證與她密切配合。她指派手下愛將溫蒂・雪曼（Wendy Sherman）和卡特一起擔任副主任；雪曼又找來國務院首席韓國事務專家伊凡斯・李維爾（Evans Revere），以及國務院新星、年輕的韓裔美籍外交官菲力浦・元（Philip Yun）為助手。我們也很幸運，白宮把曾經和我共事過的亞洲事務專家李侃如（Ken Lieberthal）借調給我。

我的下一關挑戰是國會。我安排了對相關委員會做簡報，簡報進行順利；我也一一拜會主要委員。除了和約翰・馬侃（John McCain）參議員的會晤之外，這些拜會都很順利。馬侃當年反對架構協議，現在也反對和北韓再談判。我擔任國防部長時，和馬侃參議員相處還不錯，因此還算說得上話，但是情勢很清楚，他不會支持這項計畫。

最後，我相信日本和南韓政府的參與也十分重要。南韓總統金大中擔心我的北韓政策檢討，會影響他在推動的對北韓之「陽光政策」（sunshine policy）。日本首相小淵惠三則擔心，我會忽視他所認為日本和北韓之間最重要的懸案——如何讓數十年前遭北韓綁架、迄今仍羈留在北韓的日本公民安全回國。我親赴亞洲，拜會小淵惠三首相和金大中總統，向他們保證我會認真接受他們的指導，也會代表他們充分的利益。我請他們幫我履行承諾，即指派其政府一位高階代表參加檢討小組，讓我們三人作為這項「三邊」計畫的共同主任。這個要求讓他們大為意外，但也解除了防備之心，欣然派出要員參加檢討小組。從此以後，我都徵求加藤良三（Ryozo Kato）大使和林東源（Lim Tong Won）大使同意後才做決定。這個做法讓我們起步比較遲緩，但是到後來必須通過最後報告時就順利得多。這項合作方式在日本和南韓被稱為「培里程序」（Perry Process），在日、韓兩國頗受歡迎，直到今天仍是*。

我相信這種合作做法是當前愈來愈全球化的時代，許多全球安全問題交織在一起，各國政府在面對許多重要問題時，尤其是處理危險的核子問題時，所應該採取的「樣板」。我相信合作，是因為我的經驗告訴我，即使是有長期衝突和競爭歷史的個人和國家，也可以在相互信賴和尊重的政策下為重要目標合作。不容否認，北韓危機是個不祥的徵兆。核子武器危機依其性質，一直就不可避免是一種全球危機。每個個別國家基於迫切的共同利益，都應該在外交上合作，建立國際方案和程序來緩和其威脅。

---

*譯按：加藤良三曾任日本外務省次官（1999～2001）和駐美大使（2001～2008）。

本於這個精神，我和南韓、日本，也和中國及俄羅斯政府官員舉行資訊交流會議，聽取他們的意見，讓他們了解我們的進展——但他們毫不涉及檢討的正式核定。

有了此一合作作為基礎，我展開檢討評估工作。接下來五個月，三邊小組開會六次：一次在華府、一次在東京、兩次在檀香山，另兩次在首爾。由於日本和南韓歷來就相互猜疑，會議起先進展緩慢，但是如我預期，我們的日、韓共同主任很快就克服困難；因此會議順利進行，我們很快就獲致共識。

三邊小組認知到，在兵力均勢上，我們盟國的軍事力量堅實有力、勝過對方；這一點北韓也心知肚明。我們的結論是，我們的嚇阻力量不但強大，還可以阻遏北韓推出核武；但北韓若重新啟動寧邊的核設施，開始生產鈽，就會製造出核武。我們也十分明白，北韓只需要幾個月時間，就能重新啟動寧邊的運作。

我們注意到美國政府在兩個根本不同的戰略上求取平衡，一個是新戰略，另一個是傳統戰略。檢討小組比較偏好的新戰略是，逐步向全面關係正常化及簽訂和平條約前進（技術上，我們仍處於交戰狀態，因為韓戰只是停火），同時北韓拆除他們能夠製造核武的設施。

比較傳統的辦法就是威懾戰略，不斷對北韓施加強大的經濟制裁，試圖威迫他們放棄核設施。關於威懾手段，我們建議先增強嚇阻力量，包括加派重要單位納入第七艦隊，增派部隊進駐南韓，以及加快在南韓部署彈道飛彈防禦系統。

由於第二個戰略所費不貲、相當危險，也很容易淪入戰爭，我們把重點放在第一個戰略上。但是我們強調三個政府沒有一個能片面執行這個戰略，因為它都需要各自的立法機關和三個盟國的全面合作。最重要的是，北韓必須同意與我們偏好的戰略，以及它對他們所要求的條件合作。如果他們不同意，我們就必須走向威懾戰略。三國政府領袖都同意我們的建議，授權我訪問平壤查明北韓領導人是否接受我們偏好的戰略。金大中總統和小淵惠三首相都簽了一封信給我，授權我代表他們政府發言，當然我也代表美國發言。基本上，對我們的行動計畫是完全（甚至熱切）同意，證明了起草它們的三邊程序起了作用。在這個階段，我們沒有徵求立法機關的贊同，當然我們曉得若是和北韓達成協議，也一定要取得國會的通過。

北韓政府允許我的小組搭乘美國軍機飛到平壤，這是他們願意認真看待我們代表團的好跡象——當然也提供了很大的方便，不用先飛到北京，等候班次不多的飛往平壤的班機。我必須承認，當我們搭乘的軍機跨越國境、飛進北韓領空時，我相當緊張——地面空防部隊是否接到命令，清楚明白我們獲准飛進其領空呢？很顯然他們接到指令了。北韓代表在飛機場接機，陪我們到下榻的賓館稍事休息，然後當天晚間和最高人民代表大會主席會面。這只是儀式性的客氣接待，畢竟北韓真正掌握大權的是金正日。我看了看他交給我的行程表，指出上面沒有排我和軍方領導人會面。我提醒主方，我曾任美國國防部長，我要求要和軍方領導人會面。我也告訴他，我們帶來醫藥補給品，希望送給平壤兒童醫院。他接受這兩項要求。

次日上午，我們被護送到一間會議室坐下，然後一名北韓將軍率領代表進來。我們的對話大致如下：

他開門見山就說：「我可沒有要開這次會議。我是奉命來和你們見面的。我覺得我們根本就不應該討論放棄核武這回事。」

我反問他：「你為什麼認為你需要核武？」

「保衛我國不受侵略，」將軍說。

「誰會侵略你們？」我問。

「就是你們！（手指指向我）我們將要開發核武。而如果你們攻擊我們，我們將運用我們的核武摧毀你們的城市——不排除幹掉帕洛奧圖。」

我喜歡外交上坦白交換意見，但是這樣也未免太過分了吧！總之，我很清楚怎麼對付這位將軍。儘管一開頭並不友善，接下來的討論卻滿有意思和有用。有一段小插曲，凸顯北韓政府部會機關之間的關係：北韓外交部代表正在表述意見時，這位將軍打斷他，告訴我們：「你們不必注意這些穿西裝打領帶的人說些什麼。他們根本不懂軍事問題！」

我們第二天的經驗又大不相同。我們參訪平壤兒童醫院，院方派首席醫師盛情接待。當我們送給她醫藥補給品（包括相當多的抗生素）時，她的眼淚差點奪眶而出。她告訴我們，醫院每天都有病童無謂喪生，只因為沒有抗生素。她邀請我探視幾位病童，然後停頓一下，帶著歉意對我說：「我必須警告你，今天上午我告訴他們你要來參觀，他們問我你是不是來殺他們？」仇恨的宣傳所引起的人性扭曲，還有什麼比這句話更讓人哀傷的嗎？北韓人民除了透過政府控制的電台與電視之外，接觸不到新聞，而官方媒體每週七天、每天二十四小時不斷拿美國人是「法西斯戰爭販子」對他們洗腦。譬如一九九四年危機期間，北韓媒體詬罵我是「戰爭狂人」[3]。縱使如此，醫院訪問沒生事端，孩子們都很高興。

三天的時間，我們大部分時間與北韓高階外交官姜錫柱（Kang Sok Ju）談判，討論完全沒有虛張聲勢恫嚇。北韓顯然珍視他們的飛彈，認為它們提供嚇阻作用，國家有聲望，又可外銷賺外匯。但他們也了解，放棄長程飛彈及核武是走上關係正常化必經的道路。最重要的是，他們明顯希望正常化，經歷數十年的不安全之後，正常化可以導致安全、穩定和繁榮的朝鮮半島*。

我們離開平壤之前，到市區參觀，包括被送到著名的主體思想塔（Juche Tower）。我們

*譯按：姜錫柱二〇〇七年擔任北韓外交部副部長、代理部長；二〇一〇至一六年任副總理。早年留學北京大學時，曾與日後出任中國外交部長的李肇星同一宿舍兩年。

看到一輛巴士開到主體思想塔底下停車，乘客下車，手牽手開始斷斷續續跳起舞來。附近的街道空蕩無人，我們不免會問這些跳舞的民眾從何而來。導遊說，這是「民眾自發性的行為」。

我們在回程的飛機上，大家得到一個共識：北韓預備接受我們提出的合作策略。

平壤會議次年，每個跡象都指向關係朝正常化發展。南北韓代表隊並肩走進雪梨奧運會會場；金正日訪問上海，參觀證券交易所和別克汽車（Buick）工廠；南北韓首次舉行高峰會議；日本和北韓也開始籌劃舉行高峰會議。在那段忙亂期間，我們夫婦在兒子大衛、孫子麥可陪同下到首爾旅行。麥可是韓國裔，不滿一歲時被大衛認養，現在已經十五歲。我們希望他有機會認識母國。經過漫長的飛行，我們在某天夜裡抵達機場，一大堆記者和各電視台攝影機包圍了我們，每個人都喊話要採訪麥可和我。美國駐南韓大使博斯沃斯到場接機，設法保護睡眼惺忪剛醒過來的麥可脫離攝影機，趕緊回到大使官邸。接下來三天，內人和我帶著大衛和麥可在南韓各地旅行，包括坐火車去參觀新羅王朝帝王陵寢。所到之處，南韓人認出我們，都想跟我們說話，他們想透過麥可翻譯，可惜麥可完全不懂韓國話。

我們在首爾的最後一天晚上，受邀參觀巴西和南韓的足球比賽——那是當年的盛事。兩隊勢均力敵，零比零，延長加賽；南韓左鋒攔下巴西隊傳球，一路閃人衝刺，踢進致勝的一球——麥可和我興奮地跳起來，坐在我們前幾排的一位攝影記者機靈地拍下我們爺孫倆振臂歡呼的鏡頭。次日，《朝鮮日報》在頭版刊出這張照片，標題是「培里和長孫為南韓隊得勝喝采[4]」，真是太棒的紀念！在我們預備前往機場前，我們帶麥可到一家禮品店，想讓他挑一件汗衫。他預備掏錢時，店員說：「我認得你，你是麥可．培里——你不用付錢！」麥可和我都忘不了這一幕。它顯示韓國人民的熱情和友善；我也相信它具體展現韓國人民衷心盼望，他們被戰亂分裂的國家能夠恢復和平。

「陽光政策」繼續推進。二〇〇〇年十月，金正日支持我們的提案，派高階軍事將領趙明祿（Jo Myong Rok）次帥到華府訪問。趙明祿先在

「培里和長孫為南韓隊得勝喝采。」培里和孫子麥可（右邊舉手的小孩）參觀南韓隊和巴西隊足球比賽；一九九九年三月。《朝鮮日報》。

史丹福大學稍停，拜訪我。金正日要我帶趙明祿參觀矽谷某些公司，因此我安排他坐汽車遊覽舊金山灣區，順道參訪三家高科技公司。趙明祿到訪時，適逢舊金山的「艦隊週」，這是美國海軍在灣區舉辦、一年一度的慶會活動。我們開車跨越海灣大橋時，海軍藍天使機隊整隊飛過我們頭頂，而橋底下的海灣裡是一大群巡航艦、驅逐艦和航空母艦。趙明祿或許認為美國軍方大陣仗演出是為了歡迎他到訪*！

當天晚間，我在史丹福大學恩喜納大樓（Encina Hall）設宴招待趙明祿次帥，邀請三位韓裔美國商人作陪，其中一位是我的好朋友金鐘勛（Jeong Hun Kim[5]）。金鐘勛是朗訊科技公司（Lucent）資深技術主管，後來出任貝爾實驗室（Bell Labs）總裁。當天稍早，金鐘勛帶趙明祿參觀朗訊先進的光學實驗室。雖然趙明祿不了解高科技，他倒是很清楚，這些東西可遙遙領先北韓好幾十年。晚宴中，美方三位韓裔商人不僅能用母語跟趙明祿交談，還可以作為韓國人能在自由市場制度出人頭地的樣板，而這是美方（以及北韓的中國夥伴）鼓勵北韓要模仿的制度*。

次日，趙明祿飛到華府拜會柯林頓總統和政府其他官員，並代表金正日邀請柯林頓總統訪問平壤。趙明祿在華府的最後一個晚上，歐布萊特國務卿設宴招待他，我也獲邀出席，坐在他旁邊。晚宴這一天湊巧是我的生日，歐布萊特國務卿領頭唱起「生日快樂」歌。趙明祿在接下來席間談話中獲悉我比他癡長三歲，在北韓文化，年紀長代表智慧高，他起身敬酒，祝我長命百歲，讓滿室美國人笑開懷。當天晚上席間的熱絡以及前一年的發展，使我們全體都滿懷希望，盼望北韓的核子威脅將成為過去。可惜，事與願違。

這時候，柯林頓總統的第二任期還有三個月就屆滿。他在卸任前最想完成的兩大外交成就，是與北韓關係正常化及與以色列、巴勒斯坦簽訂和平條約。他對兩者都很重視，相信他有機會完成其中一項，但沒有時間兩者都要。他選擇把僅剩的時間投入斡旋中東和平條約，也幾乎成功，卻因亞西爾．阿拉法特（Yasser Arafat）在最後一刻抽腿而功虧一簣。遺憾的是，柯林頓總統雖然有決心、有創意，卻落得兩頭空。

我加入柯林頓政府時，柯林．鮑爾將軍[6]擔任參謀首長聯席會議主席，此時內定將出任小布希總統的國務卿。我向他簡報交涉的進展，他告訴我他打算繼續推動和北韓的談判，試圖達成成功的結局。小布希總統就職才六星期，南韓總統金大中到華府訪問，尋求新政府會繼續推動我發起對北韓談判的保證。鮑爾國務卿顯然對他做出保證，次日《華盛頓郵報》頭條新聞標題是「布希繼續柯林頓的談判[7]」。同一天下午，當金大中總統和小布希總統會談

---

*譯按：趙明祿曾任北韓空軍總司令、朝鮮人民軍總政治局局長、國防委員會第一副委員長，是朝鮮軍方第二號領導人物。

*譯按：金鐘勛十四歲隨家人移民美國，完全不懂英文，苦學上進三年就獲得約翰霍浦金斯大學電機及電腦雙學士，在海軍服役七年後，又拚得同校科技管理碩士及馬里蘭大學工學博士。

時，小布希明白告訴金大中，他將停止和北韓的一切對話。接下來兩年，美國和北韓毫無對話。我被搞得一頭霧水，又很憤怒，我們花了不少時間、小心進行的外交就這樣被斷然叫停。我很沮喪，這次機會錯失之後，不知日後朝鮮半島局勢會如何發展。我去找在國務院的老朋友國務卿鮑爾和副國務卿理查・阿米塔吉（Richard Armitage），他們也沒有辦法，只能服從小布希總統的決定。

二〇〇二年十月，助理國務卿詹姆斯・凱利（James Kelly）訪問平壤，告訴北韓政府領導人，美方情報發現北韓正在進行另一項提煉濃縮鈾的活動（寧邊核設施活躍時期，它是提煉鈽，這是完全不同的製造核燃料程序）。美國這次評估的內容真相從來不曾對外公開，但顯然北韓二〇〇二年進入濃縮鈾計畫的初期階段。會談不歡而散。會後不久，美國、日本和南韓發表聯合聲明：「……北韓濃縮鈾供核武之用的計畫，違反架構協議、核不擴散條約、北韓與國際原子能總署的防護協議，以及南北韓朝鮮半島非核化聯合宣言[8]。」結果是美國和北韓都退出架構協議。美國不再交運燃油給北韓；日本停止在北韓興建輕水反應爐；果如我的預料，北韓的反應是重新啟動寧邊設施，再度開始生產鈽（亦即引起一九九四年危機的活動）。小布希政府指責這項行動「不可接受」，但沒有有效的行動去制止它。

二〇〇三年，中國警覺到區域危險上升，糾合北韓、南韓、日本、中國、俄羅斯和美國，成立所謂的「六方會談」。六方會談似乎是個好主意，但顯然未涉及到實際問題，因此並無建樹。就在六方會談進行中，北韓完成它在寧邊重新提煉鈽的動作，並且在二〇〇六年十月九日首次試爆核彈。我批評小布希政府沒有堅持在會談進行中，寧邊必須停止活動；柯林頓總統一九九四年要與北韓開始談判之前，就堅持此一重要條件。

我對官方的作為感到失望，開始與北韓進行非官方的二軌外交。二〇〇七年二月，我首度到靠近南韓邊界的北韓「開城經濟特區」訪問。特區裡已經有十多家現代化的製造工廠完工，另外還有更多家在規劃中。根據開城經濟特區的商業模式，北韓提供土地和勞力，南韓提供資金和管理。我對眼前的景象印象深刻，認為它可以是朝鮮半島前途的先行者。南韓業者十分成功地建立設施，生產低科技、高品質的產品。工作條件絕佳，北韓工人效率極高。我的好朋友金鐘勛和我一起去參訪，他對製造業的經驗以及韓語能力幫了我不少忙。

二〇〇八年一月，我在史丹福大學的同事約翰．路易士和齊格菲．黑克爾訪問北韓，被帶去仔細踏遍寧邊的核設施工廠，看到那些設施已經拆除。看來好像又可以與北韓重啟談判。

一個月後，我到南韓參加李明博總統的就職典禮。李明博總統在就職演說中要求北韓放棄核計畫，表示南韓願意協助他們建設經濟。前幾個星期，北韓才讓全世界大為訝異，邀請紐約愛樂樂團（New York Philharmonic）到平壤表演。而我更是驚訝，我接到北韓政府請帖，邀我參加這場音樂會，順便會見他們的談判代表，進行非正式的雙邊核子談判。音樂會排在二月二十六日，剛好是李明博總統就職的次日。我被迫婉拒出席，因為我沒有足夠的時間趕到平壤——唯一可以到平壤的國際航線是由北京出發。沒想到，北韓政府告訴我，如果我同意出席音樂會，我可以坐官方安排的汽車，從首爾穿越非軍事區直接到平壤。我立刻就答應。

這次跨過非軍事區，是個很特別又很怪異的經驗。北韓政府派一輛專車接我，但因為前一天夜裡風雪凶猛，必須清理道路。我很驚訝北韓政府發動數千工人拿掃把和鏟子清理前往平壤的這條路，而一路上只有我們這輛汽車。這條路即使天候良好，也只偶有人使用，而且只限官員，因為北韓普通老百姓根本沒有汽車。我們穿過非軍事區後，前來護送我的北韓上校軍官原本一直板著臉孔，這時候笑了，還開個玩笑：「我本來想送你人參，但是尊夫人不在身邊，不好啦！」（朝鮮人認為人參壯陽助性）雖然不怎麼好玩，開開玩笑倒也化解緊張的氣氛。到了平壤，我和北韓官員討論核子問題並沒有成果，但是當天晚上的音樂會令人難忘。

我預期音樂表演會很棒，紐約愛樂樂團果真名不虛傳。我沒有料想到的是，看到舞台上展示出美國國旗，樂團也演奏美國國歌。但最大的驚訝是，全場北韓聽眾起立為美國音樂家鼓掌。這真是神奇的一刻。我從來沒看過民間交流有如此熱切的感性湧現。少數美國高階官員也受邀出席音樂會，但是他們婉謝；我認為這也是錯失交流溝通的機會。這絕不只是一場音樂會，就好比一九七一年和中國的「乒乓外交」絕不只是單純的一場乒乓球賽。這場音樂會及後來是探索和北韓開展全新關係的機會，說不定對朝鮮半島的安全會有重大改進。

我曾經盼望這場音樂會或許可以開創另一個契機，可以跟北韓有正面往來。但美方下一個行動卻是收緊經濟制裁。從此以後，北韓接二連三發動一系列挑釁行動。他們在二〇〇九年進行第二次核子試爆，根據美國情報分析，可能成功了；他們發射人造衛星，但是在進入軌道前就失敗；二〇一二年，他們成功地把衛星送進軌道。聯合國原先有個決議，不准北韓發射長程飛彈，但是北韓的衛星不理會聯合國決議案，使用大浦洞長程飛彈作為它頭兩節火箭，於是聯合國下令對北韓實施制裁。北韓不為所動，二〇一三年二月第三次進行核子試爆。北韓政府針對制裁發表聲明，其措詞即使按他們的標準都很尖銳：

> 我們不掩飾，朝鮮民主主義人民共和國將接二連三發射各種衛星和長程火箭，更高一級的核子試驗亦將瞄準朝鮮人民的大敵美國[9]。

二〇〇〇年，我們有可能（但不是十拿九穩）與北韓達成某種程度的關係正常化，當時它顯然預備放棄核子計畫換取經濟復甦。但是，二〇一五年我們面對的是憤怒、目中無人的北韓，它有六到十顆核彈，正在生產裂變材料以便製造更多核彈，它也在測試長程飛彈的組件。根據這些結果回顧，這可能是美國歷史上最不成功的外交表現。

注釋：

1 US Department of State, Office of the North Korea Policy Coordinator. *Review of United States Policy toward North Korea: Findings and Recommendations*, by William J. Perry, 12 October 1999. Accessed 28 March 2014.

2 US Department of State. "Madeleine Korbel Albright." Accessed 31 March 2014. 歐布萊特從一九九三至一九九六年擔任美國駐聯合國常任代表。她在一九九六年十二月五日經柯林頓總統提名出任國務卿。她是美國政府史上第一位女性國務卿、及最高職位女性官員。

3 "US Military Leader's War Outbursts."《勞動新聞》（*Rodong Sinmum*）, 5 April 1994. Translated by Dave Straub.

4 "Perry and Oldest Grandson Heartily Cheer Soccer Match."《朝鮮日報》（*Chosun Ilbo*）, 28 March 1999.

5 Academy of Achievement. "Jeong H. Kim." Accessed 1 April 2014. 一九九二年，金鐘勛創辦「優銳系統公司」（Yurie Systems, Inc.），這是專精先進資訊傳輸的一家公司。六年之後，他和朗訊科技公司（Lucent Technologies）達成協議，做價十億多美元，把優銳系統公司賣給朗訊科技，然後他替朗訊科技工作，同時主管好幾個部門。後來他出任貝爾實驗室公司總裁。

6 Academy of Achievement. "General Colin L. Powell." Accessed 1 April 2014. 柯林・鮑爾將軍（General Colin Powell）軍中表現優異，一路晉升到出任參謀首長聯席會議主席及白宮國家安全顧問。他在二〇〇一年出

任國務卿，二〇〇四年卸任。

7 Mufson, Steven. "Bush to Pick up Clinton Talks." *Washington Post*, 7 March 2001.

8 White House, Office of the Press Secretary. "Joint US—Japan—ROK Trilateral Statement." 26 October 2002. Accessed 3 April 2014.

9 The National Defense Commission（DPRK）, quoted in Hyung- Jin Kim, "North Korea Plans Nuclear Test, Say Its Rockets Are Designed to Hit U.S." *San Jose Mercury News*, 24 January 2013. Accessed 3 April 2014.

第二十三章

伊拉克慘敗：當時及現在

小布希總統二〇〇三年決定進犯伊拉克，最後可能被視為美國外交政策史上最不當揮霍的行動之一[1]。

——《慘敗：美國在伊拉克的軍事冒險》（*Fiasco: The American Military Adventure in Iraq*）卷首語，湯瑪斯·芮克士（Thomas E. Ricks），二〇〇六年。

雖然我的二軌工作優先順序一直都擺在核子問題上，因此也就專注在核子國家或可能擁有核武的國家身上，但是我發現不可能忽視伊拉克。首先，伊拉克疑似具備核能力是美國發動戰爭的主要理由。有沒有可能，伊拉克現在和北韓都是真正值得關切的核威脅？後來事態發展顯示，伊拉克此時並沒有可行的核武計畫。

但即使沒有這個問題，我也不可能忽視這場很快就有人員大量傷亡、且涉及艱難道德議題的戰爭。再者，伊拉克戰爭和我也有切身關係，我的孫兒尼古拉斯・培里（Nicholas Perry）在陸戰隊服役，三度奉調到法魯加（Fallujah）——對美軍部隊而言，那是最危險的地點之一。因此我很快就捲入有關伊拉克的激烈論戰。

二〇〇六年一開年，美國就為伊拉克戰爭陷入分裂。類似「慘敗」（fiasco）和「泥淖」（quagmire）是典型的詞語，讓人連想起美國近代史上最悲慘的越戰。在伊拉克禍害的程度變得很清楚之後，國會警覺到美國介入其中愈來愈危險，指派成立一個跨黨派的「伊拉克研究小組」（Iraq Study Group），負責尋求解決伊拉克戰爭的共識。詹姆斯・貝克（James Baker）和李・漢彌爾頓（Lee Hamilton）被委派為共同主席，每個人可自本黨再延攬四位委員，我也有幸被邀請參加。此外，貝克和漢彌爾頓也找了四十位專家當顧問；委員和顧問除了政府標準發放的車馬費外，不支領任何報酬。從二〇〇六年三月至八月，我們每個月開會二至三天，與政府內外精選的伊拉克事務專家會談，然後委員們再閉門討論*。

我們搜集各方意見、開始研討建議方案時，我得到結論：我們面對的是累積無數小錯而構成的美國外交政策一個大錯誤。下文我將會討論這些錯誤，因為我相信它們為今天愈來愈危險的世界畫出負面藍圖。錯誤可分為兩方面：第一涉及到攻打伊拉克的理由根據；第二涉

*譯按：貝克，共和黨籍，曾任老布希總統的國務卿。漢彌爾頓是民主黨籍資深國會眾議員，曾任眾院外交委員會主席。卸任議員後，曾被小布希總統委派為九一一事件調查委員會副主任委員。

及到進攻的執行及後續的占領工作。

小布希政府為攻打伊拉克端出種種理由，其中最重要的一點即伊拉克隨時可能啟動大規模毀滅性武器。以軍事行動制止不法的核武計畫是說得過去的，但是它應該鎖定以核設施為目標，不是占領伊拉克。然而，並沒有證據可資證明伊拉克的核武或其他大規模毀滅性武器隨時可能啟動。聯合國檢查人員在戰爭爆發之前所做的評估，顯然是正確的。

小布希政府第二個可疑理由是，伊拉克支持蓋達組織（Al Qaeda），對美國構成迫在眉睫的危險。以軍事行動擊潰蓋達組織，在阿富汗說得過去，在伊拉克就有點勉強，因為蓋達組織利用阿富汗為訓練基地，在美軍進犯前它在伊拉克並沒有太多人馬，而且它和伊拉克政府的關係也不密切。

美國政府攻打伊拉克的第三個理由是，美國可以在伊拉克建立民主政府，為中東帶來安定。在當地建立民主政府對伊拉克人民顯然是個福音，對中東地區也是好事，但是以武力散播民主卻比政府所想像的不知困難多少倍。能有任何策略可以完全成功，帶給伊拉克民主、穩定的政府嗎？由於政府的做法已犯了嚴重、根本的錯誤，我們無從知道。

特別是在執行上出現四大錯誤，其後果影響最大：政府沒有爭取到區域國家和重要盟國的支持。美軍部隊占整個同盟部隊近百分之九十，而在沙漠風暴作戰和波士尼亞戰爭，美軍分別只占盟國部隊的百分之七十和百分之五十。

伊拉克軍隊被擊潰後，小布希政府派去維持安全的部隊太少。當伊拉克軍隊潰散，全國各地爆發大規模趁火打劫事件時，美國缺乏資源維持秩序，很諷刺地使得叛軍有充分機會建立勢力。

伊拉克軍隊被擊敗後不到幾個星期，小布希政府就解散伊拉克軍隊、又將大多數文職公務員遣散。大約四十萬人頓時失業，加上憤怒的年輕人，而且這些人大部分仍有武器，一下子充斥伊拉克各城市，除了人數不多的盟國軍隊，伊拉克又沒有治安部隊。

小布希政府催促伊拉克臨時政府起草一部憲法，趕緊舉行選舉，可是整個過程紊亂，沒有照顧到少數民族權利，反而在什葉派和遜尼派人民之間掀起血腥的權力鬥爭。

種種後果加總起來，伊拉克治安全面失控。每個月大約一百名美軍人員和數千伊拉克人喪生或受傷。當暴力上升，盟軍又無力制止，超過一百萬名伊拉克人流亡出國，其中有不少是專門職業人士。

就在這時，情勢已經失控，美國國會成立「伊拉克研究小組」。調查工作有一個很重要的環節，就是與伊拉克政府會商。九月間，研究小組在巴格達花了四天時間，與伊拉克政府高級官員及美軍指揮官談話。會談由詹姆斯．貝克或李．漢彌爾頓親自主持，兩人都是第一流的外交官。研究小組對美國外交官團隊及盟國代表的專注和能力都非常佩服。伊拉克政府領導人明顯就遜色許多，這也難怪，畢竟伊拉克並沒有民主體制的歷史。研究小組還發現美軍領導人非常幹練，美軍部隊也展現高度的訓練和表現，也發現伊拉克軍事領導人和部隊的能力及專業就差得太多。

關於兩國軍隊的觀察，我一點兒也不覺得驚訝。我從我孫兒上等兵尼古拉斯．培里身上，得到最好的現場評估報告。他在陸戰隊伊拉克特遣部隊服役，前後三次，此時正是第二次在前線，而且是被派去最危險的法魯加地區執行步行及車行巡邏任務。研究小組的評估和尼克的意見一致：美軍是第一流的部隊，而伊拉克部隊卻不知紀律為何物、也不知為何而戰。即使是經過美軍訓練的伊拉克部隊，也只知打混幾個星期就要回家；許多人只知效忠其部落，而非連隊長官。第二年，尼克第三度上前線，奉派對伊拉克一個營進行在職訓練，要和他們一起上法魯加街頭巡邏。鑒於我對伊拉克軍隊素質的不敢領教，我很擔心他的安危。以上對伊拉克軍隊素質的觀察，告訴我們為何美軍撤離後，這些單位無能力在戰場上保衛後海珊時代的新政權。這也顯示，訓練固然重要（美國的確提供伊拉克軍隊廣泛且耗費不貲的訓練），動機至少也是同等重要。訓練必須考量到軍隊和國家文化的關係，也不能忽視士卒的生活品質，當時這兩者在伊拉克都有問題。

從伊拉克回國後，研究小組密集開了五天會尋求共識。此事能成功全要歸功兩位共同主席的傑出領導。我們全都對伊拉克衝突的嚴重性關係到美國前途大受震撼，也深知要幫忙就必須達成超乎黨派立場的共識。伊拉克研究小組的報告在二〇〇六年十二月六日對外公布。

上等兵尼古拉斯．培里在伊拉克執勤。

它建議要改變任務性質、重新啟動中東地區外交交涉，強化伊拉克政府，並且開始重新部署美軍及盟國部隊。

改變任務性質是最重要的關鍵。美方認為應該增強伊拉克現有政府的能力，防止爆發全面內戰。美方應該持續擊潰伊拉克境內蓋達組織的努力；雖然戰爭之前，蓋達組織的勢力在伊拉克並不大，但現在它已有強大的根據地，又專門搞大規模殺傷行動，假如伊拉克變得更加不安定，這就是未來大患的重要跡象。美方建議招安叛軍，可以扭轉叛亂一方在安巴省（Anbar Province）的局勢，而這個策略已在進行當中，效果也不錯。這個策略已經發揮效果，是因為伊拉克蓋達組織領導人在安巴省胡作妄為，使得大部分部落領袖起而反抗他們。美方認為應該繼續對伊拉克部隊提供情報、後勤及空中支援，也必須對伊拉克政府訂定正面及反面的激勵，促使它加速和解進程，執行分享出售石油的收入，俾使遜尼派願為穩定的伊拉克共同效力。美方必須提出一個重要的反面激勵，就是訂出撤軍日期，讓伊拉克政府了解他們必須盡快承擔起自身安危的責任。

收到報告一個星期之後，小布希總統提出對伊拉克新策，它和伊拉克研究小組的建議有兩大點不相同：總統預備加派約三萬名戰鬥部隊，其中多數用在保衛巴格達（伊拉克研究小組也考量這一建議，但未能就此達成共識）；另外總統不同意訂出撤軍日期。我當時認為，小布希總統保持原來策略和造成慘敗的原有負責人，顯然還會重蹈覆轍。但是很快就證明，我的評估錯了。幾個星期後，小布希總統把伊拉克戰略規劃人、國防部長唐納德·倫斯斐（Donald Rumsfeld）請下台，換上伊拉克研究小組委員羅伯·蓋茨（Robert Gates[2]）總綰兵權。蓋茨湊巧是我的老朋友，當年曾在卡特政府同過事。小布希總統又更換在伊拉克的美軍前敵指揮官，換上的新團隊著重剿平叛亂作戰，奉大衛·裴卓斯將軍（David Petraeus）所擬訂的新軍事戰略手冊為圭臬，特別重視把安巴省的遜尼派民兵納為我用。我認為這個新方法有相當大的成功機會，也認為它是比伊拉克研究小組建議的策略更加高明。回想起來，伊拉克研究小組報告的真正價值，或許是逼總統加速決定更換指揮伊拉克戰爭的領導人和戰略。

經過好幾年戰爭，付出慘痛的流血及財富代價之後，美國終於能夠因為伊拉克在戰後相互爭鬥的各團體有一段稍為安定、不再兵戎相見的時候，而撤出占領軍。但是也不用奇怪，相對平靜並不能維持太久。期待伊拉克相對民主的政府能以更兼容並包的政策廣納不同族群，而能帶來比起過去更和平與安定，且能維持相當長久時期的希望，突然就被長久的宗派暴力相向又爆發，而整個粉碎掉。自從美軍撤走後，伊拉克又陷入遜尼派和什葉派的血腥衝突，加上又有其他團體趁勢作亂，這些衝突似乎根本無法和解，至少近期內做不到。

事實上，當我在寫這本書時，伊拉克似乎又瀕臨四分五裂的邊緣。二〇一四年，激進的遜尼派成立「伊斯蘭國」，要在中東重建哈里發（caliphate）的新「國家」。它開始攻擊伊拉克和敘利亞的政府軍——兩者政府分別由什葉派和阿拉維特派（Alawites）控制。二〇一五年，伊斯蘭國軍隊展現強大實力和紀律，在和人數比它多的伊拉克政府軍交戰時，竟然連番大勝，令人懷疑政府軍是否有為保家衛國而戰的意志。安巴省的遜尼派部落領導人，在美軍仍在伊拉克時扮演重大角色，協助擊敗蓋達組織，現在顯然沒有參戰對抗伊斯蘭國。很顯然，什葉派主導的伊拉克政府沒讓遜尼派少數民族在政府裡有平等地位，現在出現可怕的後果。伊拉克政府的對策是組織什葉派民兵，試圖扭轉戰局，但它只是讓遜尼派和什葉派的分裂更加惡化。盟軍試圖以有限的空襲攻打伊斯蘭國部隊，可是沒有可靠與能戰的伊拉克地面部隊，盟軍的支援效果不大。美國想在伊拉克建立民主政府的目標已經失敗，淪為內戰，可能導致中東地區依什葉派和遜尼派分立，而有新的一番權力對立局面，破壞掉原有的國家疆界，使得中東分裂為兩大塊區域（一方由什葉派控制，一方由遜尼派控制），永久陷於內戰。在這種環境下，唯有最激進版本的宗教才能出頭。本書寫作之時，美國和盟軍正在考慮變更軍事戰略，但是不願再介入伊拉克地面作戰的心理十分強大，因此這場衝突會有什麼結局，沒人知道。然而有一點很確定，就是美國在伊拉克暴虎馮河的冒失舉動是一場大災難，何日能夠解決，似乎遙遙無期。

在必須管制好核武，不讓它們落入恐怖份子團體和其他有侵略野心的團體手中時，伊拉克正好是達成此一重要目標最好的反面教材。

注釋：

1 Ricks, Thomas. *Fiasco: The American Military Adventure in Iraq*. London: Penguin Press, 2006. Ch. 1.

2 US Department of Defense. “Dr. Robert M. Gates, 22nd Secretary of Defense.” Accessed 25 February 2014. 羅伯・蓋茨擔任第二十二任國防部長，也是有史以來第一位被新當選的總統要求留任的國防部長。蓋茨任期二〇〇六年至二〇一一年，跨越小布希和歐巴馬兩位總統。

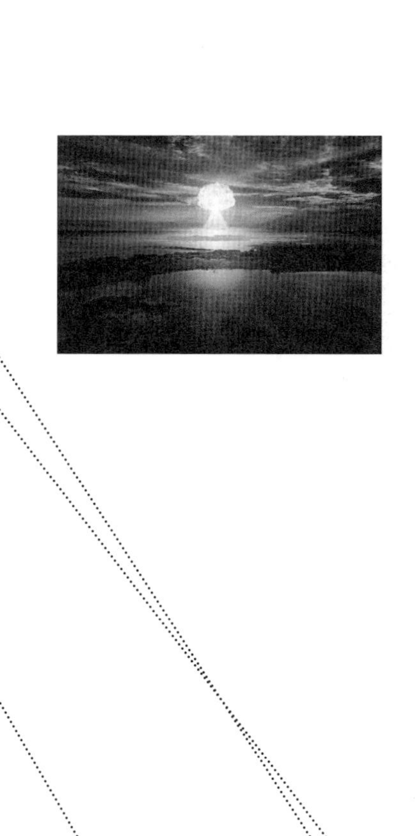

第二十四章

核子安全計畫：昔日的「冷戰鬥士」提出新觀點

我明確、堅信地聲明，美國承諾追求一個無核武的和平與安全的世界。

——歐巴馬總統，布拉格，二〇〇九年四月五日[1]。

一九八六年十月十一至十二日，雷根總統率領舒茲國務卿，在冰島首都雷克雅維克，和蘇聯總書記戈巴契夫及其外交部長謝瓦納茲舉行歷史性的一次高峰會議。很了不起，他們討論拆除美、蘇所有的核武——雷根和戈巴契夫都希望達成此一協議，但是卻辦不到。阻礙的大石是戈巴契夫主張攻勢和防衛核武應該連結起來，要求條文明訂美國「把戰略防衛倡議計畫限定在實驗室中」。雷根不能接受這個條件，峰會達不成協議。

在灰色的核子時代，雷克雅維克峰會的重要性非常大。或許有些人會說，古巴飛彈危機是我們這個時代最危險的一刻，套用季辛吉的話，就是不穩定的人類擁有「天神之火」。古巴飛彈危機的確把人類帶到全球災劫的邊緣，但它絕不是核子時代最驚險的一刻。我在前文提到，我們可能是因為相當的幸運才避開大禍。「幸運」是發生核子災難時令人沮喪、不可靠的救主。的確，冷戰核子軍備競賽的那幾十年——它具有難以想像、超乎現實的「過度殺傷」威力——肯定沒有降低我們深沉的悲觀，並認為最後的結果可能就是人類文明統統斷送掉。但是突然間，在雷克雅維克峰會上冒出激進的新思維，核武大國秉持廢除核子武力的精神開會！這不是這種開明思想首度出現。對於協議若是達成，是否能夠貫徹，的確也有許多合理的懷疑。但是雷克雅維克峰會可以當作是個指標，證明新思維的益處，以及它們在人類追求防止核武進一步運用、甚至要削除它們的努力所啟發的正面可能性。

回到華府後，雷根和舒茲遭到猛烈抨擊，竟然會討論消滅核武。罵得最凶的是英國首相柴契爾夫人。她專程跑到華府來向舒茲興師問罪，然後比較維持外交風度，向雷根期期以為不可。縱使面臨這些批評，舒茲很清楚雷克雅維克峰會的正面意義，繼續努力防堵世界核武可能引爆的危險。

將近二十年之後，舒茲回想起雷克雅維克峰會，認為它是歷史上非常重要的一刻，值得紀念。他向史丹福大學物理學家西德尼・德雷爾提起來，德雷爾建議在雷克雅維克峰會二十週年時，於史丹福大學胡佛研究所舉行研討會，回顧峰會的功過成敗。德雷爾和前任大使詹姆斯・顧拜（James “Jim” Goodby[2]）花了相當大努力籌備這場會議並徵集許多論文，從二十年後的角度回顧反省雷克雅維克峰會的教訓。

研討會產生熱切的討論[3]。理查・裴爾（Richard Perle）是當年參加雷克雅維克峰會的美國國防部代表，他在研討會上坦率表示，全面裁廢核武在一九八六年不是好主意，迄今還是壞主意。但是大多數與會人士認為不該驟下定論，應該再仔細檢討；支持這個主張最有力的人士是資深的美國外交官馬克斯・康培曼（Max Kampelman[4]）。康培曼強調建立「應當如是」在人性上的重要性。他拿「獨立宣言」上的一句話「人皆生而平等」來做類比。雖然「獨立宣言」簽署時，美洲實際上並不是人人生而平等，但絕大多數開國先賢覺得「應當如是」才對。透過宣布「應當如是」的前瞻願景，才能向那目標努力，即使耗費很長久的時間或是歷經極大痛苦（譬如爆發南北戰爭內戰），沒有「應當如是」作為理想，朝願景努力的進展一定有限。以康培曼的比喻作為基礎，參與研討會的大多數人士得到一個結論，無核世界在一九八六年若是言之過早的話，現在討論它的時機應該已經成熟。人類應該要迎接一個無核武的世界。

這場研討會對我本身的思想是個轉折點，串聯起我對核子危險的關切，也提供觸媒，讓我以無核武的世界為目標而努力。由於我過去數十年深深涉入核武構成的危險，我有特殊的感受與了解，但是完全解除核武似乎不切實際——人類沒有辦法否定核武的存在。因此，我把工作重心擺在促進它們降低危險上。經過數十年的努力，我可以看到成績相當有限——目前世界上還有成千上萬的核武，而且還有新國家想方設法發展他們的核武。任何有意義的成績都必須是國際層級，當大部分國家看到美國和俄羅斯展現出核武攸關自身安全的態度時，這些國家當然不願認真相信美國的說教，承認本身不需要核武。雖然我當時相信（今天也仍然相信），要走向零核武會非常困難與緩慢，在這次研討會後，我認為除非國際社會努力以追求零核武為目標，否則即使要達成降低核子危險此一有限的目標，也絕不會成功，因此以這個遠見為推動力至為重要。或許康培曼的觀念，比起傳統主張武器管制人士的論點，更讓我折服。

受到研討會的內容和動能的鼓舞，喬治・舒茲、西德尼・德雷爾、山姆・努恩和我一致認為，我們應該在下一次雷克雅維克峰會週年紀念日再辦一次會議，追蹤進展。在中間這段期間，我們決定寫一封投書，籲請世界注意核武構成的重大危險，增強採取行動以降低危險的急迫性，並且提倡開始往零核武的世界推進。舒茲指出我們四人正好是三個民主黨員、一個共和黨員，非常適合宣揚降低核武的危險是不分黨派的重大議題，而我們的主張打從一開始就超越黨派立場。經過舒茲的邀請，亨利・季辛吉同意加入這個小組；德雷爾自願把名字從聯名信中拿下，確保它超越黨派的色彩更濃厚。舒茲把這封重要投書在二〇〇七年元月交給《華爾街日報》發表[5]。

我們以為除了安全事務專家會有些評論之外，社會各界的反應不會太多。因此當全世界反應信函如雪花飛來，新聞評論熱切討論，讓我們嚇了一跳。大半的反應都說，早就應該需要認真重新評估核武和各種立場了。受到鼓舞，我們安排在其他國家與政府高階官員或卸職官員開會討論。接下來幾年，我們馬不停蹄到處開會，討論在上述投書所揭櫫的主意，和俄羅斯、中國、印度、日本、德國、義大利、挪威和英國的政府官員及非政府組織負責人會商。

我們的投書，很自然地吸引多年來致力於削減核武運動的專家社群的注意。有些人不無怨言，抱怨「你們怎麼直到現在才跳出來講話呀！」但大部分人把我們的投書視為黃金機會，終於可以推動他們多年來追求、卻沒有成果的主張了。這好比是「冷戰鬥士」加入「和平軍」，使他們的主張現在成為共同目標，更有可信度。

就某個意義來講，這句話倒也沒錯。其實，歧見猶多。有位長期夥伴布魯斯・布萊爾（Bruce Blair），他長期以來推動解除核子武裝，現在成立一個新組織，取名「全球零核武」（Global Zero），只訴求一個目標：簽訂國際條約，禁絕所有核武。小組每個成員都和布萊爾及其他「全球零核武」成員懇切交談，看看彼此能否合作，但是撮合動作沒能成功。雙方雖有共同的終極目標，卻對如何達成目標意見分歧。我們沒有想要以國際條約來禁止核武，我們認為更切實際的做法是，一步一步向前降低核武的危險，清楚講明白為什麼我們這樣想，以及如何去達成它。努恩形容得很恰當，我們還在山腳下的基地營區，連半山腰都還沒到，攀登山頂是我們的目標，可是山峰猶在雲霧籠罩中。我們只能步步登高，了解這將是長久、困難的一段路，但是也知道每走一步，世界就會更增添一分安全——即使我們永遠無法攻頂成功。

我覺得遺憾，未能和「全球零核武」找到更多共同立場，尤其是他們非常成功，在全國許多大學院校成立支持團體。當然，想要長期成功，需要在冷戰結束之後才出生的這一代美國人，對核子議題要有比現在的理解更深入的認識。

一年後我們又寫了一封聯名信，發表在二〇〇八年一月的《華爾街日報》上[6]，敘明如何達成在第一封投書中所揭櫫的目標。我們所列出的步驟都吻合步步走向零核武，縱使永遠達不到零核武，但每一步都可以增進安全。我們已經超越只知美、蘇兩極核武軍備競賽的冷戰，現在人類所處的時代，緩和核武的威脅應當被視為是世界當務之急。

在書寫一系列文章的過程中，我們四人不僅取得共識，還發展出相當活躍的過程。史丹福大學的西德尼・德雷爾和詹姆斯・顧拜，以及「核子威脅倡議」組織（Nuclear Threat Initiative, NTI）的史帝夫・安德瑞生（Steve Andreasen）和其他人士，在撰稿過程也提供助力。初稿在頭幾個星期一定會引起電子郵件穿梭往還，然後才得出大家都能同意的定稿。這絕非易事；坦白說，我們能夠得到共識，還真是奇蹟。但令人意外的是，歧異從來不是出自政黨立場——也就是從來沒有共和黨的觀點和民主黨的觀點相互牴觸這一回事——但是它們的確反映我們在政府任職時所持的不同立場。舒茲和季辛吉當過國務卿，對國際外交事務的經驗遠比我和努恩豐富。他們倆人都很擅長陳述自己的觀點，這些觀點一向都是他們以前簽署的政策文件上的一錘定音之論。現在他們在非常重要的問題上要尋求共識，對於夥伴的意見給予相同份量，是這個過程不可分割的一部分。每一次他們都如此做，不但增強我們要傳遞的訊息的份量，也增進我們的感情和合作。

我認為舒茲是我們小組非正式的領導人，但是他很謙沖自抑。當我們有人要修改他的文本時，他會很認真地考量，不是設法說服我們接受他的版本，就是很有風度地接受要求的更改。我們都特別尊重季辛吉的意見，因為他的外交經驗最豐富、他的文筆流暢，也因為他普受國際領袖尊重。努恩一向具有十分理智的觀點，若是出現不同的意見，他就拿出長年在參議院擔任委員會主席練就的本事，設法找出明智的折衷方案（這是今天美國參議院最欠缺的技能）。對我個人而言，這是極其寶貴的經驗，容許我有機會和全世界最有天分、最有經驗的國際政策主角討教。

鑒於我們四個人背景各不相同，地理距離也相當遙遠，在這樣一件重大事務上能夠合作成功，著實不簡單。科技的力量幫助我們極大，讓我們有許多方法溝通想法，釐清歧異——我們一年只碰面幾次。但是最重要的是我們相互尊重、相互信任，使我們能夠暢然表達觀點。

呼應我們的文章和訪問，世界各地其他前任官員開始響應，支持零核武的世界。十三個國家的前任官員也跨越黨派立場成立類似的團體——包括英國、法國、德國、義大利、俄羅斯和南韓——撰寫類似的文章，支持我們的倡議，並且協助促使他們本身政府採取行動。我們訪問許多國家，與這些新成立的團體協調策略與訊息，也拜訪國家領導人爭取支持。

宗教領袖認為這是一個深刻的道德問題，也發言表示關切。冷戰期間，天主教神父和福音派人士（evangelicals）曾經撰寫文章，質疑使用——或甚至威脅要使用——這種殺傷力如此強大的武器之道德正當性。當時最著名的是一群天主教神父的一篇論文，它認為在「正義戰爭」理論下，核子嚇阻還有幾分道理說得過去。現在宗教團體重新檢討這個問題。天主教神父和福音派人士檢討他們原先的論述，比爾・史溫（Bill Swing）資助一個跨教派團體「聯合宗教倡議」（United Religions Initiative）開始研究這個問題。

我們每個人，個別或集體，變成深刻介入演講、寫作和到世界各地參加會議。我們自己取名「核子安全計畫」（Nuclear Security Project），但私底下有人稱呼我們是「四騎士」、「四重奏」或「四人幫」。我們的工作獲得「核子威脅倡議」組織的協調和支援。這是山姆・努恩和泰德・譚納（Ted Turner）創立的組織，從它在二〇〇一年成立，我就擔任它的理事。「核子威脅倡議」組織設計和推行直接降低威脅的計畫，教導各國政府如何更快、更聰明、更大規模降低威脅。它也利用宣導提升認識和擁護各種解決方案。

後冷戰時期特別迫切重要的一個步驟，就是承擔起領導責任，增進儲存的可裂變材料的安全。有一個著名的例子，是催化從塞爾維亞移除大量的可裂變材料。這項計畫促成美國政府成立一個重要計畫，移除全世界有安全顧慮的核子材料，將它們融化。在華倫・巴菲特（Warren Buffett）慷慨解囊贊助下，「核子威脅倡議」組織扮演重要角色在國際原子能總署設置一個「核子銀行」，降低擴散的風險。二〇一二年，「核子威脅倡議」組織首開先例，發表一份報告，把各國保管可裂變材料的安全程度評分。「核子威脅倡議」組織也製作一部電影《最後良機》（*Last Best Chance*），教育民眾核子威脅的危險[7]。在核子領域之外，「核子威脅倡議」組織也推行非常重要的工作，預備改進對生物流行病的早期警告——不論它是出於自然原因、或是透過生物恐怖主義散布。

二〇〇九年，「核子安全計畫」決定支持拍攝一部紀錄影片，介紹我們的觀點。我們認為一部好電影可以比透過文章和演講，更能推廣給受眾。「核子威脅倡議」組織同意出資製作——以圖片影像描繪核子威脅，也訪問我們四個人。《核子轉捩點》（*Nuclear Tipping Point*）由賓・戈達（Ben Goddard）執導、影星麥克・道格拉斯（Michael Douglas）旁白，並由柯林・鮑爾將軍當引言人，它在二〇一〇年推出[8、9]。我和同仁安排影片在全美各地公演，每次都配合舉行問答會，答覆觀眾提問。影片公演時，我們還發放ＤＶＤ光碟，邀請拿到的人回到他們社群也去播放，並發起對這些議題的討論。我們得到政府、專家、其他非政府組織、友人和家人的支持。

我們在報上的投書吸引《紐約時報》編輯菲爾．陶布曼（Phil Taubman）的注意。曾經寫過《祕密帝國》（Secret Empire）這本書的他，提議寫一本書介紹我們五個（在聯名信上簽名的四人，外加西德尼．德雷爾）長年的「冷戰鬥士」，是怎麼獲致目前對核武的看法。《夥伴》（*The Partnership*）這本書於二〇一二年出版[10]。

二〇〇八年總統大選時，分別代表共和、民主兩黨參選的馬侃參議員和歐巴馬參議員，都聲稱雷根總統版本的無核武世界。到了二〇〇八年底，民間的支持和動力上升，但是我們曉得非官方的二軌努力只能做到這個地步——接下來應該由政府採取行動才能產生效果。在此之前，政府並沒有動作。

然後是二〇〇九年，歐巴馬總統上任才剛滿十個星期，他在捷克首都布拉格演講，提到下面一段名言：「我明確、堅信地聲明，美國承諾追求一個無核武的和平與安全的世界[11]。」布拉格聽眾為他喝采、贊同。我在家裡透過電視觀看演講這一幕，深受感動。真的發生了嗎？此後我常常重播歐巴馬總統這段演講的錄影，每次都情緒激動。

幾個月之後，歐巴馬總統和俄羅斯總統梅德維傑夫在莫斯科進行峰會後，發表聯合聲明表示支持無核武的世界，也承諾向新的裁減武器條約努力。然後在九月間，歐巴馬總統主持聯合國安全理事會十五國領袖峰會，以驚人的十五票對零票通過決議，支持消除核武軍備[12]。我很榮幸和舒茲、季辛吉及努恩一起應邀出席這場歷史性的會議，認為這是認可我們的努力的最高榮耀。當動力一建立起來後，全世界政府開始積極參與。日本和澳洲成立一個「核子不擴散及裁軍國際委員會」（International Commission on Nuclear Non-Proliferation and Disarmament），我受邀為美國委員[13]。

二〇〇九年看起來真像是「奇蹟的一年」（Annus Mirabilis）。這個字詞傳統上用來描述科學上兩個奇蹟大突破的年份：一六六六年，牛頓發表他劃時代的論文，談論地心引力和光學理論；一九〇五年愛因斯坦發表三篇劃時代論文，包括相對論。我記得捷克總統哈維爾（Václav Havel）稱呼一九八九年是「奇蹟的一年」，因為全體東歐國家幾乎都毫無流血的獲得獨立，這一年以柏林圍牆倒下達到最高潮。

如果說二〇〇九年是奇蹟的一年，二〇一〇年就是行動的一年。所有的行動在四月份一個星期內總爆發。四月六日，星期二，歐巴馬總統發表各方引頸以待多日的「核態勢檢討」（Nuclear Posture Review），它清楚地降低核武在美國軍事戰略的重要性*。當天夜裡，他在白宮小劇場主持《核子轉捩點》在華府的首映；他的貴賓包括我們四人及內眷（我們都在影片上講了話），「核子威脅倡議」組織的主要人員，以及總統的國安團隊。總統在介紹這部電影時，提到我們對核武的觀點指導他本人的思想和行動，並且鼓勵他的國安團隊也要汲取我們的忠告。

星期三，歐巴馬總統出發前往布拉格，會見梅德維傑夫總統。星期四，美、俄兩國簽署「新削減戰略武器條約」，然後歐巴馬和梅德維傑夫進行雙邊會談。那個週末，全世界四十九個國家領袖來到華府；星期一及星期二舉行第一次核子安全高峰會議（Nuclear Security Summit），強化全球管制可裂變材料的措施。

然後在四月二十九日，參議院外交委員會就「新削減戰略武器條約」首度召開聽證會，頭兩位證人是前任國防部長詹姆斯・施萊辛格（James Schlesinger）和我。聽證會大體上都很友善，主席約翰・凱瑞（John Kerry）和資深委員理查・魯嘉都很有風度。但是參議院裡對此一條約也有相當強大的反對聲音，以鍾・凱爾（Jon Kyl）參議員為首。我們很難想像這個高度分裂的參議院，會有三分之二多數席次支持通過此一條約。但是，二〇一〇年十二月二十二日，在跛鴨會期中，出乎許多精明的政治觀察家的預料，條約竟以七十一票支持獲得通過，這是因為十三位共和黨籍參議員不顧黨鞭指揮，投下贊成票。假如參議院未通過「新削減戰略武器條約」，美國的世界領導地位就要拱手讓人，全球核子裁軍努力也將盡付流水。另一方面，俄羅斯國會也通過它*。

---

*譯按：這是決定「核武在美國安全策略上應扮演何種角色」的評估過程。

*譯按：鍾・凱爾是共和黨保守派，自一九九五至二〇一三年由亞利桑那州選出，擔任三屆聯邦參議員。條約交付院會表決時，凱爾是共和黨黨鞭。

這一切都令人相當滿意。但是很快就出現逆流。消弭核危險的進展開始停滯，甚至出現逆轉。除了第二次和第三次核子安全高峰會議，二〇一二年和二〇一四年分別在首爾和海牙舉行外，持平地說，美、俄關係在二〇一一年開始倒退。舊式思維開始抬頭，阻擋緩和核威脅吻合共同利益的超然見識。記述這段受挫經過應該很有啟示作用。

首先，「新削減戰略武器條約」的通過，我以為沒有爭議，其實是政治爭議激烈，以致於歐巴馬總統決定在其第一任任期內，不把全面禁止試爆條約送請國會審核通過（全面禁止試爆條約由柯林頓總統在一九九六年簽署，當時我還是國防部長，但是它在一九九九年送到參議院審核時，卻在兩黨各有堅持下未獲通過）。

就在這段期間，北韓努力建造及測試核武，伊朗也開始著手往這個方向發展。情勢很明顯，北韓和伊朗興建核武的動作若不被制止，其他國家可能跟進，核子不擴散條約就破功了。

同一時期，巴基斯坦和印度也製造更多可裂變材料和核彈。最不吉祥的是，巴基斯坦已開發一種「戰術」核武——也就是用在作戰的武器，不是拿來嚇阻敵人用的。這些事件很殘酷地增加核彈被使用的機率——不論是恐怖組織使用它，或是在區域戰爭中動用到它。

俄羅斯方面，梅德維傑夫卸職、普丁復任總統，加上美國持續在歐洲部署彈道飛彈防禦系統，俄羅斯完全沒有興趣再談接續「新削減戰略武器條約」的限制核武協議。

「核子安全計畫」面對這一系列令人沮喪的事件並不氣餒，我們更加努力促進美國和世界恢復認真降低核危險的努力。我們聯繫宗教界領袖，拜託他們向信徒傳播重要的訊息。我們注意到，歐洲方面和我們同樣關注這個議題的人士，成立一個「歐洲領導網絡」（European Leadership Network），因此鼓勵「核子威脅倡議」組織也在北美洲成立一個類似團體「核子安全領導理事會」（Nuclear Security Leadership Council），吸收比我們年輕一、兩個世代的成員共同關心。亞太地區和拉丁美洲旋即出現類似的網絡。即使世界還未準備好認真走向無核武的世界，今天必須認真邁向降低核武給世界構成的實質、重大的危險。

二〇一三年，我們四個人（舒茲、培里、季辛吉和努恩）聯名在《華爾街日報》言論版發表第五篇文章[14]，詳細列舉要大幅降低這些危險應該採取的做法。最重要的做法包括：

一、改變核子部隊布置，增加領導人決策時間。我在前文提到我個人碰過核攻擊的假警報——它很有可能觸發核子浩劫。它並不是冷戰時期唯一一次假警報。史考特·沙岡（Scott Sagan）寫了一本劃時代的專書《安全的極限：組織、意外和核武》（*The Limits of Safety: Organizations, Accidents and Nuclear Weapons*），敘述隨著科技日益複雜（核武正是人類所碰上最複雜的系統之一），極可能出現大災難意外的種種可怕事實[15]。艾瑞克·席洛瑟（Eric Schlosser）寫了一本書《指揮與管制：核武、大馬士革意外和安全的幻象》（*Command and Control: Nuclear Weapons, the Damascus Accident, and the Illusion of Safety*），透露許多令人寒慄的核子意外和接近意外的故事，而民眾對絕大部分事故毫無所悉[16]。有關假警報的這些故事，集中在驟然驚覺我們面對極度危險，那時候的領導人只有幾分鐘時間，就要做出影響整個地球的生死決定。固然可以說，冷戰期間需要在極短時間內做出回應的決定，但這些論據明顯已經不適用於今天的狀況；可是我們仍以因應冷戰緊急事故的過舊制度在運作。美國現在應該明訂清楚，目標是去除各地所有核武可立即發射的狀況，不再讓核武裝的彈道飛彈在一聲令下立刻可以發射。

二、**根據「新削減戰略武器條約」加快削減核武**。美國可以加快依據「新削減戰略武器條約」已經同意的削減核武行動，並且宣布國家政策是預備再降低至低於協議水平以下。美國也可以宣布支持美、俄在歐洲的戰術核武更加整合及削減；我個人認為對北約組織和俄羅斯而言，它們都是安全風險而非軍事資產。長期而言，美國和俄羅斯應該尋求更大幅削減其核子兵力，包括目前條約沒有涵蓋在內的數千個戰區及戰術核武，以及數千個列為預備部隊或儲存在庫的武器，它們也沒被目前的條約涵蓋在內。但很明顯的是，想在削減核武方面有任何進展，需要美國和俄羅斯先解決目前製造互不信任及恐懼的其他安全議題。

三、**驗證及透明化的倡議**。若無可靠的驗證和透明化這種攸關建立合作及信任的機制，削減核武的協議無法成功。二〇一四年，美國在這方面率先行動，和「核子威脅倡議」一組織合作，發起新的驗證倡議，要動員核武實驗室及其他全球科學專家，開發關鍵的技術和創新，以降低及管制武器和材料。

四、保護核子材料，防止核子恐怖主義造成大災禍。製造核彈所需的材料，今天分別存放在全球二十五個國家、好幾百個地點。比起十年前，分藏在四十多個國家，已經有明顯進步。但是許多地點的保安措施仍不足，使這些殺傷力強大的材料有被偷或在黑市上交易的風險。核子安全高峰會議上承諾要保護核材料及增進合作，是非常重要的關鍵；這個過程有助於增進未來好幾個世代的安全。可是，儘管世界領袖已經注意到這個問題對核子安全的重要性，目前還沒有一個全球制度，可以追蹤、記錄、管理和保衛所有武器級核材料。全球領導人應該合作彌補這個缺口；他們可以承諾要發展一個全面的全球材料保護制度，以確保武器級的核材料不會被偷或落入不法份子手中。這樣的承諾，是二〇一六年核子安全高峰會議可以做到的非常正面的貢獻。

總而言之，二〇〇七年至二〇一〇年是核子裁軍及熱切邁向無核武世界可以衡量的進展，非常活躍的一段時期。接下來的二〇一一年至一四年，卻是令人失望的時期，進展先遲緩下來，後來就停止了。可是更慘的是，這些令人失望的發展只是事件更加惡化的前奏：二〇一四年，俄羅斯揮軍進入烏克蘭。美國斥之為「難以相信的侵略行為」，組織起國際對俄羅斯制裁。制裁在經濟方面有效，政治上則毫無作用。俄羅斯又兼併克里米亞，並繼續支持烏克蘭東部的分離勢力。

因此之故，俄、美關係在二〇一五年墜入冷戰最深刻時期以來的最低點。不但不能繼續過去二十年來的核子裁軍，還開始了新一輪的核武競賽。俄羅斯展開大規模興建核武的計畫。現在他們正在興建、測試和部署兩種配備多目標重返大氣層載具的新型洲際彈道飛彈（根據俄方和小布希總統談判的條約，它們列在禁止之列）。他們正在興建和測試新一代的核子潛艇，配置潛射彈道飛彈。他們也興建比較短程的飛彈，以恫嚇東歐鄰國。這一些新計畫，都鼓舞俄羅斯為他們的新飛彈測試新彈頭，按照目前的路線，我預期俄方很快就會退出全面禁止試爆條約，開始這些測試。

如果我們還不完全明白箇中利害，俄羅斯官方聲明已經講得很清楚。他們已摒棄長期以來「不先使用」核武的政策，表明他們預備動用核武對付對其安全的任何威脅——不論是否為核子威脅。他們明白地威脅東歐國家，以部署在加里寧格勒（Kaliningrad）的伊斯坎德（Iskander）飛彈發動攻擊。他們也暗示威脅美國：二〇一四年三月，普丁總統任命的俄羅斯媒體負責人基謝廖夫發表一段猖狂的聲明：「俄羅斯是唯一一個有能力把美國化為輻射灰燼的國家。」

俄羅斯方面頻頻亮出這些挑釁聲明和行動，美國也在考慮如何現代化它的核武。明顯的選擇是硬碰硬回應，導致未來二十年可能耗費一兆美元，才能以美國的測試對應俄羅斯的核子試爆。美方肯定會這樣選擇，而不是選擇不理會俄羅斯的行動和聲明。

我們只能盼望美國的領導人會努力找出第三種選擇——這個選擇需要以相當高明的外交技能與俄羅斯交涉，可是過去幾十年來，美國都未展現出這種技能。要做到這一點，挑戰十分艱鉅，但是不去做，後果卻是不堪設想。

儘管有這些嚴重的倒退，「核子安全計畫」將會繼續努力。失敗的後果——恐怖份子或是核子戰爭動用核彈——太可怕，不容我們輕忽堅毅的行動。我們將繼續以具體措施減輕核武的危險。固然目前的國際環境不利於推動無核武的世界，我們相信我們所提議降低核子危險的實際做法，除非附隨在最終要完全消滅核武的宏大觀點下，否則不會得到國際完全的支持；同理，我們相信這個宏大遠見也不會一蹴可及，但是一步一腳印，每一步都會使我們更加安全。

注釋：

1 Obama, Barack. "Remarks by President Barack Obama." Speech, Prague, Czech Republic, 5 April 2009. The White House: Office of the Press Secretary. Accessed 31 August 2014.

2 Brookings Institute. "James E. Goodby." Accessed 7 April 2014. 詹姆斯・顧拜（James E. Goodby）一九五二年經錄取進入外交界服務，逐漸升任至公使級職業外交官，後來五度被總統派為大使級代表。顧拜以談判代表或政策顧問身分參與成立國際原子能總署，以及限制核子試爆條約、削減戰略武器條約、歐洲裁軍會議和通稱努恩—魯嘉計畫的「合作降低威脅」等之談判。

3 Stanford University, Hoover Institute. "Reykjavik Revisited: Steps toward a World Free of Nuclear Weapons." October 2007. Accessed 7 April 2014. 這項「重返雷克雅維克」會議，於二〇〇六年十月十一、十二日兩天，在史丹福大學胡佛研究所舉行。

4 Schudel, Matt. "Max Kampelman, Top Nuclear Adviser during Cold War, Dies at 92." *Washington Post*, 26 January 2013. Accessed 7 April 2014. 馬克斯・康培曼（Max M. Kampelman）長期擔任律師、政治顧問，後來在冷戰期間成為高階外交官。康培曼出道時，擔任明尼蘇達州民主黨籍聯邦參議員韓福瑞（Hubert H. Humphrey）的助理；韓福瑞後來出任詹森總統的副總統。康培曼後來成為雷根政府重要外交官。一九八〇年代，康培曼負責領導兩項冗長的國際談判：一九八一至一九八三年為馬德里安全暨合作會議（Madrid Conference on Security and Cooperation）折衝，以及美、蘇有關限制核武的談判，促成後來在一九九一年簽署戰略武器限制條約。

5 Shultz, George P., William J. Perry, Henry Kissinger and Sam Nunn, "A World Free of Nuclear Weapons." *Wall Street Journal*, 4 January 2007. Accessed 31 August 2014.

6 Shultz, George P., William J. Perry, Henry Kissinger and Sam Nunn. "Toward a Nuclear- Free World." *Wall Street Journal*, 15 January 2008. Accessed 31 August 2014.

7 *Last Best Chance.* Directed by Ben Goddard. Berkeley: Bread and Butter Productions, 2005.

8 *Nuclear Tipping Point*. Directed by Ben Goddard. Nuclear fearing Project, 2010.

9 Nuclear Threat Initiative. "Nuclear Tipping Point Premiere." Accessed 8 April 2014. *Nuclear Tipping Point* 二〇

一〇年一月二十七日在洛杉磯環球影城（Universal Studio）首映。

10 Taubman, Philip. *The Partnership: Five Cold Warriors and Their Quest to Ban the Bomb*. New York: Harper, 2012.

11 Obama, Barack. "Remarks by President Barack Obama." Speech, Prague, Czech Republic, 5 April 2009. The White House: Office of the Press Secretary. Accessed 31 August 2014.

12 Kessler, Glenn and Mary Beth Sheridan. "Security Council Adopts Nuclear Weapons Resolution." *New York Times*, 24 September 2009. Accessed 7 April 2014. 聯合國安全理事會於二〇〇九年九月二十四日，無異議通過美國起草的核武決議案。這項決議確認歐巴馬總統認為走向「無核武的世界」所必需的許多步驟。

13 International Commission on Nuclear Non—proliferation and Disarmament. "About the Commission." Accessed 8 April 2014. 核子不擴散暨裁軍國際委員會（International Commission on Nuclear Non—proliferation and Disarmament）是澳洲和日本政府聯手提倡的倡議。澳洲總理陸克文（Kevin Rudd）二〇〇八年六月九日在京都提議。七月九日，陸克文和日本首相福田康夫（Yasuo Fukuda）同意成立此一委員會。

14 Shultz, George P., William J. Perry, Henry Kissinger and Sam Nunn. "Next Steps in Reducing Nuclear Risks: The Pace of Nonproliferation Work Today Doesn't Match the Urgency of the Threat." *Wall Street Journal*, 6 March 2013. Accessed 19 November 2014.

15 Sagan, Scott. *The Limits of Safety: Organizations, Accidents and Nuclear Weapons*. NJ: Princeton University Press, 1993.

16 Schlosser, Eric. *Command and Control: Nuclear Weapons, the Damascus Accident and the Illusion of Safety*. New York: Penguin Press, 2013.

第二十五章

前進：期待一個無核武的世界

我相信人類不光只會忍耐；人類終將得勝。

——威廉・福克納（William Faulkner）諾貝爾獎致答詞，一九五〇年十二月十日[1]。

本書敘述的，是過去數十年我為降低核子浩劫可能性所努力的故事，包括好幾次世界已瀕臨核爆邊緣。

我希望我在核爆邊緣旅程的故事，可以引起世界各地青年男女的共鳴。即使今天也有人出來，承接起一九四六年我還是年輕士兵時，在戰後日本廢墟所見識到同樣駭人的挑戰，當時我目睹現代戰爭空前無比的大破壞。我一直排除不掉對天際突來一陣大火的驚懼，因為它現在的威力可能比起從前大出一百萬倍。第二次世界大戰的武器能摧毀城市。今天的武器卻可以摧毀整個人類文明。

我們這一代的樂觀聲音令人欣慰，它告訴我們：人類的暴力已在減退；全球政治趨勢可能預示人道治理終於將要普遍建立；全球自由市場經濟可望拯救數以百萬計的窮人脫離赤貧。這股向上的進展的確令人充滿希望，但是核子衝突卻可能在一瞬間徹底翻轉一切。

人類最大的危險，是核子危機虎視眈眈潛伏在一旁，它藏身在海底下，它寄生在遙遠的惡土，沒有受到全球民眾的注意。被動情況隨處可見，或許是一種失敗主義和其夥伴「分神不顧」。或許就某些人而言，它是人類最大的恐懼，不敢面對、「不敢想像」的東西。對其他人而言或許存有一種幻想，以為堪可告慰的是，還有飛彈防禦系統可以對付核子攻擊。許多人或許有信心，核子嚇阻會無限期的有效，以為領導人將一直保有充分正確的即時知識，了解事件的真實脈絡，也有足夠的幸運可避免軍事誤判的悲劇。

我們有理由相信，在民眾如此消極之下，我們可以採取嚴肅的動作降低致命的核子危險嗎？多年前，冷戰仍在最黑暗時期，緩和核子武器威脅的障礙比今天還大時，甘迺迪總統力促民眾相信我們可以成功。他說：

> 許多人認為它不可能。許多人認為它不實際。但那是危險的失敗主義思想。它導致一個結論，以為戰爭無法避免，人類注定在劫難逃，我們已被我們無法控制的力量抓住。我們不能接受這樣的觀點。我們的問題是人為的——因此人類可以解決它們[2]。

今天亦然。面對極大的核武威脅，我們必須認清威脅，專心致志去消除它。坦白說，只要國家把核武當作戰爭計畫的一部分去部署，我們就無法斷言它們不會用在區域戰爭，或是不被恐怖團體所用。即使只有一顆核彈引爆，它所造成的人命傷亡也將數百倍於九一一事件；除此之外，經濟、政治和社會的後果也可能摧毀我們的生活方式。但是我們可以採取行動，大幅降低這種災難的或然率，而採取這些行動應該是我們的最高優先。

我們必須盡全部力量，確保核武絕不會再被使用。

我在前面一章提到，經歷兩年努力在降低核危險上取得重大進展，然後進展如何動搖，現在已開始倒退。問題都是傳統性質的困難：政治因素作祟，狹隘的地區經濟思維，民族主義、而非國際合作，以及對核危險毫無想像能力。

我們所熟悉的這些障礙的確令人沮喪，但我們不應該放棄。我們的反應不必消極、失敗主義和幻想。過去有足夠的歷史令人鼓舞（有些我已在本書提到），讓我們有事實根據，去盼望人類能夠明智對待今天核武所構成的終極威脅；他們將會採取必要行動降低危險，並且在最後消除它們。

我已經提到「核子威脅倡議」組織和「核子安全計畫」持續在進行的努力，它們專注在明確的行動以降低核武的危險，即使今天全世界仍有數千顆核武存在。我們必須記住：世界各國政府已經採取重要措施，以確保我們更安全遠離核武。譬如以下幾個實例：

從國際合作去除烏克蘭、哈薩克和白俄羅斯的核武當中，展現出非常可喜的事實，在冷戰的敵意才剛消失不久，就能夠成功地合作緩和核子危險。

舒茲、季辛吉、努恩和我四個人，二〇〇七年和二〇〇八年在《華爾街日報》言論版發表的聯名信，我們呼籲以明確的務實行動增強短期的世界安全，這些行動最後可把世界帶向無核武；此後，國際上對這些文章所建議的主張，廣泛給予支持，包括投書及社論呼應，成立著名的支援團體，歐巴馬總統在布拉格的演講，以及聯合國安全理事會一致通過決議，呼籲世界朝無核武進展。

但是我們必須省思，坐而言和起而行是不同的。雖然全世界主要國家都說了正確的話，他們做了什麼？

答案是：他們的確做了不少事，讓我們充滿希望。

非常重要的一點，歐巴馬總統在布拉格演講的次年，美國和俄羅斯簽訂「新削減戰略武器條約」，雙方同意降低已經部署的核子武力。降低的數量本身相當溫和，但是條約的主要價值、意義非常重大的價值，是美、俄恢復核子議題對話，並且建立全面驗證措施，使得已經部署的核子武力透明度更大。

但是，在歐巴馬總統的布拉格演講後，或許更重要的動作是，建立兩年一次的核子安全高峰會議，注重如何能對散布世界各地的可裂變材料，達成更完善的管制。由於恐怖份子團體要取得核彈最大的障礙，是製造可裂變材料非常困難和複雜、難以突破，嚴密保護這些材料是阻止此一可怕狀況出現的最佳辦法。而且我們不要忘記，美、俄核武的庫存雖然仍處於殺傷力過度強大的水平，但相較於冷戰高峰時期，其數量已經大為減少。

這些行動顯示，負責任的政府可以看到核武的危險，並且採取行動降低其風險。但是我們不宜沾沾自滿到目前為止的成就，只應該把它們當作是成績的一小部分。我們必須更廣泛、更認真、更有急迫感去努力降低核武的危險；要如何做，已經在前章提到。

所有這些行動都很複雜，需要很多年時間才能完全執行。我們有些同僚，尤其是「全球零核武」組織成員，認為我們強調務實做法，會使大眾忽視他們透過國際協定（類似核子不擴散條約的後續），降低核武至零的目標。但是，基於我長久參與核子危機的經驗，我認為這些務實做法，是降低核子危險要有真正進展所不可缺乏的前奏。

的確，我認為不採取這些初步動作，不可能希望達成無核武的世界。但我也相信，若不把它們與願景結合起來，我們將不會鼓舞讓意志去採取這些困難的步驟。問題不在需要多久去執行這些做法；而是今天世界上的政府還沒有去執行它們。

政府沒有動作，最重要的原因是因為老百姓沒給予充分的壓力，逼他們行動。我要再重申很重要的一點：美國和全世界人民根本沒有適切了解，他們今天的核武軍備所面對的危險。相當多民眾顯然認為，冷戰結束，核子危險也告終止。雖然學童不再被訓練要學會躲避的技能，公民不了解、不關心核子危險，使得民主政府很難採取耗費大、又不便民的行動。很明顯，核子攻擊之後，民眾——也就是可能還剩下的少許民眾——的不關心，立刻會消失；問題是在攻擊發生之前就紓緩威脅，不是更好嗎？

世界要能在降低核子危險上有實質進展，美國必須出來帶頭做；除非美國人了解去做的重要性——今天的核武再也不能像冷戰時期提供安全，反而會危害我們的安全——否則無法領導。民眾和領導人必須明白，防止核子衝突是最大的善行，遠比狹隘的關切和政治考量來得重要。

防止核武再被使用的建設性行動，其關鍵是教育民眾。「核子威脅倡議」組織推動的重要計畫在前面一章已經提到，它們將會增進民眾對核子危險的了解。我已經花費不少精力增進年輕世代——千禧世代及其後續世代，目前才十幾、二十歲——的了解。這是很自然的選擇，因為我就在大學裡任教和研究，周遭盡是年輕人。但是我想推廣到更大的群眾，不只限於一所大學的學生——我希望我的計畫能推及到所有大學的學生，所有中學的學生，甚至沒有上學的年輕人。要對付核子危險這個大問題，需要好幾十年的努力，最後也需要由美國及全世界的年輕人來解決。我的世代處理冷戰的核子威脅；未來世代必須處理我們留下的核子威脅。

我在旅途中發展出對人類有能力回應危機的強大信心，即使在最困難的戰時狀況，也可以基於共同的人性做出犧牲、追求最大的福祉。我在本書已經縷述全世界許多國家元首、外交官、軍事領袖、國會議員、科學家、技術專家、企業領袖和普通老百姓的範例。當人民的心聲被聽到、當他們思考核子危險，當他們合作擬訂各造都認為公平的協定時，就可以有大進展。核子時代已啟發世界需有新式的思維方式，人們將會理解這一點。只要有機會，人類會了解的。

秉於這樣的信念，我發起一個計畫——www.wjperryproject.org——想把我對人類及核子危機多年經驗的信念，以我力所能及的最大範圍付諸實行。這本書就是第一步。它讓我能具體化我的想法，光是這本書不會推及到需要聽到我的召喚而行動的極大多數人。特別是它不會像網路那樣，把我的訊息傳遞給年輕世代的許多人。因此我又製作線上內容，開放給所有的人，只要用行動裝置就能取閱，希望它能推及到全世界的年輕人。

我從經驗中知道我所敘述的挑戰會是無比艱鉅。我也知道我想要紓解今天世界所面臨的核子危險，事實上也可能永遠無法達成。

但是箇中涉及的利害太大，對人類構成的危險太大，因此我不能坦然退休安逸過日子，我決心把餘生貢獻出來盡全力降低核子危險。我這麼做，是因為我認為時間並不站在我們這一邊。而且我要這麼做，是因為我曾經參與建立冷戰時期的核武力，我了解要拆除它們殊為不易，而我相信我有特殊責任去拆除它們。因此，我繼續走在核子邊緣旅途上。

每當我因挫折而失望；每當障礙似乎無法克服；每當我因周遭的冷漠而灰心；每當我驚

覺核武將會終結人類文明；每當我想要放棄此一使命……我就拿起威廉・福克納（William Faulkner）一九五〇年十二月接受諾貝爾文學獎的致詞，在他發表致詞六個月前，北韓入侵南韓，冷戰踏進兇險的開端。福克納說：

> 世界末日再也不會是問題。只剩下一個問題：我何時會毀滅？……我拒絕接受人類已走到盡頭。只因為人類會忍耐，就說我們會永恆不朽，未免太容易了。當最後的毀滅鐘聲，從毫無價值的無潮岩岸和滿布紅霞的死亡夜晚響起，仍會有一種聲音留下：人類無窮無盡的聲音將不斷傳唱。我拒絕接受這個說法。我相信人類不光只會忍耐；人類終將得勝。

注釋：

1 Faulkner, William. Speech, Stockholm, Sweden, 10 December 1950. NobelPrize. org. Accessed 31 August 2014.

2 Kennedy, John F. Speech, American University, Washington, DC, 10 June 1963. 甘迺迪總統在美利堅大學（American University）畢業典禮演講，呼籲蘇聯與美國合作簽訂禁止核試爆協定。American.edu. Accessed 21 October 2013.

縮寫名詞解釋

ABM	Anti-Ballistic Missile	反彈道飛彈
ACDA	Arms Control and Disarmament Agency	武器管制暨裁軍署
ALCM	Air-launched Cruise Missiles	空射型巡弋飛彈
AWOL	Absent without Official Leave	未獲許可逕自缺席
BMD	Ballistic Missile Defense	彈道飛彈防禦
CIA	Central Intelligence Agency	中央情報局
CISAC	Center for International Security and Arms Control/Cooperation	國際安全暨武器管制／合作中心
CPA	Certified Public Accountant	註冊會計師
CPD	Committee on the Present Danger	當前危險委員會
CTBT	Comprehensive Test Ban Treaty	全面禁止試爆條約
CTR	Cooperative Threat Reduction	合作降低威脅
DARPA	Defense Advanced Research Projects Agency	國防先進研究計畫局
DDR&E	Director of Defense Research and Engineering	國防研究及工兵局局長
DMZ	Demilitarized Zone	非軍事區
DoD	Department of Defense	國防部
DPRK	Democratic People’s Republic of Korea	朝鮮民主主義人民共和國
DRC	Defense Reform Caucus	國防改革小組
ERTS	Earth Resources Technology Satellite	地球資源技術衛星
ESL	Electromagnetic Systems Laboratory	電磁系統實驗室
FSI	Freeman Spogli Institute	佛里曼・史波格利研究所
GMAIC	Guided Missile and Astronautics Intelligence Committee	導彈暨太空情報委員會
GPS	Global Positioning System	全球定位系統
GTE	General Telephone and Electronics	通用電訊及電氣
H&Q	Hambrecht & Quist	韓布瑞契特暨基斯特公司
HLG	High Level Group	高層小組
HP	Hewlett Packard	惠普公司
IAEA	International Atomic Energy Agency	國際原子能總署
IBM	International Business Machines	國際商業機器股份有限公司

IC	Integrated Circuit	積體電路
ICBM	Intercontinental Ballistic Missile	洲際彈道飛彈
Joint STARS	Joint Surveillance Target Attack Radar System	聯合監視目標攻擊雷達系統
LANL	Los Alamos National Laboratory	洛斯阿拉莫斯國家實驗室
LMSC	Lockheed Missiles and Space Company	洛克希德飛彈暨太空公司
LWR	Light Water Reactor	輕水反應爐
MAD	Mutually Assured Destruction	相互保證毀滅
MAED	Mutually Assured Economic Destruction	相互保證經濟毀滅
MIRV	Multiple Independently Targetable Re-entry Vehicle	多目標重返大氣層載具
NASA	National Aeronautics and Space Administration	國家航空暨太空總署
NATO	North Atlantic Treaty Organization	北大西洋公約組織
NCO	Non-commissioned Officer	士官
NORAD	North American Aerospace Defense Command	北美空防司令部
NPIC	National Photographic Interpretation Center	國家照片判讀中心
NPT	Non-Proliferation Treaty	不擴散條約
NSA	National Security Agency	國家安全局
NSC	National Security Council	國家安全會議
OMB	Office of Management and Budget	管理暨預算局
PFP	Partnership for Peace	和平夥伴關係
RPV	Remotely Piloted Vehicle	遙控載具
SALT I & II	Strategic Arms Limitation Talks/Treaties I & II	第一輪與第二輪戰略武器限制談判
SDI	Strategic Defense Initiative	戰略防衛倡議
SLBM	Submarine Launched Ballistic Missile	潛射型彈道飛彈
START I & II	Strategic Arms Reduction Treaty I & II	第一次與第二次削減戰略武器條約
TEBAC	Telemetry and Beacon Analysis Committee	遙測與信標分析委員會
TERCOM	Terrain Contour Matching	地形輪廓匹配
UN	United Nations	聯合國
UNPROFOR	United Nations Protection Force	聯合國保護部隊
US	United States of America	美利堅合眾國
USSR	Union of Soviet Socialist Republics	蘇維埃社會主義共和國聯邦

社會人文 BGB452

核爆邊緣

美國前國防部長培里的核戰危機之旅

My Journey at the Nuclear Brink

國家圖書館出版品預行編目(CIP)資料

核爆邊緣：美國前國防部長培里的核戰危機之旅/威廉・培里(William J. Perry)作；林添貴譯. -- 第一版. -- 臺北市：遠見天下文化, 2017.09
面；　公分. -- (社會人文；BGB452)
譯自：My journey at the nuclear brink
ISBN 978-986-479-310-5(平裝)

1.核子武器 2.核武裁減 3.軍事政策 4.美國

595.76　　106016687

作　者 — 威廉・培里 William J. Perry
譯　者 — 林添貴
總編輯 — 湯皓全
資深副總編輯 — 吳佩穎
責任編輯 — 賴仕豪
封面設計 — 江儀玲（特約）

出版者 — 遠見天下文化出版股份有限公司
創辦人 — 高希均、王力行
遠見・天下文化・事業群 董事長 — 高希均
事業群發行人／CEO — 王力行
天下文化社長／總經理 — 林天來
版權部協理 — 張紫蘭
法律顧問 — 理律法律事務所陳長文律師
著作權顧問 — 魏啟翔律師
地址 — 台北市 104 松江路 93 巷 1 號 2 樓
讀者服務專線 — 02-2662-0012 ｜ 傳真 — 02-2662-0007, 02-2662-0009
電子郵件信箱 — cwpc@cwgv.com.tw
直接郵撥帳號 — 1326703-6 號　遠見天下文化出版股份有限公司

電腦排版 — 極翔企業有限公司
製版廠 — 東豪印刷事業有限公司
印刷廠 — 柏皓彩色印刷有限公司
裝訂廠 — 明輝裝訂有限公司
登記證 — 局版台業字第 2517 號
總經銷 — 大和圖書書報股份有限公司　電話／(02)8990-2588
出版日期 — 2017/09/29 第一版第 1 次印行

定價 — NT 420 元
ISBN — 978-986-479-310-5
書號 — BGB452
天下文化書坊 — bookzone.cwgv.com.tw